JN440845

관상어 관리 매뉴얼

The Manual of Fish Health

김도형 역

DR. CHRIS ANDREWS, ADRIAN EXELL,
DR. NEVILLE CARRINGTON

(주)바이오사이언스출판

이 도서의 국립중앙도서관 출판시 도서목록 (CIP)은 e-CIP 홈페이지
(http://www.nl.go.kr/cip.php)에서 이용하실 수 있습니다.
(CIP 제어번호: 2014023363)

- The Manual of Fish Health -
Published by Interpet Publishing

관상어 관리 매뉴얼

초판 인쇄: 2014년 9월 10일 2쇄 인쇄: 2021년 10월 25일
초판 발행: 2014년 9월 15일 2쇄 발행: 2021년 10월 30일

저 자: DR. CHRIS ANDREWS, ADRIAN EXELL, DR. NEVILLE CARRINGTON
역 자: 김도형
발행인: 문정구
발행처: (주)바이오사이언스출판
본 사: 10860 경기도 파주시 탄현면 국화향길 10-56, 1동
서울사무소: 06569 서울특별시 서초구 도구로 115, 1층(방배동)
전 화: (02)581-4057~8
팩 스: (02)581-4059
이메일: inquiry@biosciencepub.com
홈페이지: http://www.biobooks.co.kr
ISBN: 978-89-6824-114-7 93470

등록번호: 제22-3079호

값 28,000원

저자소개

Dr. Chris Andrews

수산과학자이며 어류 질병 상담 전문가이다. 그는 관상어 사육에 취미가 있어, 일종의 '대표 사절'로서 많은 지역을 여행하였으며, 여러 권의 저서와 전문 매거진의 많은 기사 그리고 정기적인 TV 출연 등 뛰어난 상담가로서의 명성을 누리고 있다.

Adrian Exell

수산과학자이며 다이빙 마니아이다. 그는 유명한 수족관 용품 회사의 개발 담당 매니저이다.

Dr. Neville Carrington

물 처리와 수족관 시설을 포함한 수족관 용품의 디자인 분야에 정평이 나 있는 혁신자이다. 그는 제약공학 박사로 어류 질병과 수질화학과 관련된 광범위한 분야의 연구를 수행하였다.

Dr. Peter Burgess

어류 질병 상담 전문가이며 관상어를 전공한 전문 강사이다. 그는 기생충학, 미생물학 및 어류 생물학 분야에서 각각의 학위를 가지고 있다. 열정적인 관상어 애호가이며 정기적으로 수족관과 비단잉어 관련 전문지에 글을 싣고 있다.

역자서문

이 책은 미국에서 출판된 "원제: The Manual of Fish Health: everything you need to know about aquarium fish, their environment and disease prevention (Rev. ed. 2011)"을 번역한 도서이다. 많은 독자들에게 사랑받고 있다. 원문의 제목에서도 알 수 있듯이 관상어를 건강하게 키우기 위해 필요한 모든 내용을 담고 있어 많은 독자들에게 사랑받고 있다. 책의 내용이 비교적 쉽기 때문에 관련 학문을 전공하는 학생 뿐만아니라 관상어 초보자에게도 아주 유용한 기초 참고도서라 생각된다.

최근 국민의 생활수준이 향상되면서 관상어 애호가가 증가하여 관련 시장과 산업에 커다란 변화가 일고 있다. 과거 금붕어나 잉어와 같은 저가의 담수 어종에만 국한되어 있던 관상어는 고가의 담수와 해수 어종으로 확대되고 있다. 또한 가정에서 개인적인 취미 활동으로 키우는 것에서부터 전문적인 대량 생산(양식)에 이르기까지 관상어에 대한 관심은 물론이고 관련 산업의 규모도 점점 커지고 있다. 그러나 아직 관상어 양식에 대해서는 전문성이 낮고 질병 관리에 대한 지식이 부족하기 때문에 특히 고급 관상어종(해수 관상어 및 우리나라 고유종)의 양식은 보편화되지 않은 아쉬운 점이 있다.

역자는 일부 애호가들의 관상어에 대한 수준 높은 지식에 감탄하는 경우가 가끔 있다. 그러나 개인 블로그나 웹사이트 등의 많은 자료에서 과학적 근거가 부족한 내용이나 오류가 종종 발견된다. 이는 아마도 수생 생물을 건강하게 키우기 위해서는 상당히 많고 복잡한 요소들을 전반적으로 이해해야 하는 어려움이 있기 때문일 것이다. 특히 복잡한 수질화학은 물론이고 숙주(어류), 병원체 및 환경 간에 일어나는 미묘한 상호작용, 다양한 병원체의 종류와 대처 방법에 관한 폭넓은 과학적인 지식과 이해가 요구되므로 아무리 경험이 많다 하더라도 한계에 봉착하는 경우가 많을 것이다. 이 책의 가장 큰 장점 중의 하나는 수질화학에서부터 질병에 이르기까지 꽤 어려운 내용을 일반인들도 쉽게 이해할 수 있도록 구성되어 있다는 것이다. 경험이 풍부하고 지식이 깊은 저자들의 노력을 엿볼 수 있는 부분이다. 지금까지 국내에 일반 독자를 위한 관상어 관련 전문서적이 아주 드물었으나 이번 출판으로 그 갈증이 조금이나마 해소되고 관상어를 사랑하는 모든 이들에게 유용한 도서가 되길 기대한다. 아무쪼록 이 책은 관상어를 사랑하는 모든 이들에게 유용한 도서가 되길 기대한다.

이 책에 소개되어 있는 일부 어종명, 질병명, 병원체명은 표준화된 한글명이 없어 단순히 영문명을 그대로 사용하거나 한글로 옮긴 경우가 있기 때문에 어색하거나 오류가 있을 수 있으니 양해를 바란다. 또한 7장의 치료가이드에 언급된 많은 치료제(특히 구충제)와 일부 마취제는 국내에서 허가가 되어 있지 않아 미리 확인해야 하며 많은 약품은 수산질병관리사나 수의사의 처방이 필요하므로 반드시 미리 확인해야 한다. 치료를 계획하기 전에 반드시 사전조사가 필요함을 인지해야 한다.

끝으로 이 번역서가 잘 마무리 될 수 있도록 교정에 도움을 주신 저의 아내와 부경대학교와 전남대학교 수산생명의학과 소속 저의 실험실원들에게 진심으로 감사의 마음을 전한다.

2014. 8.

부경대학교 수산생명의학과
대연캠퍼스
김도형

역자소개

김도형

교수, 부경대학교 수산과학대학 수산생명의학과(2013~)
이학박사, Heriot-Watt University (UK) 졸업
이학석사 및 학사, 부경대학교 수산과학대학 수산생명의학과 졸업

경력

JSPS Fellow, 동경대학교 농업생명과학대학원(2007)
교수, 전남대학교 수산생명의학과(2007~2013)

차례

책의 사용 방법

이 책은 관상어의 건강 관리가 환경을 포함하여 많은 요인들 간의 미세한 균형이라는 개념에서 시작하여 대표적인 치료방법을 살펴보는 논리적인 구성으로 전개되어 있다. 어떤 면에서 이 책은 크게 긍정적인 부분과 부정적인 부분으로 구분될 수 있다. 1장에 부분적으로 불건강(不健康)에 관하여 서술되어 있지만, 1~4장은 대체적으로 긍정적인 내용으로 이뤄져 있다. 2장에서는 어류의 해부학 및 생리학, 3장에서는 수질화학에 관한 다소 복잡한 내용으로 구성되어 있다. 그리고 4장에서는 관상어를 건강하게 관리하기 위한 실용적인 조언을 담고 있다. 5장은 다양한 질병 증상을 다루고 있어 6장의 서론 역할을 한다. 5장에 있는 일련의 진단 차트는 여러 가지 일반적인 관상어의 건강문제를 간단히 시각화하기 위해 고안되었으며 6장의 각 질병과 연결되도록 구성되어 있다. 다음 쪽의 그림에서 보는 바와 같이 자신이 기르는 관상어의 병적 증상과 가장 일치하는 사진과 설명을 찾은 후, 안내에 따라 6장의 자세한 내용을 참조하면 된다. 물론 모든 질병에 대한 내용을 다 나타낼 수는 없지만 이런 방식의 구성은 어려운 진단과 치료 분야의 이해를 위한 디딤돌이 될 것이다. 각 질병에 대한 치료와 관리 방법은 6장에 나와 있지만 사전에 7장의 치료에 대한 보다 세부적인 내용을 참고하면 이해가 더 빠를 것이다.

다음 쪽에 소개하는 5장의 진단 차트는 아가미와 지느러미에서 명확히 볼 수 있는 여러 기생충을 보여주고 있다. 이러한 사진과 설명은 6장의 보다 자세한 내용을 이해하기 위한 가이드로 사용한다. 예를 들어, 거머리 증상의 경우, 진단 차트를 먼저 찾은 후, 6장의 자세한 관리방법을 확인한다. 6장의 각종 질병은 영어 병명의 알파벳(A~Z) 순으로 나타내었고, 거머리에 관한 정보는 아래와 같이 4가지 항목의 형식에 따라 구성하였다.

- 원인
- 증상
- 질병/문제의 발생
- 치료와 관리

필요한 부분에 사진들이 삽입되어 있어 질병 원인체와 증상을 보여준다. 생활사 모식도와 글 상자는 추가적인 정보를 제공한다.

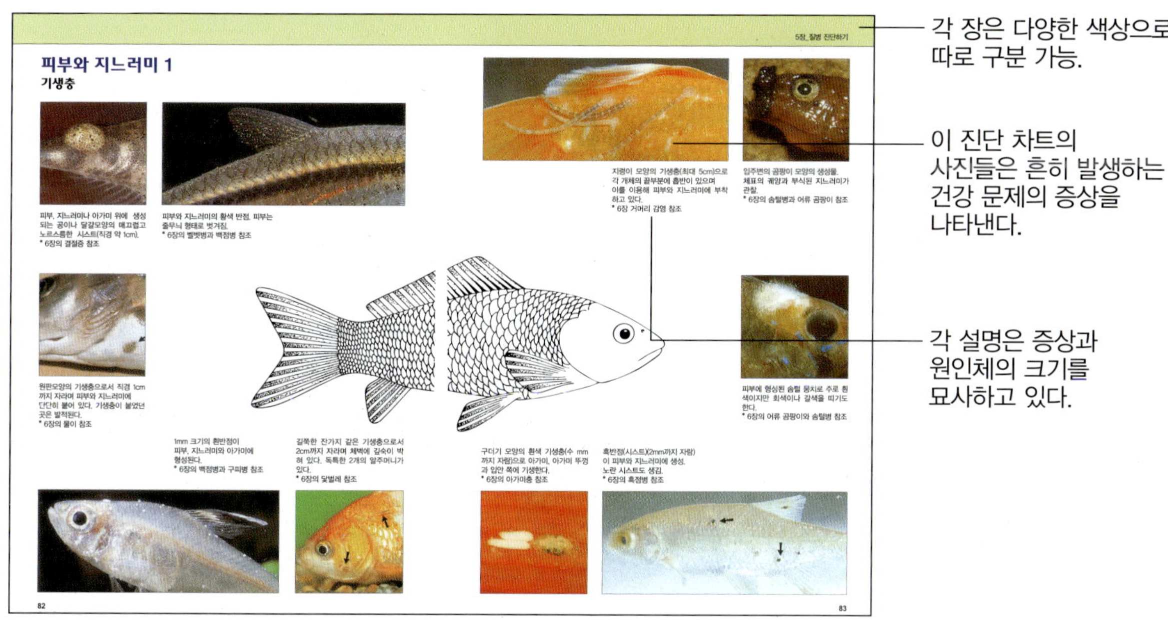

5장_질병 진단하기

82

피부와 지느러미 1
기생충

피부, 지느러미나 아가미 위에 생성되는 공이나 달걀모양의 매끄럽고 노르스름한 시스트(직경 약 1cm).
* 6장의 결절증 참조

피부와 지느러미의 황색 반점. 피부는 줄무늬 형태로 벗겨짐.
* 6장의 벨벳병과 백점병 참조

원판모양의 기생충으로서 직경 1cm까지 자라며 피부와 지느러미에 단단히 붙어 있다. 기생충이 붙었던 곳은 발적된다.
* 6장의 물이 참조

1mm 크기의 흰반점이 피부, 지느러미와 아가미에 형성된다.
* 6장의 백점병과 구피병 참조

길쭉한 잔가지 같은 기생충으로서 2cm까지 자라며 체벽에 깊숙이 박혀 있다. 독특한 2개의 알주머니가 있다.
* 6장의 닻벌레 참조

지렁이 모양의 기생충(최대 5cm)으로 각 개체의 끝부분에 흡반이 있으며 이를 이용해 피부와 지느러미에 부착하고 있다.
* 6장 거머리 감염 참조

입주변의 곰팡이 모양의 생성물. 체표의 궤양과 부식된 지느러미가 관찰.
* 6장의 솜털병과 어류 곰팡이 참조

피부에 형성된 솜털 뭉치로 주로 흰색이지만 회색이나 갈색을 띠기도 한다.
* 6장의 어류 곰팡이와 솜털병 참조

구더기 모양의 흰색 기생충(수 mm까지 자람)으로 아가미, 아가미 뚜껑과 입안 쪽에 기생한다.
* 6장의 아가미충 참조

흑반점(시스트)(2mm까지 자람)이 피부와 지느러미에 생성. 노란 시스트도 생김.
* 6장의 흑점병 참조

83

각 장은 다양한 색상으로 따로 구분 가능.

이 진단 차트의 사진들은 흔히 발생하는 건강 문제의 증상을 나타낸다.

각 설명은 증상과 원인체의 크기를 묘사하고 있다.

6장의 각 절은 가장 널리 사용하는 질병명(영문명)을 알파벳 순으로 배열하였다.

기생충의 생활사 모식도는 유생단계와 숙주를 보여주며 치료 및 관리 방법에 초점을 두고 있다.

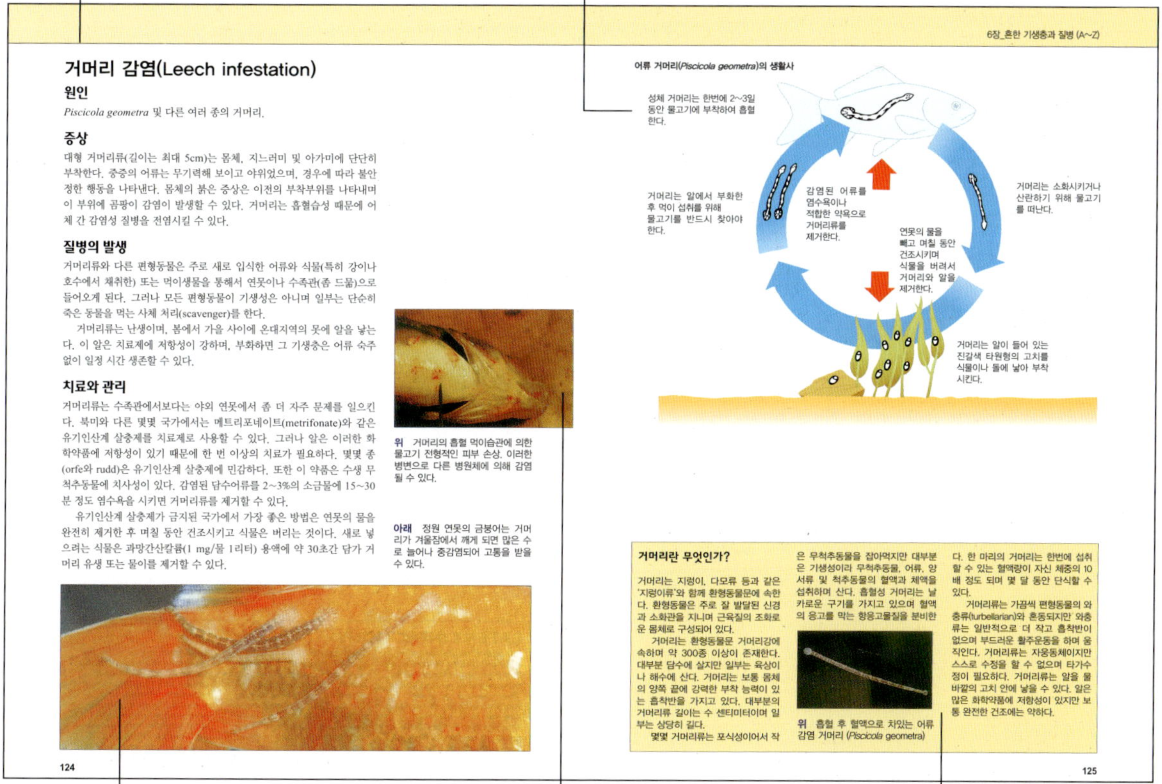

6장_흔한 기생충과 질병 (A~Z)

거머리 감염(Leech infestation)

원인

Piscicola geometra 및 다른 여러 종의 거머리.

증상

대형 거머리류(길이는 최대 5cm)는 몸체, 지느러미 및 아가미에 단단히 부착한다. 중증의 어류는 무기력해 보이고 야위었으며, 경우에 따라 불안정한 행동을 나타낸다. 몸체의 붉은 증상은 이전의 부착부위를 나타내며 이 부위에 곰팡이 감염이 발생할 수 있다. 거머리는 흡혈습성 때문에 어체 간 감염성 질병을 전염시킬 수 있다.

질병의 발생

거머리류와 다른 편형동물은 주로 새로 입식한 어류와 식물(특히 강이나 호수에서 채취한) 또는 먹이생물을 통해서 연못이나 수족관(좀 드뭄)으로 들어오게 된다. 그러나 모든 편형동물이 기생성은 아니며 일부는 단순히 죽은 동물을 먹는 사체 처리(scavenger)를 한다.

거머리류는 난생이며, 봄에서 가을 사이에 온대지역의 못에 알을 낳는다. 이 알은 치료제에 저항성이 강하며, 부화하면 그 기생충은 어류 숙주 없이 일정 시간 생존할 수 있다.

치료와 관리

거머리류는 수족관에서보다는 야외 연못에서 좀 더 자주 문제를 일으킨다. 북미와 다른 몇몇 국가에서는 메트리포네이트(metrifonate)와 같은 유기인산계 살충제를 치료제로 사용할 수 있다. 그러나 알은 이러한 화학약품에 저항성이 있기 때문에 한 번 이상의 치료가 필요하다. 몇몇 종(orfe와 rudd)은 유기인산계 살충제에 민감하다. 또한 이 약품은 수생 무척추동물에 치사성이 있다. 감염된 담수어류를 2~3%의 소금물에 15~30분 정도 염수욕을 시키면 거머리류를 제거할 수 있다.

유기인산계 살충제가 금지된 국가에서 가장 좋은 방법은 연못의 물을 완전히 제거한 후 며칠 동안 건조시키고 식물은 버리는 것이다. 새로 넣으려는 식물은 과망간산칼륨(1 mg/물 1리터) 용액에 약 30초간 담가 거머리 유생 또는 물이를 제거할 수 있다.

위 거머리의 흡혈 먹이습관에 의한 물고기 전형적인 피부 손상. 이러한 병변으로 다른 병원체에 의해 감염될 수 있다.

아래 정원 연못의 금붕어는 거머리가 겨울잠에서 깨게 되면 많은 수로 늘어나 중감염되어 고통을 받을 수 있다.

어류 거머리(*Piscicola geometra*)의 생활사

성체 거머리는 한번에 2~3일 동안 물고기에 부착하여 흡혈한다.

거머리는 소화시키거나 산란하기 위해 물고기를 떠난다.

거머리는 알이 들어 있는 진갈색 타원형의 고치를 식물이나 돌에 낳아 부착시킨다.

거머리는 알에서 부화한 후 먹이 섭취를 위해 물고기를 반드시 찾아야 한다.

감염된 어류를 염수욕이나 적합한 약욕으로 거머리류를 제거한다.

연못의 물을 빼고 며칠 동안 건조시키며 식물을 버려서 거머리와 알을 제거한다.

거머리란 무엇인가?

거머리는 지렁이, 다모류 등과 같은 '지렁이류'와 함께 환형동물문에 속한다. 환형동물은 주로 잘 발달된 신경과 소화관을 지니며 근육질의 조화로운 몸체로 구성되어 있다.

거머리는 환형동물문 거머리강에 속하며 약 300종 이상이 존재한다. 대부분 담수에 살지만 일부는 육상이나 해수에 산다. 거머리는 보통 몸체의 양쪽 끝에 강력한 부착 능력이 있는 흡착반을 가지고 있다. 대부분의 거머리류 길이는 수 센티미터이며 일부는 상당히 길다.

몇몇 거머리류는 포식성이어서 작은 무척추동물을 잡아먹지만 대부분은 기생성이라 무척추동물, 어류, 양서류 및 척추동물의 혈액과 체액을 섭취하며 산다. 흡혈성 거머리는 날카로운 구기를 가지고 있으며 혈액의 응고를 막는 항응고물질을 분비한다. 한 마리의 거머리는 한번에 섭취할 수 있는 혈액량이 자신 체중의 10배 정도 되며 몇 달 동안 단식할 수 있다.

거머리류는 가끔씩 편형동물의 와충류(turbellarian)와 혼동되지만 와충류는 일반적으로 더 작고 흡착반이 없으며 부드러운 활주운동을 하며 움직인다. 거머리류는 자웅동체이지만 스스로 수정을 할 수 없으며 타가수정이 필요하다. 거머리류는 알을 물 바깥의 고치 안에 낳을 수 있다. 알은 많은 화학약품에 저항성이 있지만 보통 완전한 건조에는 약하다.

위 흡혈 후 혈액으로 차있는 어류 감염 거머리 (*Piscicola* geometra)

124

125

가능하면 원인체가 보이는 컬러 사진을 첨가하였다.

사진은 질병에 의한 손상이나 영향을 보여준다.

글 상자는 해당 질병에 대한 유용한 추가 정보를 제공한다.

제1장

건강의 균형

관상어의 운명은 전적으로 보살피는 사람에 의해 좌우되므로 사육자는 기본적인 의무를 다해야 함을 명심해야 한다. 가장 우선시해야 하는 점은 관상어가 건강히 잘 생활할 수 있도록 최적의 환경을 제공하는 것이다. 이 책임을 온전히 받아들이면 세 가지 근본적인 이점을 얻을 수 있다. 첫째, 인위적으로 폐쇄된 환경에 살고 있는 어류의 스트레스를 최소화 시킬 수 있다. 둘째, 비교적 별 문제없이 잘 키울 수 있다. 셋째, 이렇게 함으로써 어류는 아름다운 체색을 뽐내고 움직임이 자연스러워 보는 이들을 즐겁게 할 것이다.

첫 장에서는 어류와 환경 그리고 잠재적으로 물고기의 건강과 생존에 위협이 될 수 있는 병원체(즉, 질병을 일으키는 생물) 간의 상관관계에 대해 간략히 살펴볼 것이다.

어류, 병원체 그리고 환경

어류의 서식 환경을 구성하는 원료인 물은 그들의 구성성분의 80%를 차지하며 단순한 막만이 그 둘을 분리하고 있기 때문에 물고기가 환경의 어떤 변화에 의해 독특한 영향을 받고 건강에 큰 영향을 미친다는 것은 놀라운 일이 아니다.

잠재적인 어류 병원체의 상당수는 항상 환경에 존재하는 자연의 일부이며, 일반적으로는 질병과 죽음을 유발하지 않는다. 예를 들면, 어류는 보통 체내에 체내에 주로 잉여 조직을 섭취하는 몇몇 기생성 원충류를 보균하고 있으며 어류의 면역시스템에 의해 그 수가 조절된다. 어쨌든 일반적으로 기생충은 자신의 숙주를 죽이려 하지는 않는다. 그러나 어떤 기생충은 성장(발달)을 위해 자신의 숙주를 죽이고 새로운 숙주에게 포식되기 위한 생활사를 가지기도 한다.

어류와 병원체 그리고 환경 사이에 형성되는 독특한 상관관계는 정상적인 환경에서 어류와 병원체 사이에 균형이 유지되고 있음을 의미한다. 어류는 자신의 면역시스템을 통해서 이러한 균형을 유지한다. 그러나 만약 하나 또는 그 이상의 환경인자가 변하게 되면 어류나 병원체 둘 중 하나에 득 또는 해가 될 수 있으며 유지하고 있던 균형도 깨지게 된다. 병원체에 부정적인 영향을 끼치는 환경인자의 예는 저수온으로서 병원체의 생장률을 감소시키거나 생장주기를 멈추게 하여 병독성을

왼쪽 사진 속의 담수 열대어 군집과 같이, 수생환경에서의 건강은 아주 미세한 균형을 이루고 있는데, 그 균형을 유지시키는 것이 성공적인 어류 사육의 핵심이 된다.

약하게 만든다.

만약 환경 변화가 물고기에게 해로운 방향으로 일어나면 어류는 직접적인 생리학적 변화와 함께 스트레스를 받아 면역반응이 억제되어 질병에 대한 감수성이 높아지게 된다. 또한 병원체에 유리한 방향으로 환경 변화가 일어나도 질병이 발생할 수 있다. 예를 들면, 플라보박테리움(*Flavobacterium*)은 물고기가 서식하는 환경에 흔히 존재하는 세균이지만, 어류는 자신의 면역시스템을 이용하여 그 세균으로부터 스스로를 보호한다. 그러나 물속에 남겨진 먹이가 부패하면서 세균의 수는 증가하고, 암모니아는 과다 생성된다. 암모니아는 어류의 아가미를 자극하는 독소로서 연약한 아가미 상피세포의 과도한 증생을 유발한다. 이렇게 생성된 세포는 세균 감염에 좀 더 취약하기 때문에 이러한 상황의 복합적인 영향으로 세균성 아가미병이 발생하게 된다.

질병을 일으키는 또 다른 요인은 물고기나 식물 또는 수조 내 장식물과 함께 병원미생물이 유입되는 것이다. 이렇게 유입된 일부 병원체는 어류를 죽일 수도 있다. 또한 다른 종류나 계통의 병원체가 유입됨으로 인해 자연적으로 형성되어 있던 어류의 면역생물학적인 균형에 혼란을 야기할 수 있다. 토착어종은 자신의 서식 환경에 존재하는 대다수 병원미생물에 대해 일정 수준의 면역을 가지고 있지만, 새로운 종류나 계통의 병원체에는 저항하지 못할 수 있다. 한편 새로 도입된 어종은 새로운 환경의 병원체에 대한 면역을 발달시켜야 한다. 그러므로 새로운 어종을 도입하는 것은 질병의 발생 가능성을 증가시키기도 한다. 따라서 여러 다른 곳으로부터 어류를 구입하여 개체수를 늘리고자 한다면 발병을 줄이기 위한 쉬운 예방대책으로 격리를 시키는 것이 중요하다(격리방법에 대한 내용은 4장에 소개되어 있음).

스트레스와 질병

스트레스는 어류의 건강에 있어서 매우 중요한 요소이다. 생물학자와 수산과학자들은 양식어류와 야생어류를 이용하여 다양한 스트레스의 형태와 그 영향에 대하여 연구하였는데, 복잡한 여러 결과를 아래와 같이 간단히 요약할 수 있다.

핸들링, 과밀사육, 열악한 환경상태, 합사가 부적합하거나 공격적인 어종의 도입과 같이 어류에 부정적인 영향을 끼칠 수 있는 것들을 스트레스원이라 부른다. 이러한 스트레스원이 유발하는 어류의 스트레스 반응은 정상적인 균형을 유지하거나 회복하기 위한 생리학적인 반응의 총합으로 정의된다. 어떤 스트레스 반응은 모든 스트레스원에 일반적이지만, 어떤 반응은 특정한 스트레스원에 특이적이다.

가장 기본적인 스트레스 반응은 노출된 위험으로부터 탈출하고자 하는 것이다. 어류에게 위험이란 포식자가 될 수도 있고 사육자가 면밀한 검사나 다른 곳으로 옮기기 위해 뜰채로 잡으려 하는 것도 포함될 수 있다. 이 반응의 전반부에서 어류는 그 상황을 피하기 위한 자세를 취하며 이때 근육에 모든 에너지를 공급하기 위한 호르몬이 분비된다. 이 경보반응(alarm response)은 장기적으로 해로운 영향을 준다. 예를

환경과 질병

위 이렇게 조류가 왕성하게 자란 수족관과 같이 불량한 상태에서 사육되는 어류는 좀 더 자주 감염이 일어난다.

위 사자머리금붕어의 코 주변에 궤양병의 초기 증상이 관찰된다. 일반적으로 이 원인 세균은 물고기에 경감염되어 있지만 만약 물고기가 스트레스를 받거나 적절치 못한 환경에서 사육되면 증상이 나타나게 된다.

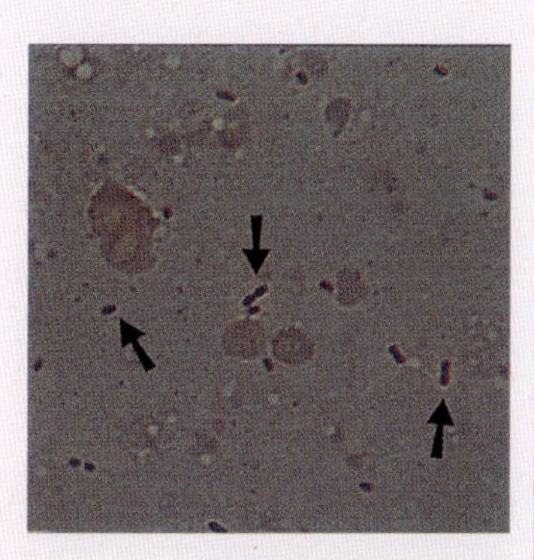

아래 에로모나스와 같은 세균은 수생환경의 흔한 질병인 궤양병을 일으킬 수 있다.

들면, 경보반응으로 인해 분비되는 호르몬 중의 하나가 아드레날린인데 이것은 즉각적인 행동에서 몸의 움직임을 빠르게 하고 체내의 삼투조절(염분과 물의 균형 조절)을 방해하게 된다. 또 다른 관련 호르몬인 코르티솔(cortisol)은 어류의 백혈구 기능을 저하시킨다. 스트레스 반응의 후반부는 물고기가 평형상태로 돌아가려는 회복과 관련이 있다. 그래서 경보반응은 즉각적으로 안전한 상태가 되기 위한 단기간의 욕구와 이와 관련된 생리학적 변화의 오랜 부작용 사이에 나타나는 타협반응이다. 이 반응은 불균등한 타협이 될 수 있다. 다시 말해 어류가 매우 짧은 시간의 스트레스에 노출되어 경보반응을 일으키더라도 평형상태로 회복되는 데에는 수 시간에서 수 일이나 걸릴 수 있기 때문이다.

일반적으로 어류의 스트레스 반응은 만성적인 환경 스트레스 인자에 잘 대처하지 못하는 것으로 여겨진다. 이는 어류가 비교적 안정적인 자연환경에서 진화해 왔기 때문이며 환경변화나 만성 스트레스 인자에 효과적으로 대처할 수 있는 시스템의 발달은 필요하지 않았기 때문이다. 부정적인 환경변화가 일어나는 경우 어류의 최초 반응은 경보단계로써 처해진 문제로부터 벗어나고자 하는 것이다. 만약 문제를 해결하지 못한다면, 환경변화에 반응하는 동안 적응 단계로 접어들게 된다. 초기에는 생리학적 보상반응이 과도하게 일어나며, 그 후 새로운 환경에서 생존하기 위해 장기간 동안 최적의 생리학적 · 행동학적인 적응상태에 이르는 새로운 평형상태로 돌아가게 된다. 이러한 스트레스 반응에 대한 적응 단계에서 어류는 자신의 에너지를 스트레스에 대처하는데 집중적으로 사용하게 된다. 그 결과 면역기능은 효과적이지 못하고 질병에 대한 감수성은 높아지게 된다.

어류가 새로운 환경에 성공적으로 적응하더라도 질병에 대한 면역반응과 성장 및 생식 측면에서는 그 기능이 저하될 수 있다. 이 적응 단계는 4~6주 정도 지속될 수 있다. 만약 환경조건이 꾸준히 악화되거나 다른 물고기의 공격과 같은 여러 스트레스 인자가 계속 존재한다면, 어류의 스트레스 적응반응은 길어질 수 있으며 일반적인 생리기능에 많은 이상을 초래해서 생존율이 심각히 낮아질 수 있다. 만약 환경 변화가 너무 심해서 균형을 유지할 수 없다면 스트레스 반응은 결국 치명적인 탈진 단계에 이르게 된다.

스트레스 인자와 어류의 스트레스 반응은 면역시스템의 기능을 저하시키기 때문에 질병에 대한 감수성을 높이지만, 사실 질병 그 자체도 스트레스 인자로 간주될 수 있다. 질병이 발생한 경우 어류는 질병과 싸우는 적응반응을 나타낸다.

앞서 간단히 서술한 바와 같이 스트레스를 최소화하는 것은 어류의 사육에 있어서 매우 중요한 부분임을 알 수 있다. 이 책의 전반에 걸쳐 되풀이되고 있는 공통의 주제는 모든 가능한 단계에서 스트레스를 줄이는 방법에 관한 것이다. 의심의 여지없이 주의 깊은 사전 숙고와 계획 수립, 그리고 효과적인 수질 및 어류 관리는 가장 핵심적인 요소이다. 건강과 관련된 많은 노력에서 보여지는 바와 같이 '치료보다는 예방이 더 낫다'라는 옛말은 항상 진실이다.

제2장

물속에서의 생활

지구 표면의 70% 이상을 구성하고 있는 물에는 믿기지 않을 정도로 다양한 형태와 크기 그리고 색상을 지닌 24,000여 어종이 서식하고 있다. 이 많은 종들은 전 세계의 하천과 바다의 모든 가능한 생태 환경에서 수백만 년 동안 진화해왔으며, 각 종들은 주어진 환경에 적합하도록 자신의 형태와 기능이 최적화되었다.

물은 삶의 원천이지만 생물이 살아가기에는 매우 힘든 환경이다. 이 장에서는 어류가 물속에서 어떻게 적응하고 환경과 잘 어우러져 사는지에 대해 살펴볼 것이다. 어류 해부학 및 어류 생리학적 기초지식을 배운다면 자신이 키우는 물고기를 좀 더 쉽게 이해하고 건강을 유지시키는 환경을 제공할 수 있을 것이다.

기본 체형

어류의 외형으로부터 그 종이 진화했던 환경과 삶의 방식을 알 수 있다. 예를 들면, 얼마나 활동적인지, 어떻게 먹이를 섭취하는지, 포식자인지 또는 잠재적인 먹잇감인지, 그래서 생존을 위해서 어떤 공격이나 방어 시스템이 필요한지 등에 따라 체형이 다를 것이다.

진화학적으로 가장 발달한 경골어류에서는 가능한 모든 형태적 분화가 이뤄졌으며 이로 인해 어류는 모든 수서 환경에서 서식할 수 있게 되었다. 수족관 어류 중에 다음의 두 가지 예는 이러한 다양성을 잘 설명해준다. 플레코(common pleco; *Hypostomus plecostomus*)라는 어종은 얼룩덜룩한 갈색의 홀쭉한 체형이고 주둥이 아래에 흡반이 있어 남미의 강에 흔히 형성되는 맹렬한 급류 속에서도 돌 표면에 붙어 이동하거나 돌 표면에 붙어 있는 조류를 먹는데 이상적이다. 이와 정반대로, 제브라피시(*Danio rerio*)는 물의 상층에서 지속적으로 빠르게 움직이기 위한 유선형의 몸체를 가지고 있으며, 수면의 곤충들을 잘 잡아먹을 수 있게 입이 위쪽을 향하고 있다.

물속에서의 운동

물의 밀도는 공기보다 800배나 높기 때문에 물속에서 움직일 때에는 지체되거나 가라앉으려는 문제가 발생하며 많은 힘이 필요로 하게 된다. 그래서 체형과 운동 방식의 적응은 한 어종의 생활방식과 움직임을 위한 필요성과 밀접한 관련이 있다.

왼쪽 오스트리아 레인보우피시(Australian rainbowfish; *Mealnotaenia boesemani*)는 중층에서의 활동적인 습성을 위해 체형과 생리가 잘 적응된 강한 어종이다.

다음의 세 가지의 대조적인 예는 어류가 형태적으로 매우 다양함을 나타낸다. 말라위호수에 사는 한 시클리드 종(mbuna cichlids)은 최적의 운동 능력과 한 지점에서 멈춰있을 수 있는 능력이 필요한 생활방식을 가진다. 가라앉는 것을 극복하기 위해서 부레라는 공기주머니가 잘 발달되어 있어 물속의 그 어떤 수위에서도 머물 수 있다(사실 대부분의 어류는 부레를 가지고 있음). 그래서 물고기는 쌍으로 잘 발달된 배지느러미와 가슴지느러미를 효과적인 조종 장치로써 이용하여 균형을 잡는다. 그러나 이 어종들은 유선형의 몸을 가지고 있지 않으므로 유영 속도는 지체 현상에 의해 떨어진다. 이러한 어류는 전형적으로 두 가지 형태의 근육을 가지고 있다. 첫째는 적색근(red muscle)인데 혈액순환이 용이하고 지속적으로 산소가 공급되기 때문에 계속적인 움직임에 사용될 수 있으며, 둘째는 혐기성 백색근(white muscle)으로 산소 부채(oxygen debt)가 빠르게 형성되기 때문에 순간적인 힘을 필요로 할 때만 사용하게 된다('대사(metabolism)' 부분 참조).

고등어나 참치와 같이 중층에서 지속적으로 유영하는 어종은 지체 현상을 줄이고 이동에 필요한 에너지의 낭비를 최소화하기 위한 최적의 유선형 체형이 필요하다. 이러한 종들은 부레가 없는 경향이 있는데 이는 부레 때문에 단면적과 지체 요소가 증가하기 때문이다. 이 어종들의 근육은 끊임없는 유영을 위해 대부분 적색근으로 이뤄져 있다. 지느러미는 방향 전환 시에만 사용되며 일반적으로 유영 중에는 몸에 고정된다.

서커마우스(suckermouth)와 채찍꼬리메기(whiptail catfish)처럼 바닥에 사는 정착성 어종은 최소한의 움직임만 필요하다. 여기에 속하는

아래 콜롬비아 강에서 온 큰 채찍꼬리메기(*Sturisoma panamense*)는 바닥에서 살기에 이상적인 편평한 체형을 가지고 있다.

위 해수어류인 긴코쥐치(*Oxymonocanthus longirostris*)는 먹잇감을 찾을 때 움직임을 위해 가슴지느러미를 사용하는 동안에 이처럼 전형적인 물구나무 자세를 취한다.

아래 이 시클리드(*Maylandia lombardoi*)는 부레와 잘 발달된 가슴지느러미가 있어서 말라위호수의 조류를 섭취하는 동안에 한 곳에 멈추어 서 있을 수 있다.

위 남아메리카 리프피쉬(*Monocirrhus polyacanthus*) 체형의 주목적은 먹잇감이 알아차리지 못하도록 매복하고 있는 동안 위장하는 것이다.

어류는 등을 눌러 놓은 것처럼 납작한 경향이 있으며 부레가 필요 없다. 중층에서 빠르게 유영하는 것보다는 먹이 섭취, 위장 및 방어에 용이한 형태로 적응되어 있다.

필수 감각

다른 동물과 마찬가지로 어류도 주변의 상황을 알아야 할 필요가 있다. 내비게이션, 커뮤니케이션, 공격, 방어 및 먹이 위치와 같이 살아가는 데 있어 매우 중요한 기능을 수행하고 조정하기 위한 감각기관이 필요하다.

물 환경은 여러 가지 중요한 측면에서 공기와 다르다.

- 빛은 물과 탁도에 의해 빠르게 흡수되기 때문에 가시성이 줄어든다.
- 물은 공기보다 밀도가 높기 때문에 소리는 압력파로서 공기보다 물에서 빠르고 멀리 간다.
- 먹이로부터 나온 물질을 포함한 모든 화학물질은 물에 녹아 서서히 퍼지기 때문에 수생환경에서는 후각과 미각이 특히 중요하다.
- 어류가 살고 있는 물은 전해질 용액(용액 속의 분자가 전하를 띤 이온으로 존재하기 때문에 전기가 통할 수 있다.)이기 때문에 어떤 어종은 전기 수용체와 같은 독특한 감각기관을 사용할 수 있는 능력이 있다.

시야

어류의 안구는 다른 척추동물의 구조와 매우 유사하며, 거의 구형 형태의 렌즈로 적응되어 있다. 어류는 가깝거나 멀리 떨어진 물체에 선택적으로 초점을 맞출 수 있으며, 일반적으로 시야의 범위는 안구 위치에 의해 결정된다. 예를 들어, 네온테트라(neon tetras; *Paracheirodon innesi*)와 같은 어종의 눈은 머리의 측면에 위치하고 있어 방어에 유리한 넓은 시야를 갖는다. 그러나 파이크시클리드(Pike cichlids; *Crenicihla*)라는 어종의 안구는 머리의 앞쪽에 위치하여 겨냥하는 먹잇감에 더 잘 집중할 수 있다. 변형된 눈을 가진 몇몇 어종을 제외한 대부분의 어류의 시야는 물 표면에서 일어나는 광선의 왜곡 때문에 수면 위에서는 제한적이다. 안구 구조를 자세히 관찰해 보면 어류는 우리가 보는 방식과 매우 유사하게 다양한 색상의 세상을 보고 있다는 것을 알 수 있다.

안구의 위치와 시야의 범위

포식성 어류

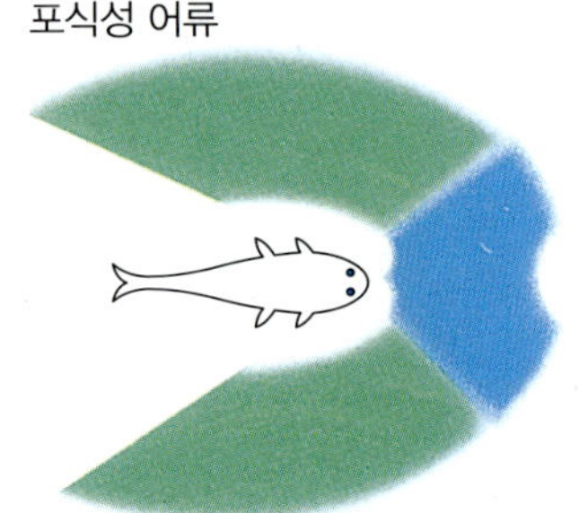

비포식성 어류

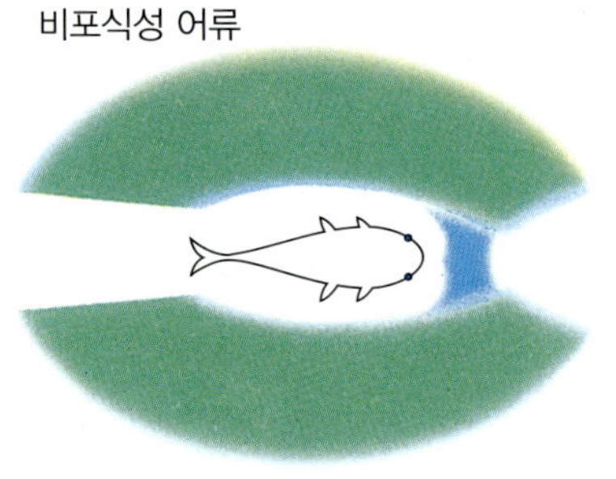

■ 고해상도의 사냥 시야

■ 저해상도의 경보/경계 시야

어류의 해부도

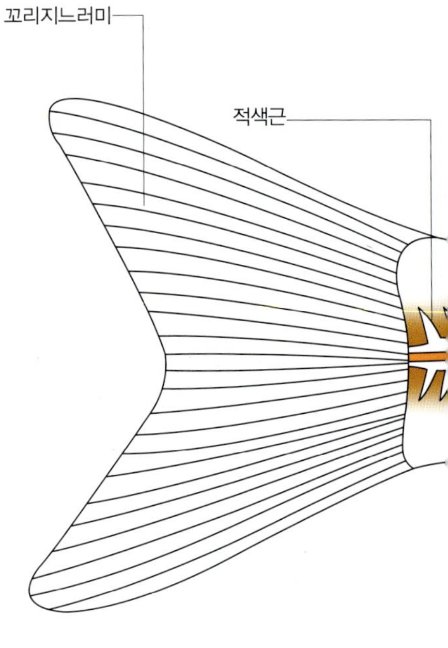

오른쪽 안구가 앞쪽에 위치한 이포식자(*Boulengerella lateristriga*)는 먹잇감에 정확히 초점을 맞추고 위치를 판단할 수 있다.

왼쪽 이 두 그림은 안구의 위치에 따라 시야의 범위와 주 초점 영역이 다르다는 것을 보여주고 있다. 비포식성 어류의 경우, 안구가 머리의 측면에 위치해 있기 때문에 넓은 경계 시야 범위를 나타낸다. 포식성 어류의 안구는 앞쪽에 위치해 있어 전방의 보다 넓은 영역을 뚜렷한 초점으로 매우 선명하게 볼 수 있게 한다.

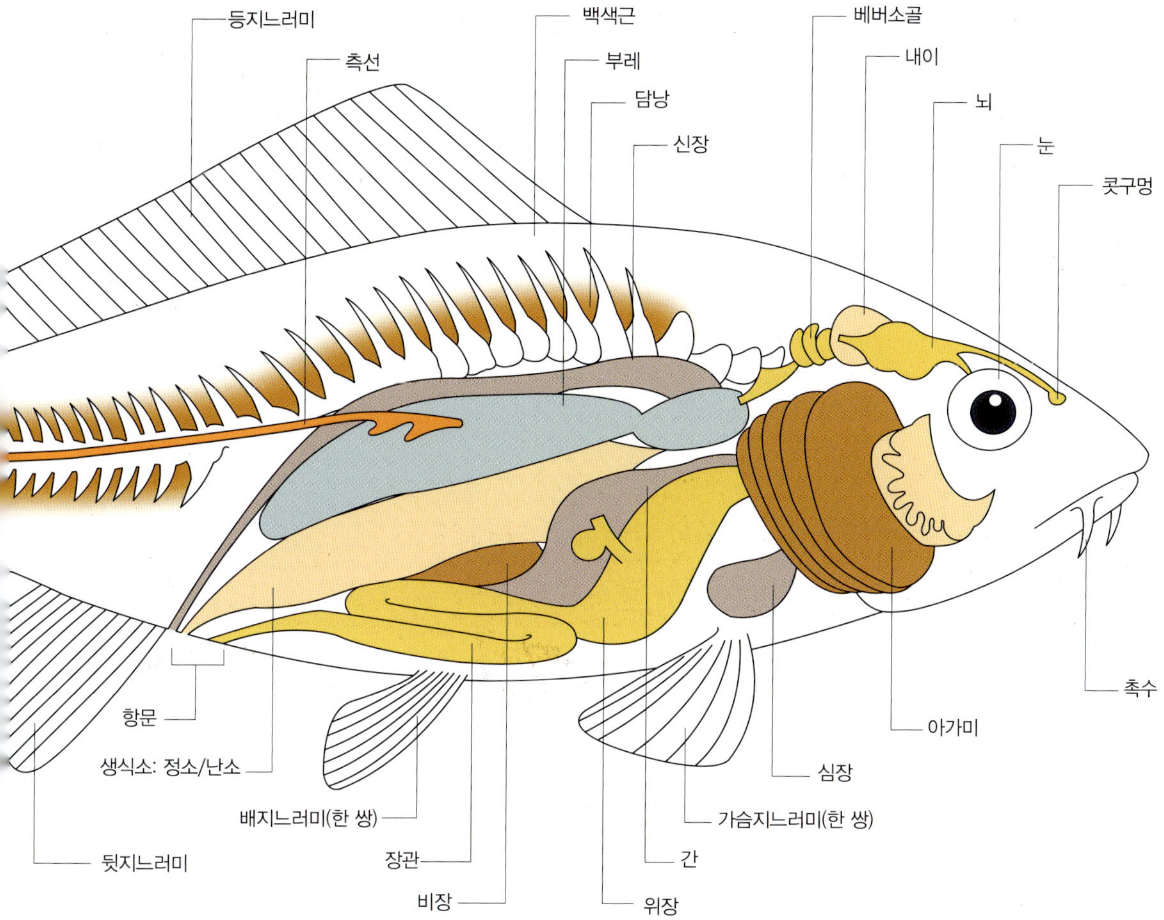

등지느러미
측선
백색근
부레
담낭
신장
베버소골
내이
뇌
눈
콧구멍
촉수
아가미
심장
가슴지느러미(한 쌍)
간
위장
비장
장관
배지느러미(한 쌍)
생식소: 정소/난소
항문
뒷지느러미

소리와 압력파

어류는 소리(물속에서는 압력파인)에 대한 감각수용체에 매우 많이 의존한다. 측선이라 불리는 매우 예민한 시스템을 가지고 있는데 피부 바로 아래에 연속적인 관과 구멍으로 이루어져 있으며 주관은 어류 좌우측의 중앙으로 흐른다. 이 측선은 잡음을 무시하도록 되어 있으며 흔치 않은 1/10~200헤르츠(초당 진동수)의 저주파를 감지한다. 또한 어류는 내이(內耳; inner ear)를 가지고 있어 고주파(8,000헤르츠 이상)도 감지할 수 있다. 잉어와 같은 일부 어종은 베버소골(Weberian ossicles)이라 불리는 연속적으로 연결된 뼈를 가지고 있어 내이로 소리를 전달하며, 이 소리를 감지하고 증폭시키는 역할을 하는 부레도 있어 내이 시스템이 잘 발달되어 있다.

위 시력이 없는 블라인드케이브피시(blind cavefish; *Astyanax mexicanus*)라는 어종은 지하의 물속에 살아 기능적으로 눈이 필요하지 않다. 이 어종은 잘 발달된 측선과 방향 감각수용체 및 화학수용체에 의존한다.

방향감지

내이와 이와 밀접한 관련이 있는 구조에 내재되어 있는 감각수용체는 어류가 수중에서 전 방위로 이동할 수 있게 해준다. 이석(耳石; otoliths; 귀의 뼈)은 머리의 기울어짐을 인식하고 가속도에 반응하며, 귀의 반고리관 내의 물의 움직임은 방향전환을 인식하는 수용체가 반응을 시작하도록 한다.

후각과 미각

물속에 퍼지는 화학물질에 대한 어류의 감각은 먹이를 찾거나 커뮤니케이션 시에 매우 중요하므로 고도로 특수화되어 있다. 냄새와 맛을 감지하는 감각 사이의 차이는 거의 없으며 두 감각 모두 '화학적 감응(chemoreception)'으로 표현될 수 있다. 이 특별한 화학수용체는 콧구

멍에 집중되어 있고, 입과 머리 부위에 흩어져서 위치해 있다. 일부 어종에서는 체표를 덮고 있는 경우도 있다. 메기류와 미꾸라지류의 화학 수용체와 접촉 센서(touch sensor)는 입가의 촉수(수염)에 집중되어 있다. 이 기관은 어두울 때 먹이를 찾는데 이용되는데, 이러한 어종의 다수는 야행성이다.

전기수용

모르미리드과의 코끼리코(elephant-nose)와 같은 어종은 측선을 전기수용 시스템으로 이용한다. 꼬리부근의 기관에서 나오는 전기펄스는 물고기 주변으로 전기장을 형성하고, 머리 부위의 감각수용체는 근처의 다른 어류나 고체의 장애물에 접근하면 발생하게 되는 전기장 내의 미세한 변화를 감지할 수 있다. 이 시스템은 어두운 조건에서도 먹이를 찾거나 내비게이션 또는 커뮤니케이션에 이용된다.

협동/조절시스템

내 · 외적 자극에 대한 반응에서 몸의 협동과 조절과정은 뇌에 의해서 일어나며 신경 및 내분비 시스템과 협력한다.

뇌는 감각기관에서 정보를 전달받은 후 체내의 적절한 기관으로부터 정확한 반응을 조정하고 자극한다. 또한 뇌는 호흡과 심장 기능과 같은 여러 반사활동(reflex action)을 통합하며 기억과 학습의 기관이기도 하다.

생리적 기능은 신경시스템 때문에 빠르게 변화한다. 신경 메시지는 신경섬유를 따라 매우 빨리 움직이는 전기펄스이다. 감각신경은 메시지를 뇌로 전달하는데 반해, 운동신경은 메시지를 뇌에서 반응 기관으

아래 이 삽모양메기(shovel-nosed catfish; *Sorubim lima*)는 긴 촉수(수염)를 이용하여 주변을 탐지한다. 이 촉수는 환경의 정보를 뇌로 전달하는 접촉 센서와 화학 수용체가 풍부하다.

어류의 혈액순환

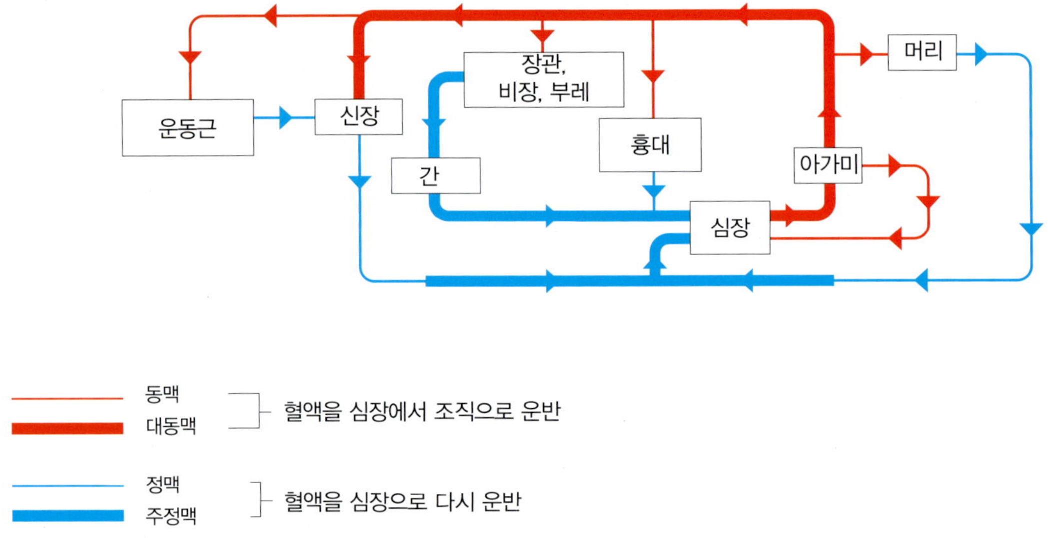

로 운반한다.

내분비 시스템은 반응하기까지 시간이 꽤 걸리며 일정한 체내 상태를 유지하기 위해 중요한 기관을 조절한다. 이 시스템은 여러 내분비 기관으로 구성되어 있으며, 이 기관은 혈류를 통하여 표적 기관으로 운반되는 호르몬이라 불리는 화학물질을 생산한다.

심혈관 시스템

심혈관 시스템은 모든 기관과 세포를 연결하고 많은 기능을 제공하는 수송 시스템을 형성한다. 이 시스템은 동맥, 정맥 및 모세혈관으로 연결된 광범위한 파이프 구조에서 혈액을 순환시키는 펌프의 역할을 하는 심장을 구성한다. 어류의 심장은 단순한 4개의 방 구조로 이뤄져 있으며 두 개의 판막이 있다. 어류의 심장은 힘이 세지 않아 순환이 느리기 때문에 심장으로부터 가장 멀리 떨어져 있는 조직은 비교적 영양분과 산소의 공급이 적으며 부산물이 쌓이기 때문에 그 기능은 비효율적일 수밖에 없다. 순환율은 환경에 따라 증가될 수 있다. 예를 들어, 내분비 시스템에 의해 분비되는 호르몬은 심장 박동을 빠르게 해서 혈류량을 증가시킬 수 있다. 작은 동맥은 혈류의 저항을 줄이기 위해 혈관을 팽창시킬 수도 있다.

혈액은 30~50%가 혈구 세포로 구성되어 있는 매우 복잡한 액체이다. 대부분의 세포는 산소를 운반하는 적혈구이며, 그 외의 세포는 면역시스템과 관련이 있는 백혈구이다. 액체성분인 혈장은 대부분 물, 염류와 포도당과 같은 물질, 그리고 여러 조직으로부터 모아진 부산물로 이뤄져 있다.

영양

어류는 매우 다양한 먹이자원을 이용하도록 진화되어 왔다. 동물만 섭

오른쪽 이 육식성 어종(*Xenentodon cancila*)은 먹이를 잡기 위해 이빨이 보이는 긴 아래턱을 가지고 있고 먹이를 통째로 삼켜서 위산으로 소화시킨다.

아래 이 로얄플레코(Royal pleco; *Panaque nigrolineatus*)는 돌에 붙은 조류를 갉아 먹는다. 이 어종의 입과 소화시스템은 식물 먹이에 잘 적응되어 있다.

취하는 육식성 어종이나 식물만 섭취하는 초식성 어종이 있지만 많은 어종은 초식과 육식을 병행하는 잡식성이다. 각 종들은 특정 먹이 자원을 잘 처리할 수 있는 구강 구조와 효율적으로 잘 소화할 수 있는 소화 시스템을 진화시켜왔다. 이를테면, 일반적으로 초식 어류는 위장이 없는 대신 비교적 긴 장관을 가지고 있어 섭취한 음식물이 소화효소와 오랜 시간 반응할 수 있도록 하여 소화하기 어려운 식물을 잘 처리할 수 있다. 반면에 육식성 어류는 짧은 장관을 가지는 대신 위장이 있어 강한 산성으로 단백질 소화를 보다 효율적으로 할 수 있다. 어종에 따라 섭취하는 먹이와 소화시스템은 다양하지만 기본적으로 영양분 섭취 과정은 동일하다. 음식물은 섭취되어 위장으로 이동하게 되면 소화가 시작된다. 이 과정에서는 효소가 관여하여 음식물을 작은 구성 성분으로 분해하면 장관 쪽으로 음식물이 계속해서 이동하게 된다. 장관의 후반부에서는 유용한 영양성분들이 흡수되어 혈류 속으로 들어가 필요한 곳으로 운반된다. 장관 속에 남은 것은 변으로 배설된다. 일반적으로 섭취한 음식물의 80%가 이용되며 20%가 배출된다.

모든 먹이는 단백질, 탄수화물, 지방, 미네랄 및 비타민으로 구성되

어 있으며, 이러한 구성 성분의 세심한 균형 조절은 어류의 영양분 공급에 있어 매우 중요하다.

단백질은 21가지 아미노산의 다양한 조합으로 구성되어 있다. 단백질은 건물의 블록처럼 몸체 조직을 구성하기 때문에 성장이나 조직 유지에 흔히 사용된다. 어류는 아미노산을 분해해서 에너지를 생성할 수 있는 능력도 가지고 있다. 만약 아미노산이 필요 이상으로 많이 있거나 다른 가용할 에너지원이 없는 경우에는 아미노산의 분해가 일어나게 된다. 이 과정에서 암모니아라 불리는 독성 부산물이 생성된다.

탄수화물은 단당의 긴 사슬로 구성되어 있으며 주로 식물의 섭취에 의해 획득되며, 소화과정에서 흡수를 위해 포도당이라 불리는 단당으로 분해된다. 포도당은 호흡과정에서 곧바로 에너지를 형성하는데 이용이 되거나 글리코겐이라 불리는 물질로 만들어지며 이것은 간이나 근육에 저장되어 있다가 나중에 에너지원으로 사용된다.

지질은 지방산 사슬로 구성되어 있는데 소화 과정에서 지질로 분해된다. 지방산이 체내로 흡수되면 필요할 때까지 축적 지방으로 저장되다가, 필요시에 에너지 공급을 위해 적색근에서 산화되거나 세포의 구조의 형성에 이용되는 복잡한 유기 화합물인 인지질로 변환된다.

비타민과 미네랄은 대사과정과 몸체 구조를 이루고 건강을 유지하는데 필수적인 성분이다.

신진대사

신진대사는 어류의 생명을 유지하게 하는 모든 화학적 과정에 대한 포괄적인 용어이다. 이러한 과정에서 대사산물이라 불리는 생성물이 사용되는데 여기에는 유기 영양 물질과 산소와 같은 무기 물질이 포함된다. 대사과정에는 2가지가 있다. 첫째는 이화작용으로 대사산물을 분해해서 활동에 필요한 에너지를 형성하는 것이고 둘째는 동화작용으로 성장, 생식 및 재생 등을 위해 새로운 조직을 형성하는데 대사산물을 이용하는 것이다.

신진대사는 에너지를 제공하거나 기능 수행에 필요한 구조를 만들고 유지하는 것에 의해 신체의 모든 과정과 연관되어 있다. 신진대사는 대사산물의 공급을 위한 영양과 호흡, 안정적인 활동 환경을 만들기 위한 삼투조절, 그리고 쓸모없거나 독성의 부산물을 제거하기 위한 배설 등에 좌우된다.

신진대사율은 호르몬에 의해 조절되고 여러 가지 인자에 의해 영향을 받는다. 이러한 인자에는 주된 환경조건(수온, 염분농도 및 용존 산소), 어류의 활동 정도와 크기(큰 어류는 체중 당 대사율이 더 낮음), 나이(치어는 성어에 비해 성장률은 높지만 생식 요구는 낮음), 어류의 환경조건(나쁜 환경에 있는 어류는 손상된 조직을 지속적으로 재생해야 할 필요가 있음) 등이 포함된다.

위 잉어는 물 위에 떠 있는 펠릿 사료를 잘 먹는다. 질 좋은 가공 먹이(플레이크, 펠릿)는 모든 필수영양분을 정확한 비율로 함유하고 있다.

오른쪽 이 표는 전형적으로 어류에서 발생하는 영양과 대사의 주 과정을 나타내고 있다. 장관의 소화과정에서 단백질, 지질(지방) 및 탄수화물을 아미노산, 지방산 및 포도당으로 각각 분해한다. 이 세 가지 물질은 모두 에너지를 생산하기 위하여 '저장'되거나 '소비'될 수 있다. 아미노산의 '저장' 형태는 단백질로 간주할 수 있고, 성장과 조직재생을 위해 축적된다. 지질은 지방 침전물 및 또는 필수세포 구성성분으로 '저장'된다. 포도당은 간과 근육 내에 글리코겐으로 '저장'된다. 글리코겐은 다시 포도당(glucose)으로 전환될 수 있는데 산소가 존재하는 상태에서 되거나 긴급 상황 시에 에너지가 방출된 후까지 산소가 필요치 않는 해당작용(glycolysis)이라 불리는 '지름길' 과정에 의해 이뤄진다. 이 그림의 주요 에너지 순환은 포도당이 어떻게 산화되어 에너지와 부산물(이산화탄소와 물)을 생성하는지 보여준다. 대부분의 경골어류에서 질소를 함유한 주 부산물은 암모니아(아미노산의 분해로 생성됨)이며 아가미를 통하여 배출된다.

일반적으로 어류는 살아가는데 기본적으로 필요한 것과 스트레스와 질병 발생 시에 소모되는 것을 제외한 에너지를 성장과 생식에 사용한다. 그러므로 좋은 성장률과 왕성한 번식활동은 환경조건이 잘 갖춰져 있음을 의미하는 것으로 받아들일 수 있다.

정상 환경조건에서 에너지는 지속적으로 충분한 산소의 공급이 필요한 산화과정에 의해 생성된다. 긴급한 상황에서 에너지는 아드레날린이라는 호르몬이 산소 없이 글리코겐을 포도당과 에너지로 전환시키는 해당작용을 거쳐 백색근 내에서 신속히 생성될 수 있다. 이 과정에서 생성되는 젖산은 고농도에서 독성이 있기 때문에 해당작용은 짧은 시간 동안만 지속된다. 축적된 젖산은 결국 분해되는데 이 과정에서 산소와 에너지가 필요하기 때문에 이를 일종의 '산소 부채(oxygen debt)'라 한다.

부산물은 에너지 생성과정과 지속적인 조직의 재생과 유지 과정 동안에 생성된다. 이러한 부산물은 주로 이산화탄소, 물, 암모니아와 퓨린(purine)과 같은 거대 분자로 구성되어 있으며, 이 모두 독성이 있어 배출되어야 한다. 이산화탄소와 암모니아는 확산에 의해서 아가미를 통해 배출되지만 물과 퓨린(주로 요소)은 신장에 의해 제거된다.

어류의 영양과 대사

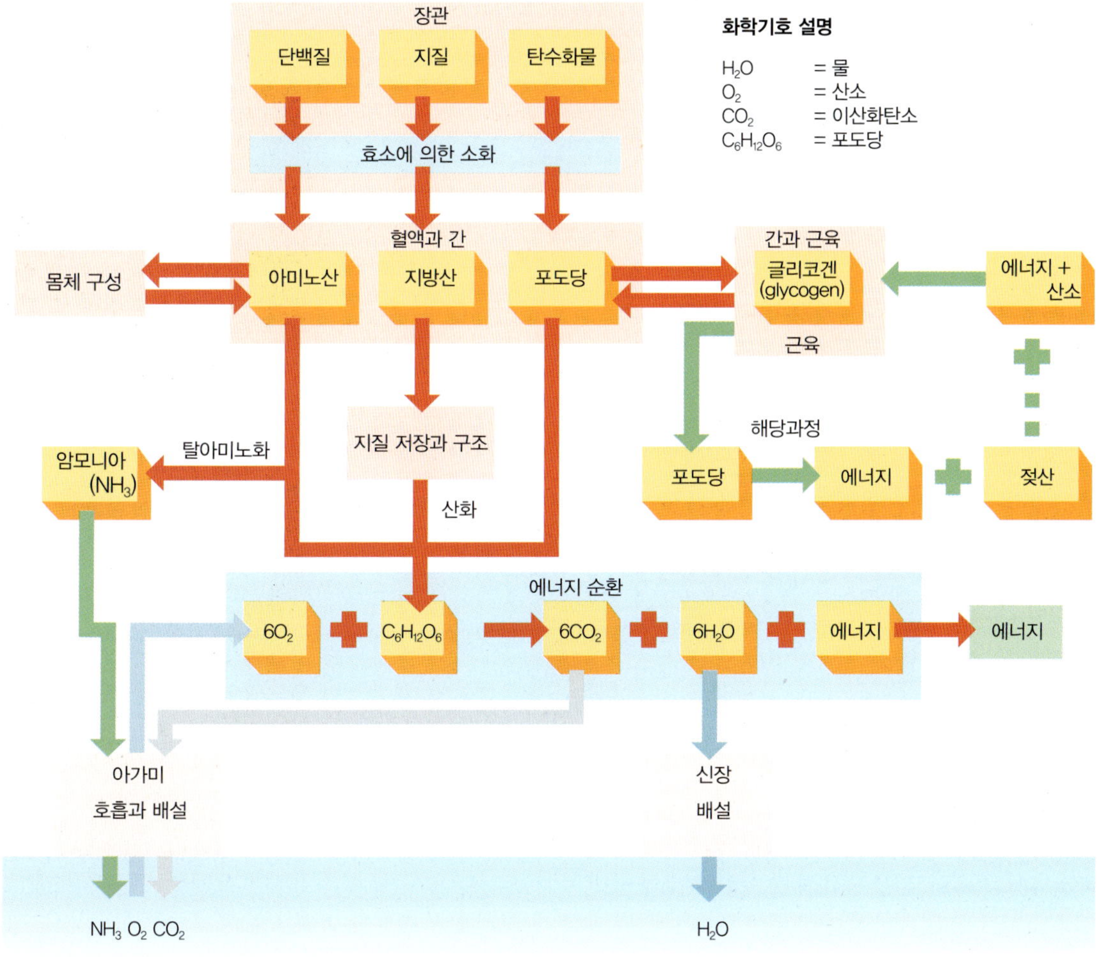

장관
단백질
지질
탄수화물
효소에 의한 소화
혈액과 간
몸체 구성
아미노산
지방산
포도당
간과 근육
글리코겐 (glycogen)
근육
에너지 + 산소
해당과정
포도당
에너지
젖산
탈아미노화
암모니아 (NH_3)
지질 저장과 구조
산화
에너지 순환
$6O_2$ + $C_6H_{12}O_6$ → $6CO_2$ + $6H_2O$ + 에너지 → 에너지
아가미
호흡과 배설
신장
배설
NH_3 O_2 CO_2
H_2O

화학기호 설명

H_2O = 물
O_2 = 산소
CO_2 = 이산화탄소
$C_6H_{12}O_6$ = 포도당

삼투조절- 체내의 염분과 물의 균형 조절

어류는 사실상 유체 환경에 서식하는 유체 덩어리이다. 담수와 해수어류는 체액과 환경의 염분농도 사이에 차이가 있다. 특히 아가미에는 두 부류의 어류 모두 매우 얇은 막에 의해 분리되어 있기 때문에 어류의 체내 · 외로 염분 또는 물이 지속적으로 이동하는 경향이 있다는 것은 놀랄 만한 일이 아니다. 여기서 작용하는 과정이 확산과 삼투현상이다. 서로 다른 농도의 두 용액이 어류의 생물학적 경계를 형성하는 아가미나 피부와 같은 반투막에 의해 분리되어 있다면 염류 이온들은 고장액에서 저장액으로 막을 통과하여 확산에 의해 이동할 것이며 반면에 물 분자는 고장액을 희석하기 위해 삼투현상에 의해 반대 방향으로 움직일 것이다. 많은 자연적인 과정에서와 같이 양쪽이 평형을 이루고자 하는 경향이 있다. 어체가 효율적으로 기능하기 위해서는 살고 있는 환경의 염분농도와 관계없이 체내의 물과 염분 농도의 균형을 지속적으로 유지시키는 것은 매우 중요하다. 어류는 삼투조절이라 불리는 과정에 의해 자연적인 확산과 삼투현상에 대처한다. 다음에서는 해수와 담수 어류의 차이점에 대해서 살펴보고자 한다.

위 스리랑카에 있는 연안석호로 스캣(scat, 아래 사진)과 적응한 다른 어종의 전형적인 기수 서식지이다.

해수어의 삼투압 조절

해수는 해수어류의 체액보다 염분농도가 높기 때문에 체내의 조직으로부터 물이 빠져나가고 염분이 체내로 들어오려는 경향이 지속적으로 일어나게 된다. 해수어류는 이러한 탈수현상 문제를 많은 양의 해수를 들이마시고 적은 양의 소변을 배출하는 방식으로 해결하고 있다. 해수어류는 마신 해수에서 염분을 흡수하지 않고 아가미에 존재하는 특별한 세포(염류세포)를 통해 염분을 능동적으로 제거하는 방식으로 염분의 유입에 대응한다.

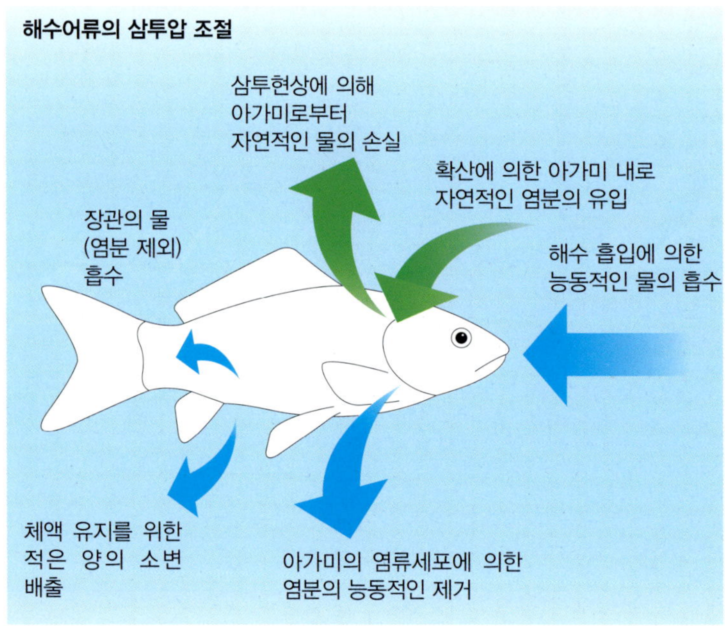

담수어류의 삼투압 조절

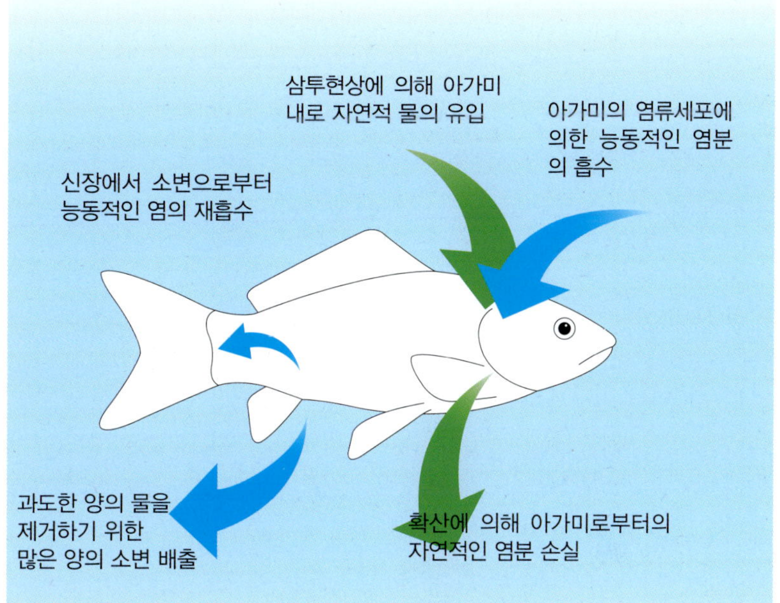

아래 스캣(scat; *Scatophagus argus*)이라는 어종은 담수, 기수 또는 해수 환경에서 살기 위해 삼투압 조절 시스템을 적응시키는 능력이 있다.

담수어류의 삼투압 조절

담수어류의 체액은 주변 환경보다 높은 염분농도를 가지기 때문에 해수어류와는 반대가 된다. 그러므로 물이 체내로 들어가고 조직으로부터 염분이 빠져나오려는 경향이 있다. 이러한 문제를 해결하기 위해서 담수어류는 물을 아주 신속하게 배출하는 매우 효율적인 신장을 가지고 있다. 담수어류는 아가미의 염류세포를 통해 염분을 능동적으로 섭취하고 배설 전에 소변으로부터 염분을 효율적으로 재흡수하여 염분의 손실을 최소화한다(어떻게 어류가 부적절한 삼투 조건에 반응하고, 서로 다른 환경 조건에서 수많은 어류의 삼투조절 과정이 얼마나 다양한지에 대한 내용은 3장에 서술되어 있음).

호흡

어류는 살기 위해서 산소가 필요하다. 환경으로부터 산소를 흡수하여 세포로 이동시키는 생명 유지에 필요한 과정을 호흡이라 한다.

물에는 공기 중 산소의 단지 5%만이 존재하기 때문에 어류의 호흡 시스템은 매우 효율적이어야 한다. 산소를 흡수하는 기관 표면에 상대적으로 적은 양의 산소가 녹아 있는 물을 많이 이동시켜 충분한 산소를 섭취하도록 하는 것이 중요하다. 이러한 물의 운반 기작은 물의 밀도가 산소보다 800배 높기 때문에 에너지 효율적이어야 한다. 어류는 구강과 아가미뚜껑을 이용하여 매우 효율적인 저출력 펌프를 만들어 필요한 물의 흐름을 발생시킨다. 이것은 아가미라 불리는 특수화된 호흡 기관의 가스 흡수 표면으로 물의 지속적인 흐름을 만든다.

효율적으로 산소를 흡수하기 위해 아가미 구조는 넓은 표면적이 필요하고 혈액과 물(산소가 녹아 있는) 사이에 얇은 막이 필요하다. 이러

어류호흡의 펌핑 사이클

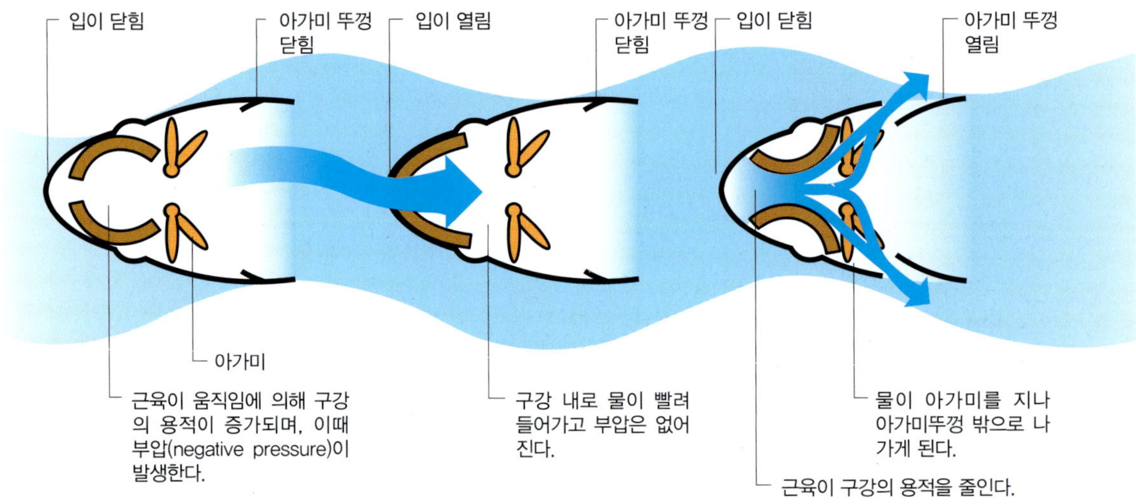

한 넓은 표면적과 얇은 막은 다소 상충되는 요소이다. 왜냐하면 아가미가 물의 유출입을 위한 가장 최상의 장소이기 때문에, 그 구조가 가스교환에 이상적일수록 삼투 조절에는 문제를 일으킬 소지가 좀 더 커지기 때문이다. 그러므로 아가미는 호흡과 삼투조절을 위해 필요한 조건 사이에서 서로 절충된 구조를 가진다.

산소는 단순 확산에 의해 혈액 속으로 흡수된다. 아가미 내로 들어간 혈액은 사육수의 용존산소 농도보다 낮아서 균형을 맞추기 위해 산소는 혈액 속으로 이동한다. 이 과정은 아가미 밖의 물과 혈액의 흐름이 정반대 방향이기 때문에 좀 더 향상된다. 어류는 이러한 역류 시스템 때문에 혈중산소 농도를 아가미와 바로 맞닿아 있는 물의 농도보다 낮게 유지하게 되고 대부분의 어류가 물속 용존산소량의 80%을 흡수할 수 있게 해준다. 적혈구의 헤모글로빈은 능동적으로 산소와 결합하여 상대적으로 이산화탄소의 농도가 높은 조직으로 산소를 운반하여 세포의 필수적인 기능을 수행하도록 한다.

이산화탄소는 대사과정에서 생성되는 노폐물이지만 혈액에 녹기 때문에 제거하는데 아무런 문제가 되지 않으며 결국 아가미 벽을 통해 쉽게 확산 배출된다. 때때로 이산화탄소는 중탄산 이온으로 혈액 속에서

위 어류의 아가미를 확대한 사진으로 새궁과 긴 새변이 여러 줄 붙어 있는 것이 보인다.

어류 아가미에서의 역류 시스템

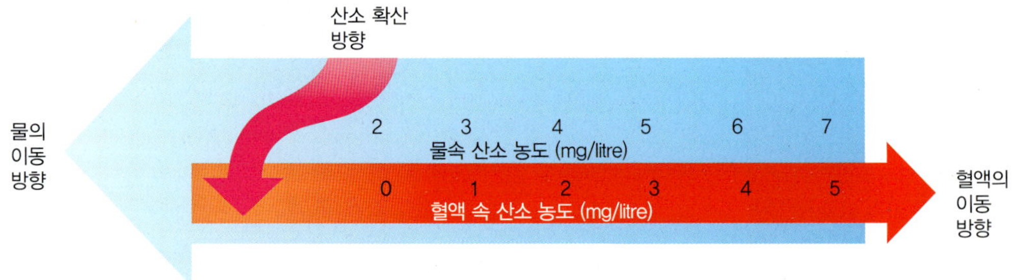

왼쪽 이 그림은 어류가 물을 펌핑시켜 물이 아가미를 지나는 일련의 과정을 보여주고 있다. 이 과정은 매우 주기적이며 세 번째 단계 이후 다시 첫 번째 과정이 연속된다.

운반된다. 이 경우에는 삼투조절의 일부로 아가미에서 염화염(chloride salts)과 교환된다(어류가 어떻게 용존산소량이 다른 환경과 부적당한 산소와 이산화탄소 농도의 환경에 적응하는지에 관한 자세한 설명은 3장에 나와 있음).

위 건강한 아가미의 사진으로 2차 새변 각각은 가스교환을 위해 모세혈관이 형성되어 있다.

1차 새변

2차 새변

어류의 아가미 구조

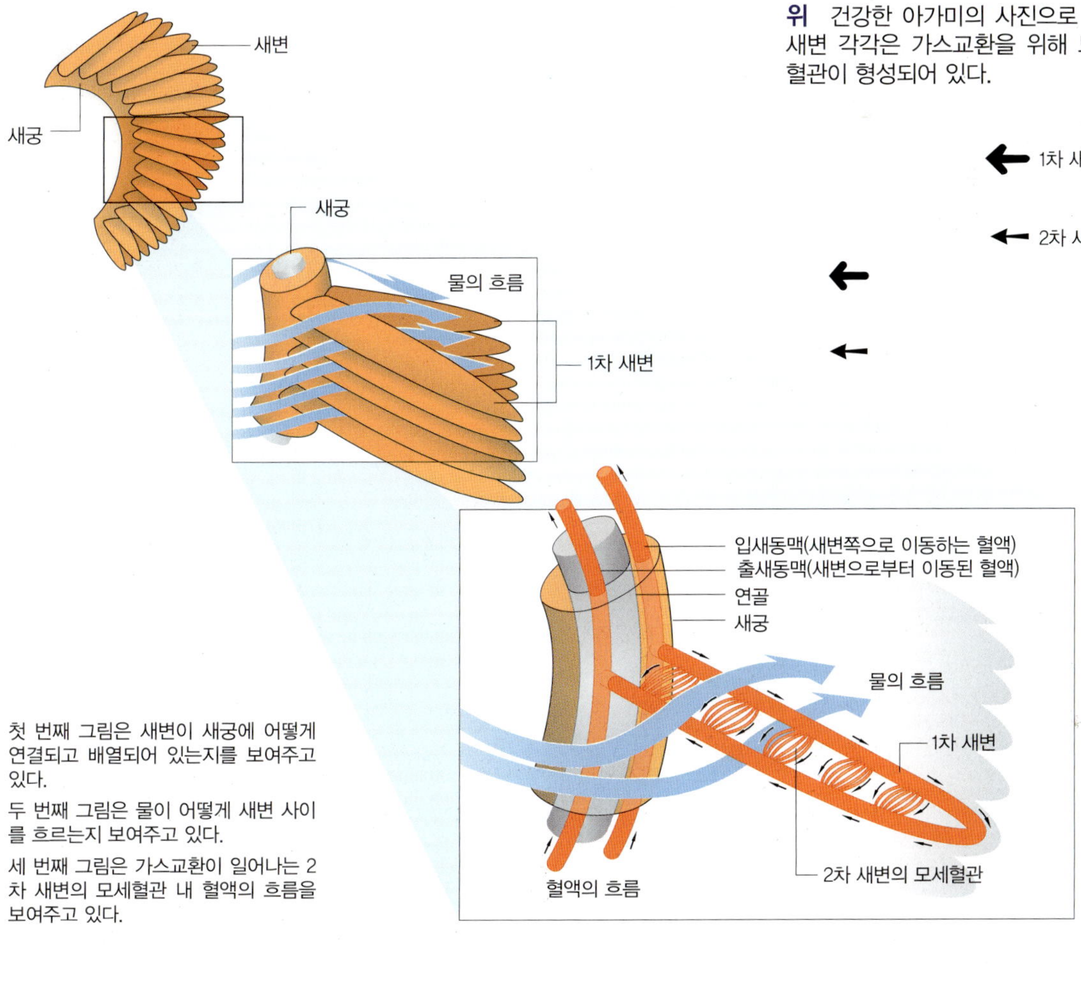

새변

새궁

새궁

물의 흐름

1차 새변

입새동맥(새변쪽으로 이동하는 혈액)

출새동맥(새변으로부터 이동된 혈액)

연골

새궁

물의 흐름

1차 새변

혈액의 흐름

2차 새변의 모세혈관

첫 번째 그림은 새변이 새궁에 어떻게 연결되고 배열되어 있는지를 보여주고 있다.

두 번째 그림은 물이 어떻게 새변 사이를 흐르는지 보여주고 있다.

세 번째 그림은 가스교환이 일어나는 2차 새변의 모세혈관 내 혈액의 흐름을 보여주고 있다.

생식

한 어종의 생존은 분명히 생식능력에 달려 있으며 어류는 생존을 위해 다양한 전략을 발전시켜 왔다. 모든 생식을 위한 전략은 자손을 생산하는데 할당된 대사 에너지를 가장 효율적인 방식으로 적용하는 것이다. 간단한 예로 부모가 투입한 에너지의 양과 생산된 알/새끼의 수와 크기 사이의 관계를 들 수 있다. 어떤 어종은 충분한 에너지가 남아 돌 때에만 생식을 하는 반면에 어떤 어종은 이용 가능한 에너지에 정비례하여 산란한다. 어떤 어종은 필요조건과 상관없이 알을 낳으며 그런 과정에서 죽기도 한다.

경골어류에서, 생식기관(또는 생식선)은 유전자에 따라 정소(수컷) 또는 난소(암컷)를 형성하지만 어떤 어류는 조건에 따라 성전환을 할 수 있는 능력이 있다.

면역시스템

어류는 포유류만큼은 발달하지 못했지만 질병으로부터 자신을 보호하는 면역시스템을 가지고 있다. 첫 번째 방어막은 물리적으로 몸체에 침입하는 병원체를 막는 것이다. 어류는 비늘과 진피 및 상피층으로 구성되어 있는 효과적인 외벽을 가지고 있어 병원체와 물리적 손상으로부

위 이 아프리카 범프헤드 시클리드(bumphead cichlid; *Steatocranus casuarius*)는 싸움에 의한 상처에 곰팡이 감염 증상을 보이고 있다. 비늘과 피부가 손상되면 세균이나 곰팡이에 의한 2차 감염에 노출된다. 만약 물고기가 쇠약해진 상태에 있거나 나쁜 환경에서 계속 사육되면 감염인자는 그 개체의 면역시스템을 피하며 결국 죽게 만들 것이다. 시판된 약품으로 즉시 치료하는 것이 중요하다.

왼쪽 알을 보호하고 있는 점박이 틸라피아(*Tilapia mariae*). 어떤 어류는 알이나 치어를 수개월 이상 세심하게 보살피는 반면에 어떤 어류는 아주 무관심해서 '부모의 보살핌'의 정도가 매우 다양하다. 틸라피아를 포함한 시클리드 어류는 산란능력과 새끼를 잘 보살피기 때문에 어류 사육자에게 인기가 많다.

터 보호를 받는다. 이 방어막은 항균성 · 항진균성 점액으로 덮여 있어 그 기능이 향상되어 있다. 점막은 지속적으로 재생되며, 부스러기를 떨어져 나가게 하거나 외부 기생충의 증식을 못하도록 하는 효과도 나타낸다. 침투할 수 있는 또 다른 장소는 장관인데 효소작용과 pH 때문에 대부분의 병원체에 적대적인 환경이다.

만약 이러한 방어막 중의 하나가 뚫리게 되면 병원체는 체내로 침투할 수 있으며, 이는 피부 상처나 장관을 통해서도 일어날 수 있다. 어류가 스트레스를 받는 경우, 장관은 작동을 멈추고 혐기적 발효와 효소작용으로 장관 벽을 손상시켜 병원체가 조직과 혈류 속으로 침입하게 된다.

혈액은 많은 물질을 함유하고 있으며 어떤 병원체라도 즉각적으로 공격하는 면역기능을 가지고 있다. 여기에는 항바이러스성 물질인 인터페론과 세균과 바이러스를 공격하는 C 반응성 단백질(C-reactive protein)이 포함된다. 혈류 속의 이물질에 대한 신체의 초기 협동반응은 침입한 부위를 봉쇄하여 삼투조절 문제를 방지하고 병원체의 체내 확산을 방해하는 것이다. 이 염증반응은 히스타민과 손상된 세포에서 유리되는 물질에 의해 일어난다. 동시에 혈장 단백질 성분인 섬유소원(fibrinogen)과 응고인자에 의해 섬유소(fibrin)로 형성된 물리적인 벽이 손상된 부위의 출혈을 막는다. 백혈구는 손상 부위로 모이게 되며 이물질을 섭취하여 신장이나 비장으로 운반한다(안타깝게도, 많은 세균은 이러한 염증반응에 저항할 수 있는 능력이 있다. 세균은 자신을 섭취한 백혈구를 파괴할 수 있는 독소를 분비하거나 섬유소를 녹일 수 있는 물질을 생산하는 능력으로 몸 전체로 퍼질 수 있다.)

신장과 비장에서는 항체라는 특별한 단백질이 생산되어 항원이라는 특정 침입자에 특이적으로 반응한다. 항체 생성과정은 2주 또는 그 이상 소요된다. 각각의 항체는 특이 항원에 부착하며 여러 가지 방식으로 항원을 공격한다. 항원의 병독성을 없애서 백혈구에 잘 포식될 수 있게 하거나, 항원의 증식을 불활성화시켜 생장을 못하도록 하거나, 항원 세포가 파괴되도록 돕는 보체라고 하는 일련의 혈액의 구성성분들을 활성화하는 방법 등이 있다.

만약 어떤 물고기가 이전에 특이 항원을 경험한 적이 있다면 면역시스템은 좀 더 빠르게 반응할 것이다. 이 경우 그 개체는 이미 특이 항체를 가지고 있을 것이며 항원에 노출되면 급속도로 그 항체의 양이 증가할 것이다. 백신접종의 원리가 여기에 있다. 즉, 불활화된 병원체가 주입된 어류는 특이 항체를 생산할 수 있고 추후에 그 질병이 발생하였을 때 생존율은 높아질 수 있다.

어류의 면역시스템의 실행기작은 환경과 밀접한 관련이 있다. 수온이 낮아지면 면역반응은 느려지는데 이때 병원체의 활성도 동일하게 억제되지 않는다면 숙주는 죽을 수도 있다. 어류는 병원체에 감염되었을 때에 따뜻한 물을 선호하는 행동학적 '발열증상'을 나타내는 경향이 있다. 환경오염은 어류의 면역반응을 감소시킨다.

제3장
수질화학의 이해

2장에서 보았듯이 어류는 기본적으로 투과성이 있는 신체의 막을 경계로 하여 물속에 살고 있기 때문에 환경과 매우 밀접한 관계가 있다. 이것은 어류가 사는 환경을 구성하는 물의 특성이나 상태의 변화는 어류의 생리에 즉각적이고 심각한 영향을 준다는 것을 의미한다. 사실 어류는 육상동물보다 주변 환경의 변화에 좀 더 민감하다. 그러나 어류는 다음의 두 가지 이유로 이러한 점을 극복할 수 있다. 첫째, 어류는 수백만 년 동안 진화해 오면서 특정한 환경에서 생존할 수 있도록 상당한 적응력을 갖추었으며 어느 정도의 환경변화에 적절히 대응할 수도 있다. 둘째, 일반적으로 자연의 수계 환경은 매우 안정적이다. 물은 다양한 특성을 가지고 있어서 그 성질이 아주 천천히 변하기 때문에 어류는 생리학적 기능을 조절하여 적응할 수 있는 시간적인 여유가 있다.

물의 성질

순수한 물은 수소와 산소의 두 원자로 이루어져 있다(H_2O). 그러나 물은 뛰어난 용매의 특성을 가지기 때문에 매우 다양한 특징을 갖게 된다. 물은 비로 인해 대기의 특성과 높은 곳에서 바다로 흘러갈 때 지나는 흙과 땅, 그리고 암석의 화학적 특성에 영향을 받는다. 또한 물의 궁극적인 성질은 증발, 비에 의한 희석, 생물학적 요인과 사람의 활동 등에 의해서도 영향을 받게 된다.

이렇게 다양한 요인들에 의한 상호작용이 있다는 것은 근본적으로 다른 물리적 · 화학적 특성을 지닌 수생 환경이 전 세계에 아주 다양하게 존재한다는 것을 의미한다. 어류를 비롯한 수생생물들은 이렇게 다양한 수생환경에 생리적으로 적응하도록 진화하였기 때문에 특이한 수생환경에서도 특유의 방법으로 잘 살 수 있다.

수생생물에 큰 영향을 주는 것으로 알려진 물의 물리화학적 특성에는 pH(산성 또는 염기성 정도), 경도와 염분(녹아 있는 염의 양이나 종류에 의한 것), 온도, 용존 산소나 용존 이산화탄소 함유량이 있으며 용해된 독성물질의 양, 아질산염과 같은 유기물, 중금속이나 합성 화학물질 등도 포함된다.

수질화학과 이것이 어류에 미치는 영향에 대해 이해하는 것은 올바

왼쪽 이 산 속의 계곡물이 바다로의 이동을 시작함에 따라 물의 화학적 성질은 그 물속의 바위와 토양에 의해 영향을 받으며 그곳의 서식 생물에 영향을 끼친다.

른 어류사육에 있어 필수적이다. 이는 사육자가 어류에게 적합한 수질환경을 제공하고 유지하는 데 도움이 된다. 만약 이 점을 중심으로 시간과 정성을 들인다면 어류의 건강에는 별 문제가 없을 것이다. 이것은 다른 모든 경우와 같이 치료보다 주의 깊은 예방이 훨씬 더 중요하다는 의미를 내포하고 있다.

이번 장에서 우리는 물의 여러 주요 특성들이 어류의 생리나 건강에 어떠한 영향을 미치는지 그리고 어류가 어떻게 각자 다른 환경에서 잘 적응하여 살 수 있는지 수질화학의 측면에서 살펴보고자 한다.

아래 물의 pH 값에 영향을 미치는 자연적인 요인은 매우 다양하다. 대기에서 떨어지는 비로 인해 pH는 중성에서 벗어나기 시작한다. 또한 물의 성질은 돌, 토양, 유기 부산물, 오염과 광합성과 호흡의 대사과정 등에 의해서도 변하게 된다.

물의 pH 값

pH값에 영향을 주는 자연 현상

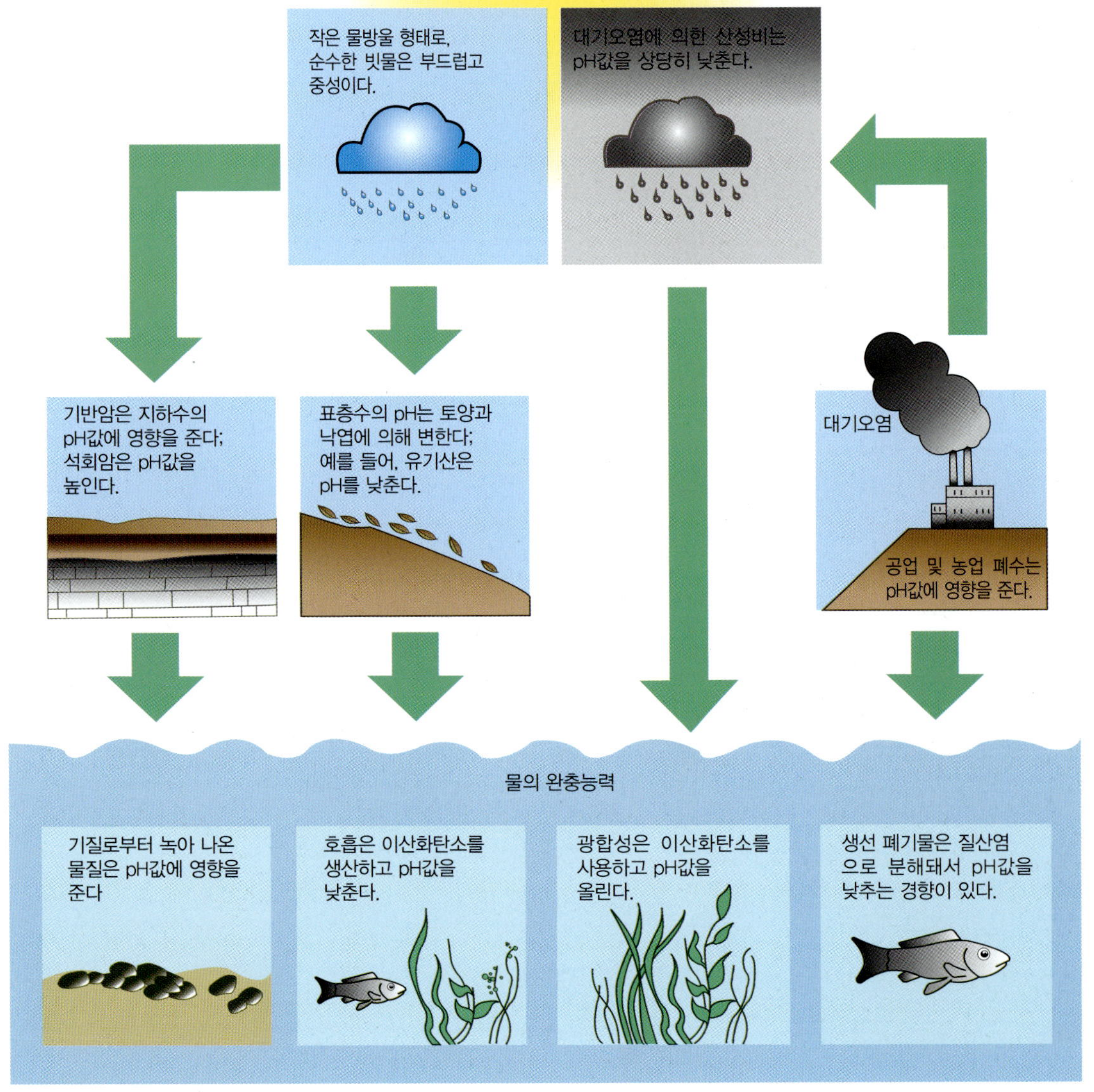

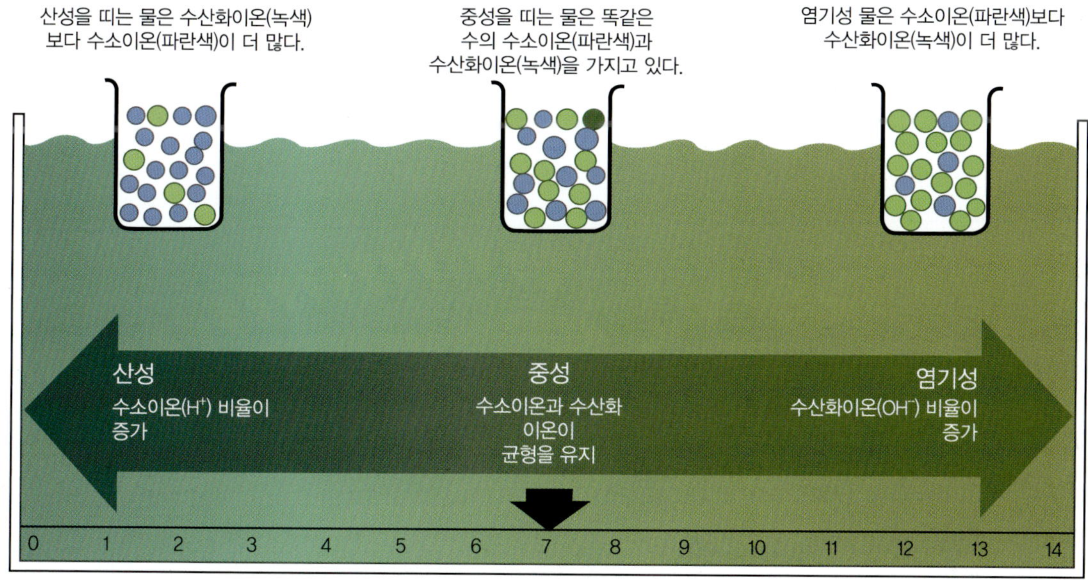

위 물의 산성도와 염기성도는 수산화 이온과 수소 이온의 비율과 관련이 있다.

아래 동식물이 많은 넓은 사행천(구불구불한 개울)은 농지에서 흘러든 물뿐만 아니라 pH 값에 영향을 주는 많은 요인들에 개방되어 있다.

pH 값이란 간단히 말해 물이라는 큰 덩어리가 산성, 알칼리성 혹은 중성인가를 나타내는 하나의 방법이다. 화학적으로 물은 두 개의 수소 원자와 한 개의 산소 원자로 이루어져 있다. 물은 실제로 양전하를 가진 자유 수소이온(H^+)과 음전하를 가진 자유 수산화이온(OH^-)이 다양한 비율로 존재한다. 물의 pH 값은 수산화이온에 대한 수소이온의 비율을 측정한 것이 된다. 이러한 이온들이 같은 숫자로 존재하면 물은 중성이라고 말하며 pH 값은 7이 된다. 만약 수소이온의 수가 수산화이온의 수를 과도하게 초과하면 물은 산성이 되며 pH 값은 7 이하로 낮아지게 된다. 그러나 반대로 수산화이온이 수소이온의 수를 초과하게 되면 물은 염기성이 되며 pH 값은 7 이상에서 최고 14까지 된다. pH 단위는 상용대수(log)로 나타내는데 1은 수소이온의 농도가 10배 차이 나는 것을 의미한다. 이것은 비교적 작은 값의 pH가 오르내린다 하더라도 실제로는 상당히 큰 변화가 일어난다는 것을 의미한다.

참고: pH는 보통 'pH 7.2'의 예와 같이 소수점 첫째자리까지 나타낸다.

많은 화합물들이 물에 첨가되면 그 구성성분은 이온으로 분해(이온화)되는 경향을 보이는데 그 중 수소이온 또는 수산화이온이 pH 값을 변화시키는 데 기여한다. 무기산과 유기산, 무기염의 침출로 인해 물은 자연적으로 산성화된다. 공기 중의 이산화탄소 또한 산성화에 영향을 주는데, 이는 물속에서 쉽게 탄산의 형태로 변하기 때문이다. 그래서 나중에 배우게 되겠지만 호흡, 광합성, 난류, 에어레이션과 같은 과정과 그 외 이산화탄소의 농도에 변화를 주는 모든 것들이 물의 pH에 영향을 준다.

오염은 pH 값에 매우 큰 영향을 줄 수 있다. 전 세계적으로 유리산(free acid)과 금속이온을 포함한 산업폐기물은 pH 값을 낮추는 반면, 오물이나 농업폐수는 광합성을 통해 이산화탄소를 제거하는 조류를 증가시키기 때문에 간접적으로 pH 값을 상승시킨다.

물의 산도 혹은 염기도의 정도는 수산화이온에 대한 수소이온의 비율과 관련된다. 어류사육에서 pH 값을 변화시키는 가장 중요한 요인은 생물여과, 호흡 및 식물 대사 작용이다. 각각의 과정에 대해서 차례로 살펴보자.

생물학적 여과에는 두 가지 핵심적인 과정이 있는데, 둘 다 여과재 속의 세균에 의한 작용이다.

- 질화작용은 어류 배설물 중의 암모니아(NH_3)와 같은 독성물질을 분해하여 아질산염(NO_2^-)과 덜 해로운 질산염(NO_3^-)으로 만드는 작용이다.
- 탈질화작용은 어떠한 특수한 필터에서 일어나는 반응으로, 질산염이 결국 유리 질소 기체와 산소로 전환되는 작용이다.

이러한 과정은 물의 pH 값의 변화에 상반된 영향을 준다. 즉 수소와 질산염이온은 질화작용 과정에서 질산(HNO_3^-)을 만들어 pH 값을 낮추고, 탈질화작용은 산성화를 촉진시키는 질산염을 제거함으로써 pH 값의 상승을 초래한다(이 장의 후반부에는 이러한 물질과 물의 화학적 성질에 어떠한 중요성이 있는지 자세히 서술되어 있다).

호흡은 대사과정 중 심장에서 일어나는 기체의 교환이며 부산물로 이산화탄소가 생산되기 때문에 pH 값이 낮아진다(예, 물의 산성화). 에어레이션(aeration, 폭기)은 물을 순환시켜 이산화탄소를 내보내는 역할을 하고, 이러한 영향을 줄여준다.

식물대사는 광합성 과정에서는 이산화탄소, 성장 과정에서는 질산염을 사용하며 두 과정 모두 pH 값을 증가시키는 역할을 한다. 만약 광합성에 필요한 유리 이산화탄소가 없다면 이산화탄소는 물속에 존재하는 중탄산이온(HCO_3^-)으로부터 추출되고 물의 완충능력을 감소시킨다. 이것이 식물이나 조류의 지나친 성장을 피해야 하는 중요한 이유이다. 예를 들어 여름철 연못의 조류 대량증식은 물의 pH를 크게 변화시킬 수 있다.

물은 일반적으로 pH 값의 변화를 일으키는 모든 이러한 잠재적인 요인에 대해 안정화시키는 작용을 하는 완충재 물질을 포함하고 있어서 수소이온 농도의 변동을 억제하여 pH 값을 적절히 유지한다. 물의 완충능력은 pH 값(수소이온의 증가)을 중화시킬 물질의 총 함유량에 기초한다. 실제로는 물의 염기도에 영향을 준다(완충능력은 물의 경도와 밀접한 관련이 있는데 이는 나중에 살펴볼 예정이다). 물의 염기도는 수산화물(hydroxide), 탄산염(CO_3^{2-}), 중탄산염(HCO_3^-)의 존재 여부에 좌우되며 붕산염, 인산염, 비산염, 규산염 그리고 암모니아도 어느 정도 영향을 미친다. 높은 pH 값은 염기도가 높음을 나타낸다. 해수는 많은 양의 염류가 포함되어 있어 보통 담수보다 완충능력이 뛰어나고, 이런 이유로 해수의 pH 범위가 7.9~8.3인 것은 당연하다.

위 동남아시아 유래의 이 화려한 라스보라(*Rasbora einthoveni*)는 약산성(pH 6~6.5)에서 잘 자란다. 이 물고기는 호산성 어종이다.

아래 반대로 이 시클리드(*Haplochrommis moori*)는 pH 8~8.5의 알칼리성의 말라위 호수에서 잘 자라기 때문에 호염기성 어종으로 알려져 있다.

어류와 pH 값

어류는 pH 5에서 9.5까지 매우 다양한 pH 값을 가진 수중환경에 적응하면서 진화해왔다. 대부분의 담수어종은 pH 6~8의 환경에서 살고 있다. 보통 환경의 pH 값은 매우 안정적이며, 하루 최대 변화 범위는 매우 작다. pH 7 이하의 산성 환경에 적응하며 진화해온 어종을 호산성이라고 부르며 이러한 어종에는 라스보라와 디스커스가 있다. pH 7 이상의 염기성의 환경에 잘 적응한 어종을 호염기성 어종이라 하며 많은 잉어과 어류와 아프리카 시클리드(African Rift Lake cichlid)가 이에 해당한다.

pH와 관련된 어류의 가장 주된 생리학적인 반응은 혈액의 산과 염기의 균형과 내부의 pH 값을 일정하게 유지하려고 하는 것이다. 어류는 중탄산이온이나 산성인 이산화탄소를 이용하여 pH의 변화에 대응한다. 만약 혈액이 환경적인 변화나 대사작용의 결과로 과잉의 이산화탄소에 의해 산성으로 변하게 되면 pH 값을 되돌리기 위해 혈장의 중탄산이온이 증가한다. 반대로 이산화탄소의 증가 또는 중탄산이온의 제거는 혈중 pH 값을 낮추는 데 도움이 된다. 이러한 반응은 혈액이나 아가미의 세포막에 있는 탄산무수화효소(carbonic anhydrase)라 불리는 호르몬에 의하여 빠르게 일어난다.

pH의 변화에 적응할 수 있는 능력은 어종에 따라 매우 다양하며 치어나 알보다 성어일수록 pH 변화에 더 잘 대응하는 경향이 있다. 혈중 pH 값과 산/염기 균형을 유지하는 능력은 pH 값이 극단적인 환경에 서식하는 어류나 pH 변화에 둔감한 어류에 잘 발달되어 있다. 물의 pH 값이 오랜 기간 동안 어류의 정상적인 pH 범위를 벗어나거나, 정상적인 pH 범위 내에서 급격한 변화가 일어나면 산성혈증이나 알칼리혈증의 증상을 나타낸다.

산성혈증(acidosis)은 어종과 그 어종의 정상 pH 범위에 의해 좌우되지만 일반적으로 pH 5.5 이하에서 발생한다. 산성 환경에 있는 어류의 행동반응은 pH 변화가 빠르고 급성이거나 느리고 만성이냐에 따라 다양하다. 전자의 경우 어류는 매우 흥분상태가 되고 빠르게 유영하며 숨을 헐떡이고 점프를 하는 경향을 보이다 꽤 빨리 죽게 된다. 후자의 경우 영향은 적으며 뚜렷이 보이는 행동의 이상 없이 천천히 죽게 된다. 숨이 가쁜 증상은 산성 환경에서 헤모글로빈의 산소운반 능력이 떨어지고 자극받은 아가미로부터 점액이 과다 분비되기 때문이다. pH 6 이하에서서는 콜로이드성 철 분자(예를 들어 복잡한 유기 분자와 관련된 철)가 아가미에 축적되어 진회색 침전물이 남게 되며 결국 가스교환을 방해한다.

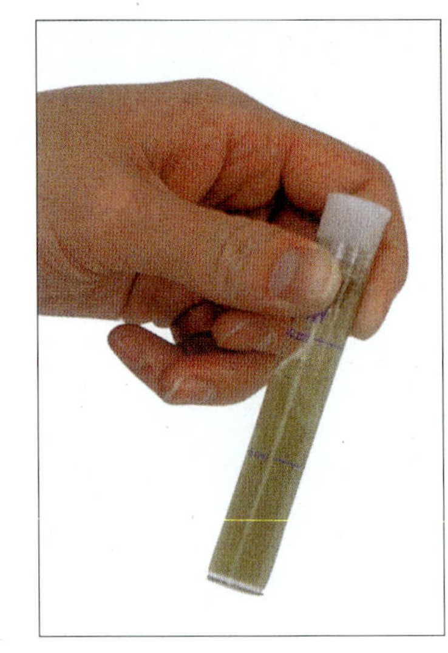

산성도는 아가미뿐만 아니라 피부와 모든 외부의 체표를 자극하여 점액의 과다분비(체표가 우윳빛으로 흐려짐)와 특히 복부에 발적 증상을 일으킨다. pH 값이 낮아지면 어류는 질병에 대한 감수성이 높아지며 특히 세균에 쉽게 감염될 수 있다.

pH	수생환경
6.0	아마존의 블랙워터강 (Blackwater River)
6.3	말레이시아 강
7.0	아프리카의 차드 호수 (중심부)
7.4	멕시코의 강
8.3	플로리다 산호초 (여름)
8.5 ~ 9.0	아프리카의 탕가니카 호수

잘 알려진 일부 어종의 pH와 경도	
호산성 어종 pH 6~7.5 총경도: 탄산칼슘 최대 50mg/L 에인절피시(*Pterophyllum scalare*) 클라운로치(*Botia macracantha*) 디스커스(*Symphysodon discus*) 할리퀸(*Rasbora heteromorpha*) 킬리피시(*Aphyosemion and Epiplatys*) 네온테트라(*Paracheirodon innesi*) 람(*Papillochromis ramirezi*) 레드피라니아(*Serrasalmus nattereri*) **중성범위 pH 7.5~8** 총경도: 탄산칼슘150~300mg/L 블랙몰리(*Poecilia hybrid*) 잉어/비단잉어(*Cyprinus carpio*) 금붕어(*Carassius auratus*) 구피(*Poecilia reticulata*) 플레티(*Xiphophorus maculatus*) 레인보우피시(*Melanotaenia and Bedotia*) 소드테일(*Xiphophorus helleri*) **호염기성 어종 pH 8~9** 총경도: 탄산칼슘300~450mg/L 아프리카 시클리드종 (African Rift Vally Lake chchlids) 해수어류와 무척추동물	**내성종 pH 6.5~8.5** 총경도 50~350mg/L 블루아카라(*Aequidens pulcher*) 코리도라스(*Corydoras*) 파이어마우스 시클리드(*Thorichthys meeki*) 구라미(*Colisa and Trichogaster*) 레드테일블랙샤크(*Labeo bicolor*) 로지바브(*Barbus conchonius*) 샴투어(Siamese fighting fish)(*Betta splendens*) 타이거바브(*Barbus tetrazona*)

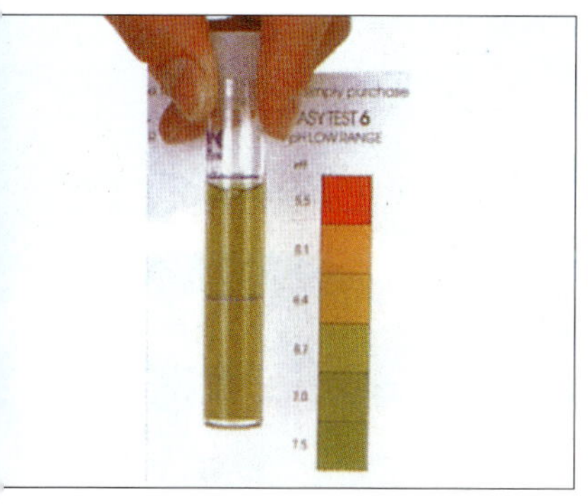

왼쪽 위 pH 테스트 키트를 사용할 때는 물 샘플에 시약을 첨가해야 한다. 그리고 인쇄된 차트와 색변화를 비교한다.

왼쪽 많은 어류는 좁은 pH와 경도 범위에서 산다. 좀 더 넓은 범위에서 살 수 있는 어류도 있다.

아래 물의 pH 값을 기록하는 쉬운 방법은 전자 pH 측정기(비록 초기 비용이 들지만)를 이용하는 것이다.

알칼리혈증(alkalosis)은 보통 pH 8~9 이상에서 일어나며 산성혈증처럼 어종에 따라 달라진다. 예를 들어, 호산성 어종은 pH 8에서 알칼리혈증을 일으키지만 해수어류는 pH 9가 될 때까지 어떠한 증상도 나타내지 않는다. 행동학적 · 생리학적 증상은 산성혈증과 유사하지만 추가적인 증상으로는 어류의 아가미와 지느러미 조직이 파괴된다. 또한 pH 값이 높아지면 암모니아의 독성이 증가하는데 이것에 대해서는 이 장의 후반부에서 좀 더 자세히 다룰 것이다.

물의 pH 값 조절

사육하는 어종에 맞는 pH 환경을 제공하는 것이 중요하며 가능하면 그 어종이 수백만 년 동안 생리학적으로 적응해온 자연 환경에 가깝도록 만들어 준다. 그러나 더 중요한 것은 물의 pH 값을 비교적 일정한 수준으로 유지시키는 것이다. 쉽게 구할 수 있는 용액, 종이, 알약 키트나 전자 pH 측정기를 이용해서 pH 값을 아주 간편하고 비교적 정확하게 측정할 수 있다. 만약 pH 값을 조정하고자 한다면 24시간당 0.3pH 단위를 넘지 않도록 천천히 변화시켜야 한다. 이렇게 pH가 점진적으로 변화할 때에 어류는 생리학적으로 잘 적응할 수 있다.

중성~염기성 조건에서 잘 사는 어류의 경우 사육수에 많은 양의 염기성 완충염(buffer salts)을 넣어 비교적 쉽게 안정한 pH 상태를 제공할 수 있다. 산성의 연수인 경우 안정한 pH 환경을 제공하기 위해서는 보다 세심한 주의가 필요하다. 이러한 pH의 변화에 대처하는 유용한 예방법은 호흡으로 생산된 많은 양의 이산화탄소가 pH를 더 낮추지 않도록 적절한 에어레이션과 난류를 형성시키는 것이다. 반면에 식물의 과도한 증식을 피해야 하는데 이는 산을 형성하는 물질인 이산화탄소와 질산염을 제거시키는 역할을 해서 pH 값을 증가시키기 때문이다. 질산염과 질산을 만드는 질화작용과 같은 생물여과의 산 형성 작용은 질산염을 질소와 산소로 분해시키는 탈질화작용이나 좋은 수질을 유지하기 위한 규칙적인 부분 물갈이를 이용해서 대응할 수 있다.

산성 환경 만들기

호산성 어종을 위해 물을 산성으로 만들어주는 가장 일반적인 방법은 물의 역삼투를 이용하는 것이다. 이것은 물 분자만이 통과할 수 있는 미세한 막을 이용하는 것으로 더 큰 분자들은 찌꺼기로 걸러지게 된다. 여과된 물은 순수하고, 빗물과 매우 유사하며 경도는 0이고 pH는 약산성이거나 중성이다. 그러나 이 물은 너무 순수하기 때문에 수돗물을 섞어 주거나 미량의 원소들을 첨가해야 한다. 만약 빗물을 사용한다면 우선 화학매체에 여과시켜 유해한 오염물질을 제거한 후 수돗물과 미량원소를 첨가한다. 산성 완충염도 시판되어 있어 사용할 수 있다. 이 방법은 pH의 안정화에는 도움이 되지만 물의 용존 염류량을 증가시키는 단점이 있다. 호산성 어종은 용존 염류량이 적은 곳에서 사는 연수어종(softwater fish)이므로 좋지 않은 영향을 줄 수 있다.

산성의 물이 생물여과의 효율을 크게 감소시킨다는 사실을 기억하는 것은 중요하다. 이는 질화세균의 적절한 pH 범위가 중성이므로 산성 조건(특히 pH7 이하)에서는 그 세균의 활성이 억제되기 때문이다. 만약 pH6 이하의 환경이 꼭 필요한 경우라면 제올라이트(zeolite, 암모니아 제거 물질)와 같은 화학적 여과제를 사용하고 부분 물갈이를 좀 더 자주 하는 것을 고려할 수 있다.

낮은 pH 환경의 수족관에는 가능한 한 비활성의 불용성 장식물을 사용하도록 한다. 그 이유는 탄산석회 성분의 돌과 같은 용해성 재료는 녹아서 물의 염기도를 증가시키는(pH를 높이는) 중탄산염과 탄산염을 방출하기 때문이다.

알칼리성 환경 만들기

호염성 어종을 위한 알칼리성의 물이 필요한 경우 장식물이나 바닥재로서 칼슘이 풍부한 여과재, 응회암, 산호사와 조개껍질 등의 탄산석회 성분의 재료를 사용한다. 이러한 석회질의 물질은 서서히 녹아 수족관에서 발생하는 산성화 과정에 완충작용을 한다. 그러나 시간이 지남에 따라 완충효과가 사라지게 되는데 이것은 석회성 물질이 침전성의 유기물이나 무기물에 덮이기 때문이다.

시판되어 있는 화학적 완충제는 물의 pH 값을 높게 유지시키고 pH 변화에 대항하는 물에 비축된 알칼리가 다 소모되지 않도록 하는데 사용될 수 있다. 이 완충제는 대개 중탄산나트륨(sodium bicarbonate)이 주성분이며 특히 해수환경에서 심한 이온 불균형이 일어나지 않도록 해준다. 리프트밸리 시클리드(Rift Valley cichlids)와 모든 해양생물들을 위해 높은 pH 환경을 유지해주는 것이 특히 중요하다. 이러한 생물들은 엄청난 완충능력을 지닌 아주 큰 수역에서 와서 pH 변화에 적응하는 능력이 발달하지 못했기 때문이다.

생활에 미치는 수온의 영향

물은 높은 비열용량(specific heat capacity)을 가지는데 이는 온도의 변화에 저항하고 그 변화가 비교적 천천히 일어나는 것을 의미한다. 육지 환경에서 태양열에 의해 일교차가 15°C까지 나는 것은 이례적인 일은 아니지만 대부분의 수생 환경에서는 단지 3~4°C 정도밖에 나지 않는다. 수생 환경에서의 계절적인 온도 변화도 수개월에 걸쳐서 천천히 일어난다. 대부분의 수역에서 발생하는 심한 온도의 변화는 차가운 빗물이나 빙수에 의한 것이거나 공장이나 발전소로부터 나온 고온의 배출수에 의한 것이다. 그러므로 어류는 온도가 상대적으로 안정하게 유지되거나 매우 천천히 변화하는 환경에서 진화해왔다.

물의 밀도는 다른 물질들과 마찬가지로 온도에 따라 달라진다. 즉, 차가운 물은 따뜻한 물에 비해 밀도가 더 높아 가라앉는 경향이 있다. 그러므로 가장 따뜻한 물은 대개 표면에 있으며 깊어질수록 수온은 낮아진다. 그러나 물은 4°C에서 가장 높은 밀도에 도달하며,수온이 그 이

위 갯바위 웅덩이에서 서식하며 적응해 온 락고비(rock goby; *Gobius paganellus*)는 수온 변화에 잘 대처할 수 있다.

왼쪽 이처럼 갯바위 웅덩이에서 서식하는 생물은 특히 수온이나 염분농도와 같이 아주 심한 환경 변화에도 잘 견딜 수 있어야 한다.

아래 다른 많은 해수 어류처럼 태평양의 플레임에인절피시(flame angelfish; *Centropyge loriculus*)는 환경 변화를 잘 견디지 못한다.

하로 떨어지면 밀도도 점점 낮아지고 0℃가 되면 물은 얼음이 되어 표면 위로 떠오르게 된다. 물은 표층에서 아래쪽으로 얼지만 가장 아래층의 4℃의 물은 얼지 않는데, 이처럼 놀랍고도 독특한 물의 특징 때문에 수생생물은 추운 기후에서도 살 수 있다. 설령 기온이 얼음을 형성할 만큼 춥지 않아도 4℃나 그 이하인 지역의 아래층 물은 약간 더 따뜻해서 비교적 비활동적인 어류에게는 추운 겨울을 보낼 수 있는 자연적인 피난처가 된다.

어류는 변온동물인데 이는 생리학적으로 체온을 일정하게 유지시키는 능력이 부족하다는 것을 의미한다. 즉 대부분의 어류 체온은 대개 주변의 수온과 같다. 그렇지만 어류는 아주 넓은 수온 범위에서 생존하기 위해 적응하고 진화해 왔기 때문에 전 세계의 다양한 수생 서식지에서 발견된다. 어떤 어종은 혈액 속의 천연 '부동액'인 당단백질 덕분에 극지의 빙원 아래 영하의 수온에서도 서식한다. 이와 반대로, 어떤 틸라피아는 동아프리카지구대(East African Rift Valley)의 온천수에서 서식하는데, 미네랄이 매우 풍부한 물 때문에 약 38℃의 수온에서도 생존할 수 있다(삼투조절 과정은 고수온에 방해를 받지만, 미네랄의 농도가 높은 물은 삼투 스트레스를 줄여주어 이러한 영향을 감쇄시키는데 도움이 된다.). 일반적으로 어류는 서식하는 수온에 따라 계절 평균 수온이 24℃ 이상에서 사는 열대지역의 온수성 어종과 24℃보다 낮은 고위도 지역에 사는 냉수성 어종으로 나뉜다.

어류는 단일한 환경에서는 비교적 좁은 수온 범위에 적응하고 있다. 만약 수온이 지속적인 기간 동안 이 범위 밖으로 벗어나거나 수용 가능한 범위 내에서라도 급작스럽게 변하게 되면 어류는 스트레스를 받게 된다. 일반적인 관점에서는 이는 사실이지만 온도 변화에 견딜 수 있는 능력은 어종에 따라 다양하다. 망둑어과 어종인 락풀고비(rockpool gobies(*Gobius* sp.))와 같은 소위 '광온성' 어종은 해수 에인절피시(Pomacanthidae)와 같은 '협온성' 어종보다 수온 변화에 더 잘 적응할 수 있다.

나중에 온도 변화로 인한 생리학적 영향에 대해 좀 더 자세히 살펴보겠지만, 일반적으로 어류에 대한 주된 영향은 다음과 같다. 대사율의 변화(예로, 10℃가 증가하면 대사율은 두 배가 된다), 호흡 장애(차가운 물에 비해 따뜻한 물의 용존 산소량은 적다), 혈액의 pH 불균형, 삼투조절 기능의 상실, 갑작스런 온도변화에 의한 부레 문제 등이 있다. 또한 온도는 성장과 발달에 직접적으로 영향을 끼치므로 부적절한 수온으로 인해 어류의 성장은 저해되거나, 유생은 사료 섭취를 하지 않거나, 덜 성숙된 알이 부화될 수 있다. 보편적으로 성어는 치어나 알보다 갑작스런 수온의 변화에 더 잘 대처할 수 있으며, 이는 pH에 대한 반응과 유사하다.

어류는 갑작스런 온도 변화에 대처하기 위해 좀 더 적당한 수온대로 이동하거나 만약 이것이 불가능하다면 적응이나 생리학적인 보상을 시도할 것이다. 이 적응 과정은 일반적으로 동일한 패턴을 따른다. 초기 쇼크 단계에서는 대사율이 정상보다 과도하게 높거나 낮게 되지만 수 시간에 걸쳐 안정된 상태로 접어들게 된다. 그 후 어류의 생리기능은 수온 변화의 정도에 따라 수일에서 수주에 걸쳐 새로운 환경에 천천히 적응한다. 적응 정도와 속도는 어종, 성별, 영양 상태, 물의 염분농도 및 용존 산소량에 따라 다르다. 만약 해당 어류가 협온성 어종이거나 온도변화가 과하다면 그 영향은 치명적일 수 있으며 그에 따른 스트레스는 질병에 대한 저항성을 감소시킨다. 그래서 병든 어류는 건강한 개체에 비해 심한 온도변화에 좀 더 약하다.

수온의 증가와 감소에 따른 생리적 영향은 다소 차이가 있다. 일반적으로 어류는 동일한 정도의 수온변화에서는 감소보다는 상승에 좀 더 잘 적응한다. 여기서부터는 수온의 상승과 하강에 의한 영향을 간단히 살펴본다.

수온 상승은 첫째로 대사율의 증가를 초래하며 용존 산소량이 부족한 상황에서도 산소 요구량은 높아지는 악순환이 일어난다(온도의 상승은 용존 산소량을 감소시키기 때문이다). 예를 들어, 아메리칸퍼치(American perch (*Perca flavescens*))는 수온이 5℃에서 25℃로 올라가게 되면 산소요구량은 10배가 증가하게 된다. 생리학적으로 고온에 따른 산소부족은 아드레날린의 생성과 심장박동수를 증가시킨다. 이러한 문제는 혈액의 산소 운반 능력이 감소되면서 악화된다. 고온 스트레스 동안에 어류의 잘 알려진 행동 변화는 움직임이 활발해지고 평형감각을 상실하며 호흡이 빨라진다.

고수온은 몸체 단백질과 효소의 변성을 초래하는데 이 과정에서 손상된 세포로부터 독성 대사산물이 생성된다. 또한 고수온은 특히 중금속과 암모니아와 같은 어떤 물질 고유의 독성을 증가시킨다. 세포막의 지질이 변하여 세포의 투과성 증가를 초래하므로 삼투조절에 문제가 발생하는데, 이는 특히 아가미에 매우 중요하다.

극한의 온도 스트레스 상태에서는 중추신경이 손상되어 의식을 잃는다. 어류가 생존할 수 있는 최고의 수온은 어종, 적응된 수온, 물속의 용존 산소량과 독소 양에 좌우된다.

수온 하강 역시 대사 문제를 일으킨다. 15℃ 이하에서 대사는 온도 제한적이며, 만약 생리적으로 저온에 잘 적응하지 못하는 어종이라면 에너지 생성은 신체 기능의 유지를 위해 필요한 수준 이하로 저하될 수 있다. 15℃ 이상에서 대사는 주로 물속의 용존 산소량에 의해 제한된다. 차가운 물은 따뜻한 물에 비해 산소가 더 많이 녹아 있음에도 불구하고 저수온으로 인해 산소를 충분히 흡수하지 못하는 저산소증을 초래할 수도 있다. 호흡률과 심장박동수가 떨어지면서 산소 흡수가 방해받는다. 또한 갑작스런 수온 하강은 적혈구의 변성과 산소를 운반하는 헤모글로빈의 소실을 초래하여 호흡 효율에 악영향을 미친다.

저수온은 만성적인 삼투조절 문제를 일으킨다. 아가미는 투과성이 높아져 염분펌프의 작동이 멈추게 되고 신부전이 발생한다. 저수온 스

아래 이 단순한 막대그래프는 활동적인 금붕어에 있어서 수온의 상승이 산소 소비량을 얼마나 증가시키는지 보여주고 있다.

수온에 따른 금붕어의 산소 소비

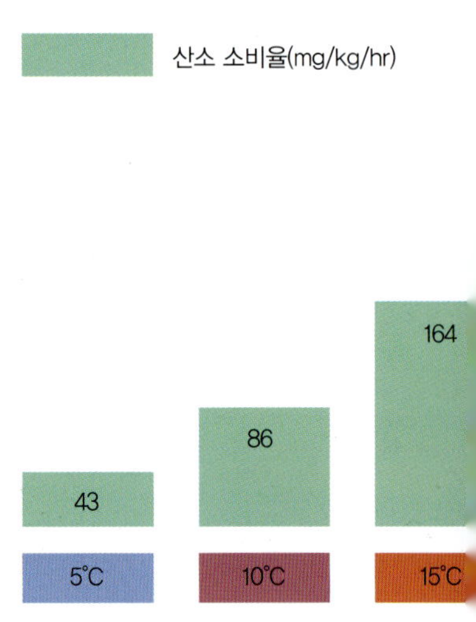

위 따뜻한 산성의 연수(soft water)인 말레이시아 강물은 용존산소가 적기 때문에 많은 토착종은 대기의 산소를 이용하기 위한 보조 호흡기관을 가지고 있다.

트레스에 대한 일반적인 행동 변화는 평형감각 상실과 갑작스런 공격적인 발작 증세이다. 극심한 저온 쇼크를 받은 어류는 중추신경계가 기능을 멈추면서 의식을 잃게 된다. 만약 환경이 빠르게 회복되면 의식을 되찾을 수도 있다.

부적합한 온도나 급속한 온도의 변화는 일반적으로 면역시스템의 효율성 감소를 초래한다. 예를 들어, 저온에서는 항체가 생산되는 데에 좀 더 오랜 시간이 걸린다. 질병이 발생하였을 때 어류는 좀 더 따뜻한 물을 찾으려는 흥미로운 행동 반응을 보이는데 이는 일종의 행동학적 발열 반응이다. 많은 어병은 수온과 밀접한 연관이 있는데, 온도는 직접적으로 어류와 그 면역시스템뿐만 아니라 병원체의 병독성에도 영향을 준다. 예를 들어, 에로모나스(세균)에 의한 질병은 4℃의 수온에서는 폐사율이 14%이지만 21℃에서는 세균 병독성의 증가로 100%까지 높아지게 된다.

적절한 수온

앞서 살펴본 것처럼 사육하고 있는 어종 고유의 수온 범위에서 가능한 안정적으로 유지하는 것이 중요하다. 최신 온도조절장치와 보기 쉬운 온도계를 사용하면 안정을 유지하는 것이 보다 수월할 것이다. 수족관의 난방은 수족관의 수량과 실내 온도에 따라 다르다. 또한 수족관용 냉각기도 시판되어 있다. 시행착오는 온도를 일정하게 유지하는 유일한 방법일 수 있다. 만약 담수어를 키울 때 온도 스트레스를 피할 수 없다면 0.2~0.5% 농도의 생리적 염류인 칼슘이온(Ca^{2+}), 염화이온(Cl^-), 칼륨이온(K^+), 나트륨이온(Na^+)과 같은 생체 기능에 필수적인 주요 이온들을 첨가하면 어류에 해로운 영향을 줄일 수 있다. 왜냐하면 염류는 온도 스트레스에 의해 영향을 받는 주요 기능 중의 하나인 삼투조절 시스템에 대한 부담을 줄여주기 때문이다. 고온에서는 산소를 최대한 공급하기 위해 충분한 에어레이션을 해야 한다.

용존 염류의 양

물의 놀라운 용매적 특성 때문에 천연수(natural water)에는 많은 물질들이 용해되어 있다. 담수에서 발견되는 용존 염류의 종류와 양은 일반적으로 물이 하천에 이르기 전에 지나게 되는 암석과 토양의 화학적 성질과 그 근원지에 따라 달라진다. 천연수 속에 용해되어 있는 물질의 95% 이상은 8개의 이온들로 이루어져 있다. 즉, 4가지 음이온인 염화이온(Cl^-), 황산이온(SO_4^{2-}), 탄산이온(CO_3^{2-}) 및 중탄산이온(HCO_3^-)과 4가지 양이온인 칼슘이온(Ca^{2+}), 마그네슘이온(Mg^{2+}), 나트륨이온(Na^+) 및 칼륨이온(K^+)이 그것이다. 나머지 용존 물질들은 미량으로 존재하는데 인산염, 질산염, 규산염 등의 이온과 요오드, 구리 및 아연과 같은 미네랄, 그리고 기타 금속 이온 등이 여기에 속한다. 이러한 용존 물질들의 균형은 수생생물이 살아가는 데 필수적이다. 이 이온의 상대농도는 물의 두 가지 중요한 특성인 경도와 염도를 결정한다. 지금부터 우리는 이러한 변수들에 대해 좀 더 자세하게 알아본다.

물의 경도

물의 경도는 일반적으로 담수 환경의 분석에서 언급되며 전체 용존 염류량 중의 일부만 이와 관련있다. 물에 존재하는 어떤 금속 이온(특히 칼슘과 마그네슘)의 양을 측정하는 것이다. 이 중에서 칼슘이 가장 중요하며 그 양은 마그네슘보다 3~10배 정도 더 많다. 바륨, 스트론튬, 철, 구리, 아연 및 다른 금속 이온들 또한 물의 경도에 영향을 미치나 그 정도는 훨씬 낮다. 이러한 이온들은 일반적으로 3가지의 주요 형태인 수산화물(hydroxides), 탄산염(carbonates) 및 중탄산염(bicarbonates)으로 존재하지만, 황산염(sulphates), 염화염(chlorides), 규산염(silicates), 인산염(phosphates) 및 붕산염(borates)은 미량으로 존재한다.

전체 물의 경도 값(일반적인 경도라고 알려져 있고 GH라고 표기하는)은 이러한 모든 염류량을 나타낸다. 경도는 물을 끓이면 침전이 생겨 염류가 제거되는 일시경도(temporary hardness)와 끓인 후에도 염류가 용액에 남아 있는 영구경도(permanent hardness)로 나눌 수 있다. 일시경도(탄산염 경도라고도 알려져 있고 KH라고 표기하는)는 총경도(total hardness)의 대부분을 차지한다. 약간의 칼슘과 마그네슘염은 물의 알칼리도와 경도에 기여한다. 알칼리도와 물의 경도는 매우 복잡한 관계에 있으나 간단히 말해 알칼리도는 일시경도를 나타낸다. 이는 일시경도가 주로 중탄산이온에 의해 결정되기 때문인데, 이 중탄산이온은 물의 알칼리도에도 주된 영향을 미치기 때문이다. 총경도 중 영구경도는 주로 탄산염, 염화염, 황산염으로 이루어진다.

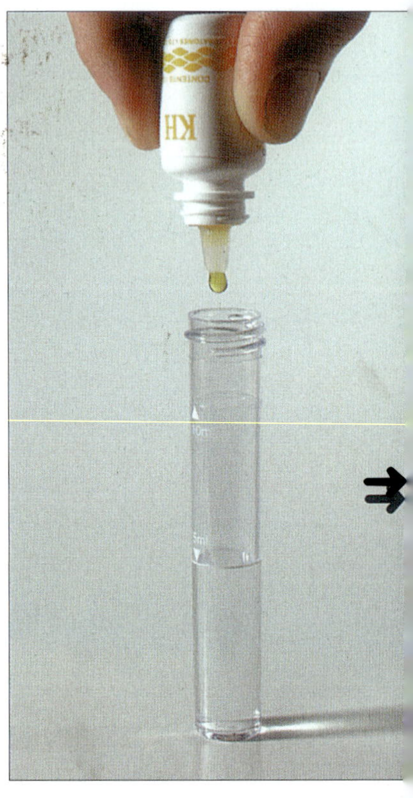

위 이 키트를 이용하여 탄산염 경도(KH)를 측정하려면 물 샘플에 시약을 몇 방울 떨어뜨려야 한다. 첫 번째 방울은 샘플을 푸른색으로 변화시킨다.

물의 경도 측정

물의 경도는 여러 가지 방법으로 측정할 수 있다. 가장 일반적인 방법은 물 샘플에 뚜렷한 색 변화가 있을 때까지 두 가지 화학약품을 첨가하는 화학적 적정법이다. 다른 적정법들은 총경도와 일시/알칼리성 경도를 계산하는데 사용된다. 총경도는 소핑제(soaping reagent)를 사용해서 측정할 수 있는데 이는 경수보다는 연수에서 비누 거품이 훨씬 더 쉽게 일어난다는 사실을 근거로 한다. 그러므로 경수 샘플에 비누거품이 형성되려면 더 많은 소핑제를 첨가해야만 한다.

또한 물의 전기전도성으로도 경도를 유추할 수 있다. 이는 이온농도가 높을수록 전류량이 더 커지기 때문이다. 전자측정기를 이용하여 물

물의 경도 등급 비교

등급	사용 국가	당량(mg/L 탄산칼슘)	환산계수(mg/L의 탄산칼슘으로)
° hardness	미국	1	–
° Clark	영국	14.3	14.3
° dH	독일	17.9	17.9
° fH	프랑스	20	20.0

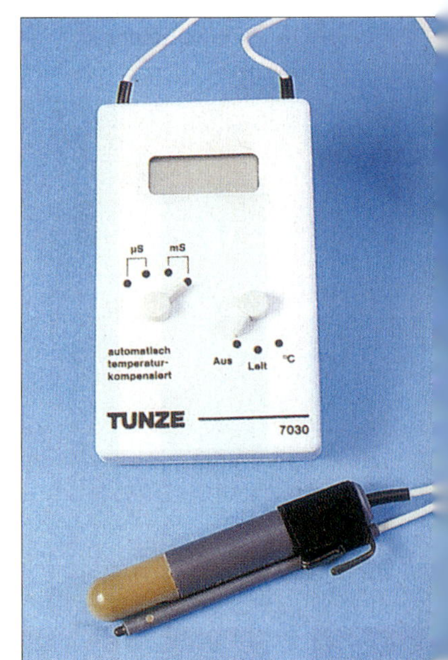

위 한 방울씩 계속 떨어뜨린 후 샘플을 섞는다. 샘플이 노란색으로 변하는데 필요한 방울의 수가 경도(°dH)와 같다.

왼쪽 전도도측정기는 즉각적인 총경도 값을 제공한다. 일반적으로 전류는 연수보다는 경수에서 쉽게 흐른다. 테스트는 간단히 탐침을 물속에 넣고 전도율(지멘스)을 측정하여 경도 단위로 환산하면 된다.

물의 경도 비교

탄산칼슘(mg/L)	°dH	다음과 같이 간주됨
0~50	3	단물(soft)
50~100	3~6	중간 정도의 단물(moderately soft)
100~200	6~12	약한 센물(slightly hard)
200~300	12~18	중간 정도의 센물(moderately hard)
300~450	18~25	센물(hard)
450 이상	25 이상	대단히 센물(very hard)

의 경도를 측정할 때에는 간단히 탐침을 물 샘플에 담그고 마이크로지멘스(μS) 단위로 표시된 전도도를 읽으면 된다. 이 방법이 빠르기는 하지만 비교적 비싼 장비가 필요하고 샘플의 영구경도와 일시경도를 구별할 수 없다. 비록 표준화의 영향으로 물의 경도를 탄산칼슘의 리터당 밀리그램(mg/litre $CaCO_3$ = ppm $CaCO_3$)으로도 표시하지만, 물의 경도는 다소 혼란스런 등급으로 표시되어 있다. 물의 경도 등급과 환산계수는 표에 나타내었다.

물의 경도가 어류에 미치는 영향

물의 경도는 담수어의 삼투조절에 영향을 미친다. 예를 들어, 경수는 연수보다 더 높은 농도의 염류를 함유하기 때문에 어류의 체내와 체외 사이의 삼투압 차이는 경수에서 작다. 그러므로 경수에서의 삼투조절 시스템은 혈액으로부터 손실된 이온들을 보충해야 하는 일의 부담을 줄일 수 있다(또한 물속에 칼슘이 있으면 세포의 투과성을 줄여 이온 손실과 물의 유입을 감소시킨다). 반면에 연수에서의 어류는 더 효율적인 삼투조절 시스템을 필요로 하며 체내의 염분과 물의 균형 유지를 위해 더 많은 노력을 한다.

또한 물의 경도는 식습관에 의해서도 달라지는 혈중 칼슘의 농도 조절에도 영향을 미친다. 경수 어류는 과도한 혈중 칼슘을 칼시토닌(calcitonin)이라고 불리는 호르몬에 의해 제어되는 효율적인 칼슘 배출시스템으로 대처한다. 연수 어류는 먹이로부터 좀 더 많은 칼슘을 얻어야 하고 혈중 칼슘농도를 유지하기 위해 칼슘 저장소로 뼈를 사용할 필요가 있다.

담수어류는 산성의 연수(탄산칼슘의 농도가 50mg/L 이하(3°dH))인 아마존에서부터 알칼리성의 경수(탄산칼슘의 농도가 최대 330mg/L 이하(18.5°dH))인 아프리카리프트밸리 호수에 이르기까지 매우 넓은 경도 범위에서도 잘 살도록 적응해왔다. 그러나 어떤 특정 환경에서 어류는 상당히 좁은 물의 경도 범위(좁은 삼투압 범위)에서만 효율적으로 기능하도록 적응했다. 물의 경도 값이 적정 범위를 벗어나거나 경도를 구성하는 주 이온의 균형을 깨뜨리면 심한 삼투 스트레스와 생리적인 문제를 유발할 것이다. 예로 중탄산염 이온농도가 정상 수준을 초과하면 아가미에 의한 중탄산염 배출은 실패하게 되고 혈액은 pH가 상승하여 알칼리성으로 변하며 알칼리혈증 증상을 나타낸다. 또한 높은 중탄산염 농도는 신장의 기능을 변화시켜 신세뇨관에 탄산석회질의 침전물을 축적시킨다. 어류의 알 역시 비정상적으로 높은 경도에 영향을 받으면 단단해지지 않는다. 이 말은 모순처럼 들릴 수 있지만 알의 경화(hardening) 과정은 환경으로부터의 물 흡수와 관련 있으며 이로 인해 알이 단단해진다. 물의 경도가 일반적인 것보다 높은 경우 알의 안쪽과 바깥쪽 사이의 삼투압 차이가 작아서 물의 유입이 줄어든다.

어종에 따라서 물의 경도 변화에 대한 저항성이 다양한데 이는 각 어종의 삼투 요구에 맞게 변화시키기 위해 삼투조절 과정을 바꾸는 능력에 좌우된다. 대부분의 어류는 비정상적인 물의 경도에 천천히 적응할 수 있다. 그러나 일반적으로 스트레스를 받을 것이고, 최적의 성장이나 생식 또는 질병에 대한 저항성을 가지지 못할 것이다.

물의 경도는 어떤 미네랄과 살충제의 독성에 영향을 미친다. 일반적으로 경수나 높은 칼슘 농도는 이러한 물질의 독성을 감소시킨다. 그러나 암모니아는 알칼리성(보통 암모니아는 높은 pH 값을 가짐)이기 때문에 경수에서 더 강해진다.

물의 경도 조절

어류는 자연 서식환경에서 진화해왔기 때문에 그 환경과 동일한 경도의 물을 제공해 주어야 하는 것은 당연하다. 각 어종에 따른 적합한 물의 경도에 관한 정보는 참고서적에서 쉽게 찾아볼 수 있으므로 각 수족관에 알맞은 경도를 설정할 때에 이러한 정보를 이용한다. 만약 여러

위 수질은 어류의 건강과 증상에 뚜렷한 영향을 미친다. 예로 이 디스커스는 부적합한 경수에서 확실히 창백한 모습을 보이고 있다.

왼쪽 연수의 약산성수에 있는 건강한 디스커스가 보인다. 디스커스의 체색은 어종과 나이에 따라 다양하지만, 최적의 수질 조건은 건강하고 생생한 무늬를 나타나게 한다.

어종을 기르는 수족관(community aquarium)을 설치할 목적이라면 유사한 수질화학 조건(가장 중요한 것은 경도와 pH로서 서로 밀접한 연관관계 있음)을 가지는 어종들을 선택한다. 연수에서 잘 사는 테트라와 람(ram; 시클리드과 어류)을 구피나 소드테일과 같은 경수 어종과 함께 기르는 것은 좋은 생각이 아니다. 이 경우 나중에 한 쪽 또는 양쪽 모두에게 질병을 일으킬 수 있다.

종종 특정 그룹의 어종에 적합하도록 수돗물의 경도를 조절할 필요가 있다. 여기서는 어류 사육을 위한 경수와 연수를 만드는 간단한 방법을 살펴보자.

경수 만들기

대부분의 수돗물은 탄산칼슘을 함유한 대수층(즉, 석회가루를 함유하거나 석회암이 있는 지층으로부터 얻어진 물)으로부터 추출되므로 상당한 경수이다; 수돗물이 연수인 경우 그것을 경수로 만드는 것은 비교적 쉽다. 일반적으로 이 과정은 원하는 경도에 도달할 때까지 물에다 칼슘 성분의 염을 첨가한다. 이때 경도는 적절한 테스트 키트를 사용하여 확인한다. 필터(공간이 있으면)뿐만 아니라 탄산칼슘을 함유한 수족관 바닥재나 장식물을 사용하면 경수를 유지할 수 있을 것이다.

연수 만들기

연수를 만드는 것은 그리 간단하지 않다. 순수하고 아주 연수성인 빗물을 모으는 것이 한 방법이다. 그러나 빗물은 많이 모으기 힘들고 대기오염 때문에 만족스런 수질 확보를 위해서는 대량의 용기와 필터

오른쪽 만약 서로 다른 경도를 가진 두 종류의 물이 있다면 어떻게 혼합해야 각 어종에게 요구되는 경도를 얻을 수 있을까? 이 도표는 '피어슨의 사각형(Pearson's square)'을 간소화한 형태로, 특정 경도(C)를 만들기 위한 수돗물(A)과 빗물(B)의 비율은 B(=0°dH)와 C의 차이(2 – 0 = 2)의 수돗물과 A와 C의 차이(16 – 2 = 14)의 빗물임을 나타낸다. 그러므로 16°dH의 수돗물(A)과 0°dH의 빗물(B)을 2:14의 비율로 혼합하면 2°dH의 경도를 가지는 물이 생성된다. 이 식은 독일의 °dH 단위로 하면 편하며 결과를 mg/litre $CaCO_3$로 바꾸기 위해서는 17.9를 곱하면 된다.

올바른 경도를 위한 물의 혼합

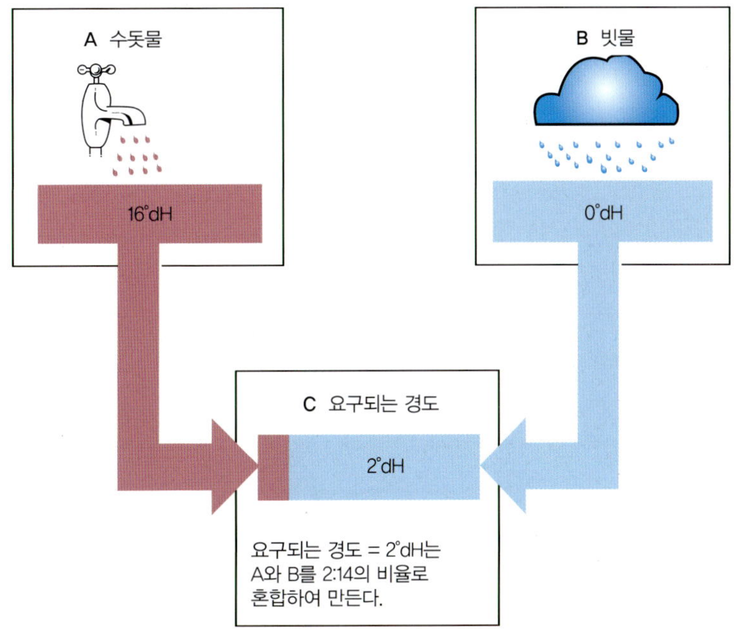

로 여과해야 한다. 또한 빗물은 어류 사육에 중요한 미량 원소가 없기 때문에 수돗물을 섞을 필요가 있다. 그러나 이로 인해 원소의 불균형이 초래될 수 있다. 원하는 경도의 물을 만들기 위해 '피어슨의 사각형(Pearson's Square)'을 이용하면 경도가 다른 두 종류의 물 양을 결정하는 데 도움이 될 것이다. 수질을 일정하게 유지하기 위해서는 항상 세심한 주의가 필요하다.

많은 종류의 이온교환수지가 시판되어 있으며 정확한 경도의 물을 만들 수 있다. 일반적인 탈이온 컬럼(deionising columns)은 칼슘이온을 나트륨이온으로 교환한다. 그러나 이 컬럼으로 처리한 물은 나트륨 이온 농도가 과도하게 높아져서 대부분의 연수 어종에는 부적합하다. 미네랄 제거 2단 컬럼(two-column total demineralization column)은 칼슘(Ca^{2+}), 마그네슘(Mg^{2+})과 같은 양이온을 수소이온(H^+)과 교환하고, 중탄산염(HCO_3^-), 황산염(SO_4^{2+})과 같은 음이온을 수산화이온(OH^-)과 교환한다. 이 방법의 단점은 가끔씩 유독성 아민이 생성되는 것과 연수의 순수한 물은 필수 미량 원소를 제공하기 위하여 다시 경수 수돗물로 희석해야 하는 번거로움이 있다.

물의 중탄산염만 제거하는데 사용하는 부분 탈이온화 시스템도 있다. 중탄산염은 총 경도의 대부분을 차지하기 때문에 제거 후의 경도는 대부분 50mg/litre 탄산칼슘(3°DH에 해당)을 넘지 않는다. 이 방법은 대부분의 미량 원소가 남아 있는 장점이 있고, 수돗물을 첨가할 필요가 없어 수질을 유지하기 쉽다. 부분 탈이온화는 중탄산염에 붙어 있는 칼슘과 같은 양이온을 수소이온으로 교환하는 것이다. 이 과정에서 탄산(물을 산성화시킴)이 생성되지만 이것은 쉽게 분해되고, 물로 방출된 이산화탄소는 강한 에어레이션에 의해 쉽게 제거된다.

역삼투(reverse osmosis; RO)는 연수를 만드는 또 다른 효과적인 방법이다. 가정용 RO 장치를 구입할 수 있지만, 꽤 비싸며 처리 속도도 느리다. 이 과정은 말 그대로 순수한 물을 자연 삼투 기울기의 반대 방향으로 압력을 가하여 반투막을 거쳐 '압착(squeezing)'하는 것이다. 토탄(peat)도 천연 탈이온 장치이며 물을 연화시키는 특성을 가지고 있다.

연수를 사용하는 수족관에서는 바닥재나 장식물이 녹아서 경도가 높아지는 것을 방지하기 위해 비활성 재질의 것을 사용해야 한다.

물 염도

염도는 물에 녹은 물질의 전체 양을 측정한 것이다. 수역은 염도를 이용하여 세 가지 범주로 분류할 수 있다. 즉, 담수(비교적 염도가 낮음), 해수(염도가 높음)와 기수(담수와 해수 염도 사이)가 있다.

해수어 사육에 가장 관련 있는 염도는 일반적으로 물 1kg(리터)당 용해된 물질을 그람(g)으로 측정한 것이며, 이는 천분율(parts per thousand; ppt)과 같다. 예를 들어, 해수의 염도는 해역(특히 연안)에 따라 다를 수 있지만 일반적으로 35g/L(35 ppt)이다. 그러나 염도는 직접적인 방법으로 측정하기가 매우 복잡하므로 대신 물의 특정 비중과

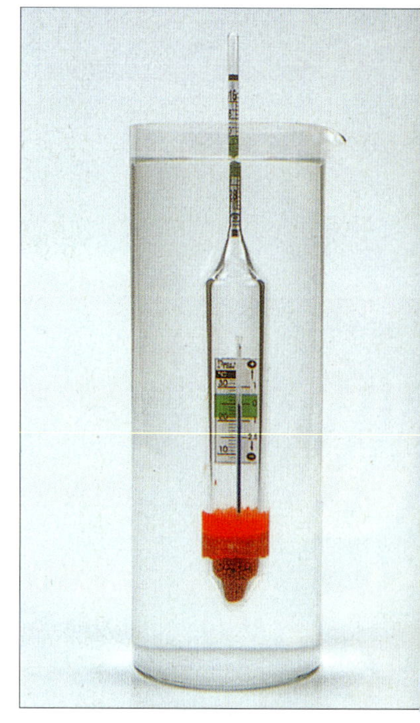

위 부유식 비중계를 이용한 비중 확인.

15°C에서 비중과 염도

	비중	염도 (g/L)
	1.015	20.6
	1.016	22.0
	1.017	23.3
	1.018	24.6
	1.019	25.9
	1.020	27.2
	1.021	28.5
	1.022	29.8
	1.023	31.1
	1.024	32.4
	1.025	33.7
해수	1.026	35.0
	1.027	36.3
	1.028	37.6
	1.029	38.9
	1.030	40.2

위 해수 수족관의 이 비중계(swing-needle hydrometer)는 물의 비중을 표시하고 있다. 여기서 바늘은 천연 해수보다 낮은 1.020을 가리키고 있지만 해수 수족관에서 물고기를 기르는 데는 이상적인 수치이다.

왼쪽 이 표는 15℃에서 일정 범위의 비중과 염도를 비교하고 있다. 이 수온에서 전형적인 해수 염도인 35g/L은 비중 1.026과 동등하다. 더 높은 수온에서는 각 염도에 해당하는 비중은 낮아진다. 예를 들어 24℃에서 염도 35g/L는 1.024의 비중에 해당한다.

의 연관성이 지침으로 사용된다.

비중은 순수한 물이 최대 밀도에 도달하는 온도인 4°C의 물의 무게를 동량의 증류수 무게와 비교한 것이다. 즉, 비중은 보통 1.000으로 나타내는 순수한 물의 비중에 대한 비율로 나타낸다. 순수한 물에 용존물질의 첨가는 염도를 높일 뿐만 아니라 질량도 증가시키기 때문에 비중은 염도의 직접적인 측정법으로 사용 가능하다. 해수의 비중은 1.023과 1.027 사이이며 해역에 따라 달라진다(염도 35g/L는 15°C에서 비중 1.026과 24°C에서 1.024과 동일하다).

예전의 비중계는 염도의 증가에 따라 떠오르는 추의 부유 정도로 비중을 측정했지만, 지금은 측정치를 쉽게 읽을 수 있는 스윙바늘(swing-needle) 타입의 비중계로 측정한다. 비중은 온도에 따라 변하기 때문에 대부분의 비중계는 특정 온도에서만 정확하게 측정된다. 일반적으로 아쿠아리움 기준은 24°C이며 만일 수온이 다르다면 수정계수(correction factor)가 필요하다. 그러나 꽤 정밀한 최신 비중계는 비교적 온도에 영향을 받지 않는 것으로 알려져 있다. 또한 비중은 전기전도도측정기를 사용하여 매우 정확하게 측정할 수도 있다.

염도가 어류에 미치는 영향

염도가 어류 생리에 미치는 주된 영향은 삼투 조절과 직접적으로 관련이 있다(삼투조절에 대한 세부사항은 이 장의 전반부에 있음). 어류는 비교적 좁은 범위의 염도에서 살도록 진화해왔다. 염도가 이 범위를 벗어나면 과도한 삼투압과 체세포의 생리적 변화 그리고 질병에 대한 저항력을 감소시키는 일반적인 스트레스 반응을 초래한다. 염도의 변화에 생존할 수 있는 능력은 어류가 삼투조절 과정에 적응할 수 있는 정도에 따라 다르다. 일반적으로 스캣(scats; *Scatophagus argus*; 납작돔)과 같이 기수에서 서식하는 어종과 블루아카라(blue acaras; *Aequidens pulcher*)와 같은 중등도 경도의 담수에서 서식하는 어종은 극한의 염도(즉, 연수의 담수 또는 해수)에서 안정하게 서식하는 어종보다 염도변화에 잘 적응한다.

해수어류 사육에서의 염도

전 세계 대부분의 바다와 대양은 비중이 15°C에서 1.023~1.027(= 염도 31.1~36.3 g/L)로 다양하다. 그러나 어떤 곳이라도 바닷물의 양은 엄청나기 때문에 염도를 변화시키고자 하는 어떠한 과정도 억제되어 매우 일정하게 유지된다. 여기에는 증발에 의한 농축 효과로 염도가 증가하는 경향과 빗물과 같은 담수의 유입으로 염도가 감소하는 경향 모두가 포함된다.

해수 관상어를 키우기 위한 최적의 염도 범위는 1.020~1.022이다. 조금 높은 염도인 1.023~1.025는 해양 무척추동물에 더 적절하다.

비교적 적은 수량을 사용하는 해수어 수족관에서는(즉, 대양과 비교하여) 증발과 같은 과정과 이보다는 영향이 크진 않지만 에어레이션으로 인해 공기 방울의 터짐에 의한 염분 손실과 '솔트 크리프(salt creep)'라 불리는 현상(염분이 여과기와 수조 주변에 침전됨)이 물의 비중에 상당한 영향을 미칠 수 있다. 확인하지 않고 그대로 두면 지속적인 염도의 변화를 초래하며 이는 민감한 어종과 무척추동물에 스트레스 요인이 되고 질병에 대한 감수성이 증가하게 된다. 이러한 일상적인 염분의 손실을 줄이기 위해서는 필요한 만큼 신선한 해수나 해수염을 추가하는 것이 중요하다. '오스모레이터'(osmolator; 어류의 삼투조절 스트레스 방지를 위한 수위 조절 장치)라 불리는 장치는 수위를 정확하게 모니터링하고 증발에 의해 손실된 수량만큼 신선한 해수가 채워져서 지속적으로 염도가 유지되도록 하기 때문에 해수어 수족관에서는 유용할 수 있다. 해수어 수족관에서는 특정한 중요 미량 원소가 시간이 지남에 따라 고갈(예로, 산호와 그 외 해양 무척추동물에 의해 사용되는 스트론튬과 같은 어떤 원소들)될 수 있기 때문에 반드시 보충해주어야 한다. 염분 손실을 보충할 수 있는 미량 원소 첨가제가 시판되어 있다.

위 해수 수족관에서 특히 염도를 정확한 농도로 유지하면서 적절한 수질을 유지하는 것은 꽤 힘든 일이다.

이산화탄소와 산소

물에 녹아 있는 주요 기체는 이산화탄소, 산소 및 질소이다. 물에 녹아 있는 이러한 기체들의 상대적인 양은 각 기체의 용해도 차이를 반영한다. 이산화탄소는 가장 잘 녹는 기체이며 산소는 질소보다는 잘 녹는다. 따라서 물에 대한 이산화탄소:산소:질소의 용해도 비율은 70:2:1이다.

질소 가스는 수생생물에게는 중요하지 않지만 용존 산소와 이산화탄소량은 상당한 영향을 끼친다. 이산화탄소와 산소는 동물 호흡과 식물 광합성 과정을 일으키는 생명체에 의해 밀접히 연관되어 있다. 호기성 동물의 호흡은 충분한 산소를 필요로 하며 배설물로 이산화탄소를 생성

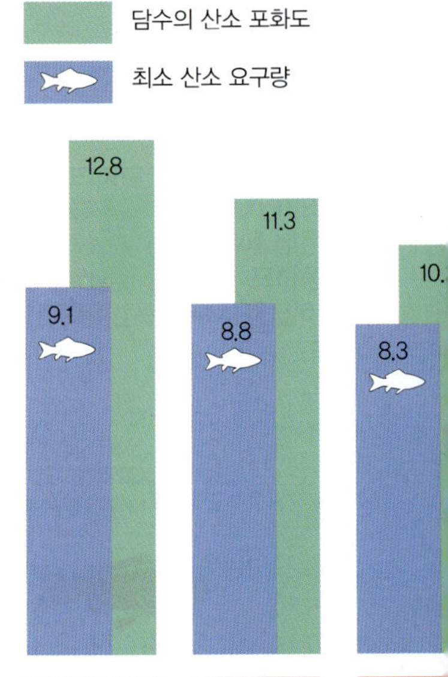

오른쪽 일반적인 수역에서 산소와 이산화탄소의 이용 및 생산 방식.

아래 이 막대그래프는 어류의 최소 산소 요구량과 물속에서 이용 가능한 최대 산소 수치의 차이가 수온이 올라갈수록 얼마나 더 작아지는지를 나타내고 있다.

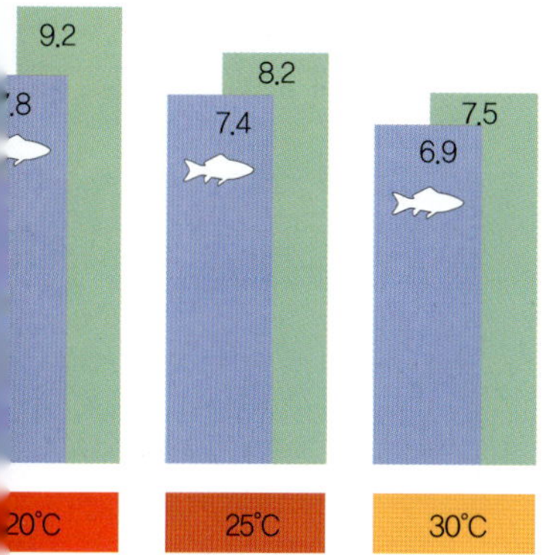

하는 반면, 광합성은 이산화탄소를 원료로 사용하며 부산물로 산소를 생성한다. 유리된 과량의 이산화탄소는 어류와 다른 호기성 수생생물에게 독이 된다. 물속에는 많은 양의 이산화탄소가 중탄산이온(HCO_3^-)과 같은 다른 물질의 형태로 되어 있어서 물의 이산화탄소 함유량을 측정하는 것은 복잡하다.

물속의 산소량은 동일한 부피의 공기에서보다 20~30배 정도 적기 때문에 호기성 생물에게는 힘든 환경이다. 산소 용해도는 온도와 염분이 증가함에 따라 감소한다. 예를 들어, 10℃에서 담수의 산소 포화도는 11.3mg/L이며; 25℃에서 8.2mg/L으로 27% 정도 감소하며 동일한 온도의 해수에서는 4.8mg/L으로 30% 더 낮다.

온도와 염도뿐만 아니라 다른 인자들도 용존 산소량과 이산화탄소량

이산화탄소와 산소 수지

에 영향을 미친다. 대부분의 가스 교환은 공기와 물의 경계면에서 발생하고 물의 표면층(또는 라미나층(laminar layer))의 두께에 의해 영향을 받는다. 바람 또는 물의 이동에 의한 난류 현상은 라미나층을 깨뜨리고 그 층을 더 얇게 하는 경향이 있어 가스 교환을 더 촉진시킨다. 왜냐하면 공기에는 물속보다 더 많은 산소가 있고, 물속에는 공기보다 더 많은 이산화탄소가 있기 때문에 일반적으로 이러한 가스 교환 과정은 단순 확산에 의해 물은 유리 산소를 흡수하고 유리 이산화탄소를 내보내는 것이다. 또한 물의 순환은 더 많은 양의 물을 공기와 접촉시키기 때문에 가스 교환율을 증가시킨다.

어류의 체중과 체장의 불균형적 상관관계
이 잉어의 체장/체중 그림은 증가하는 대사요구량을 나타낸다.

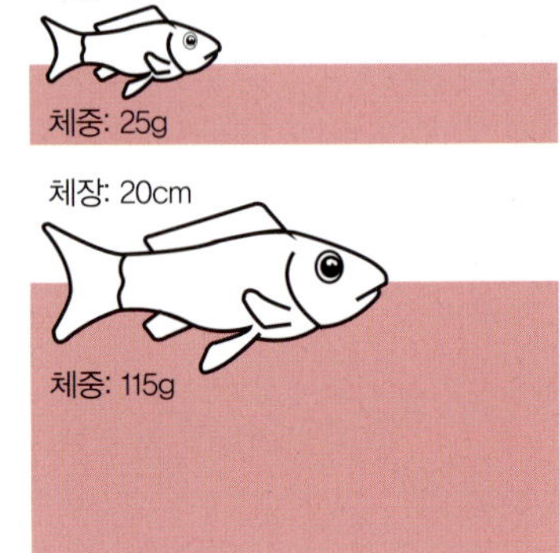

산소 수지

물의 산소 함량은 산소 소비(호흡과 다른 산화과정에 의한)와 광합성에 의한 공급 및 표면에서의 확산에 의해 보충되는 비율 사이에서 생물학적 균형에 따라 달라진다. 이러한 생물학적 균형을 '산소 수지(oxygen budget)'라 한다. 분명한 것은 수요가 공급을 초과하면 산소량은 감소하게 된다.

산소 소비는 어류, 무척추동물 및 식물을 포함하여 호흡을 위해 산소를 필요로 하는 호기성 생물의 수와 관련있다. 식물 호흡은 낮 동안에는 광합성을 하기 때문에 영향이 없지만 밤에는 상당한 양의 산소를 소비할 수 있다. 세균 활성에 의한 산소 고갈 역시 꽤 중요할 수 있으며 이는 물속 유기물의 양에 좌우된다. 물속에 유기물이 많이 있을수록 분해과정의 일부로 그것을 분해하기 위해 좀 더 많은 세균활성이 필요하다. 이는 유기성 배출수나 조류의 대규모 폐사가 산소 고갈을 초래할 수 있는 이유이다. 또한 부패하는 부산물은 황화수소(H_2S)를 생산하는데 이것이 산화될 때 산소를 써버린다. 사실 중요한 수질 시험 중의 하나는 물속에서 산소를 필요로 하는 모든 유기 및 무기화합물의 양인 생물학적 산소요구량(BOD)이다. 산소와 결합하고 있는 유기 및 무기화합물(즉, 물속에서 산소와 빠르게 결합하는 화합물)이 들어 있는 배출수 오염은 만성의 산소 결핍 결과를 가져온다.

겨울에 공기와 물의 접촉면이 얼음으로 막혀 있을 때에도 분해와 호기적 산소 사용은 계속되지만 새로운 산소는 물속으로 들어갈 수 없어서 산소 결핍을 초래한다. 이는 빠져나갈 수 없는 고농도의 독성 가스의 축적과 함께 얼음 아래에 서식하는 생물에 상당한 스트레스를 준다. 반대로 산소의 포화는 대량 증식한 조류가 맑은 날의 낮에 광합성에 의해 매우 많은 양의 산소를 생산할(최대 140%까지 포화됨) 때 발생한다. 이는 그 물이 산소로 포화되어 가스가 용액으로부터 방출됨을 의미한다. 실제로 그 물은 일반적으로 그 수온에서 가질 수 있는 산소의 140%를 함유한다. 이 상황도 산소 고갈만큼이나 바람직하지 않다.

이산화탄소량

물의 이산화탄소 농도는 에어레이션, 난류 및 왕성한 식물 성장(광합성

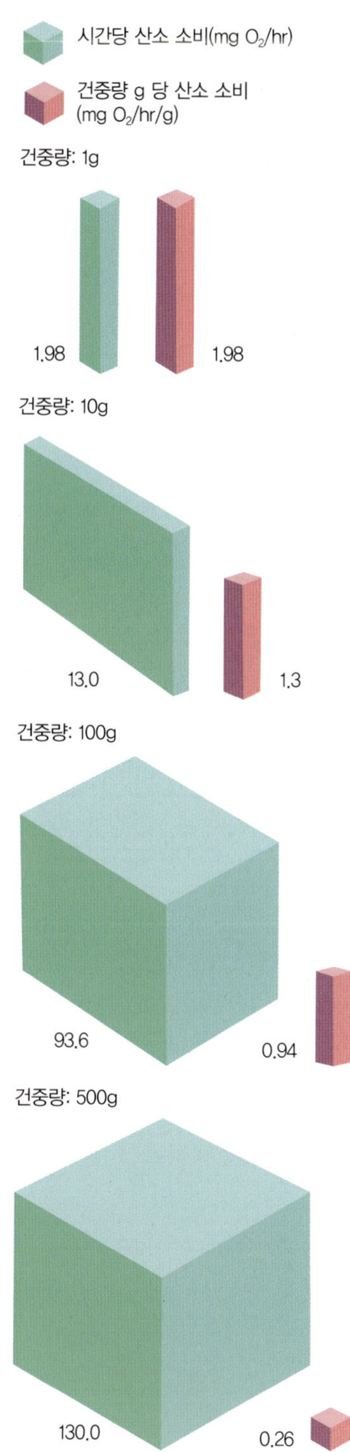

을 통한)에 의해 감소하며, 호흡량이 많아지면 증가한다. 이산화탄소는 중탄산염과 복잡한 관계에 있으며, 평형상태에서는 중탄산염이온과 이산화탄소가 자유롭게 교환된다. 아래의 화학반응식은 이산화탄소와 중탄산칼슘 사이의 '균형작용(balancing act)'을 나타낸다.

$$\underset{\text{탄산칼슘}}{CaCO_3} + \left[\underset{\text{물}}{H_2O} + \underset{\text{이산화탄소}}{CO_2} = \underset{\text{탄산}}{H_2CO_3}\right] \rightleftharpoons \underset{\text{중탄산칼슘 (탄산수소칼슘)}}{Ca(HCO_3)_2}$$

충분한 이산화탄소가 존재할 때 반응은 왼쪽에서 오른쪽으로 일어난다. 유리 이산화탄소의 결핍 시에 중탄산염이 이산화탄소(광합성에 사용)와 물로 분해되는 오른쪽에서 왼쪽으로 반응이 일어난다. 이 반응은 불용성 탄산염(이 경우 탄산칼슘)을 생성한다.

만약 경수에 과잉의 유리 이산화탄소가 존재하면 초과분은 위의 반응에서 탄산염 같은 알칼리성 완충용액에 의해 없어진다. 이는 연수에서는 불가능하지만 호흡에서 나오는 가스가 과도하게 축적되는 것을 방지하기 위해서 연수에서도 이산화탄소의 양을 주의 깊게 관찰하여야 함을 의미한다.

어류와 산소 및 이산화탄소량

정상적인 기능에 필요한 최저 산소량은 어종에 따라 다르며, 크기(큰 개체는 작은 개체보다 더 많은 산소 필요), 나이(나이에 따라 대사율이 다름) 및 생리 상태와 건강(특히 아가미 구조)과 같은 여러 가지 물리 · 화학적 요인에 의존한다. 좀 더 활동적인 어종의 산소 요구량이 높다. 연어(*Salmo salar*)처럼 꾸준히 활동적인 어종은 물 리터당 최소 5mg의 산소가 필요한 반면에 남미의 리프피시(South American leaf-fish; *Monocirrhus polyacanthus*)와 spotted talking catfish(*Agamyxis pectinifrons*) 같이 많이 움직이지 않는 온수성 어종은 1~2mg/L의 농도에서도 생존할 것이다. 대사율은 온도와 관련되기 때문에 산소 소비 또한 높은 온도에서 증가한다. 예를 들어, 잉어는 2°C에서 체중 1kg당 7.2mg/h을 소비하는 반면, 30°C에서는 300mg/h의 산소를 소비한다.

어류는 넓은 산소 농도의 범위에서 생존하기 위해 그들의 생리와 생활 방식에 적응해왔다. 가장 주목받는 저산소 환경에 대한 적응은 정착성 생활방식만 할 수 있는 환경에 서식하는 어종이다. 생리학적으로 저산소 환경에서 서식하는 어류의 수중 호흡시스템은 가능한 최대의 효율로 작동하도록 적응되었다. 예를 들어, 도버솔(Dover soles; *Solea solea*)은 아가미를 통과하는 물에 존재하는 산소의 80%를 흡수한다. 이것은 조직이 매우 낮은 산소 농도를 견딜 수 있는 능력과 관련 있다. 아가미에 의한 효율적인 산소 흡수는 주로 물과 혈액 사이의 확산구배(diffusion gradient)에 의존하기 때문에 아가미 혈액 속 산소 농도가 낮을수록 아가미를 통과하는 물로부터 더 많은 산소를 흡수하게 된다. 그래서 조직의 저산소에 대한 내성 능력 때문에 낮은 혈중 산소 농도가 가능하고 아가미에서 좀 더 효율적으로 산소가 흡수될 수 있다.

산소 농도가 일시적으로 어류의 생존 가능 수준 이하로 떨어지는 수생환경이 많이 있기 때문에 이러한 환경에서 살고 있는 어류는 공기 호흡(air-breathing) 능력을 발달시켜야 했다. 공기 호흡을 하는 대부분의 어류는 간헐적으로 이 방법을 사용하기 때문에 이산화탄소 확산 문제와 죽음의 위험을 줄일 수 있다. 이산화탄소는 체외로의 확산 배출이 물속보다는 공기 중에서 훨씬 더 느리기 때문에(이는 이산화탄소가 물에 아주 잘 녹기 때문) 잠재적인 문제를 지니고 있다. 그러므로 상대적으로 오랫동안 물 밖에 있을 수 있는 폐어(lungfish)와 같은 공기호흡 어류는 이산화탄소에 대한 내성이 잘 발달되어 있다. 또한 공기호흡 어류는 좀 더 다양한 생리 적응 능력을 보여준다. 예를 들어, 호흡률은 혈중 이산화탄소 농도가 높아짐에 따라 증가한다. 이것은 육상 포유류에서는 정상적인 반응이지만, 어류의 호흡률은 산소 농도와 매우 밀접한 관련이 있다. 공기호흡 어류는 피부를 통해 이산화탄소를 직접 배출할 수 있는 것으로 보인다. 구조적인 관점에서 공기호흡 어류는 일반 어류가 물 밖으로 나왔을 때 일어나는 아가미 조직의 붕괴 문제에 대한 여러 가지 해결책을 가지고 있다. 예를 들어, 폐어는 부레를 간단한 폐 구조로 전환하는 반면, 미기목(迷器目) 어류(labyrinth fish)는 아가미 바로 뒤쪽에 보조호흡기관인 래비린스(labyrinth) 기관을 가지고 있다. 이 보조기관은 공기로부터 산소를 흡수하는 혈관이 풍부한 얇은 층(lamellae)이 여러 겹으로 접혀져 있기 때문에 구라미와 샴 투어(鬪魚)(Siamese fighting fish)와 같은 어류가 산소가 부족한 환경에서도 잘 살 수 있게 한다. 코리도라스(*Corydoras*)와 같은 어종은 공기를 들이마신 후 위장관의 상피세포를 통해 산소를 흡수한다. 일반적으로 이러한 모든 호흡 구조들은 공통적으로 산소 섭취를 위해 모세혈관이 매우 잘 발달된 복잡한 구조와 큰 표면적을 가진다. 구라미와 같은 일부 공기호흡 어종은 절대성 공기호흡 어류라서 생존을 위해서는 반드시 물 표면으로 나와야 한다.

각 어종은 정상적인 생활을 유지하기 위해 충분하거나 그 이상의 산소가 있는 곳에서 최적의 산소 농도를 가진다. 활동성이 낮아서 산소 요구도가 낮은 어류는 아가미의 혈류량을 제한해서 아가미를 통과하는 물과의 접촉을 줄이는 능력을 가지고 있다. 이는 호르몬의 조절 하에 혈액이 모든 새변(gill lamellae)으로 순환하지 않도록 혈류 패턴을 변화시킴으로써 이뤄진다. 이 과정은 물이나 염분의 삼투적 손실 또는 획득에 대한 아가미의 활성이 낮기 때문에 삼투조절에 필요한 에너지를 줄일 수 있다. 산소의 요구도가 증가하면 혈류는 새변으로 재이동하여 가스교환 표면은 다시 최대가 된다.

만약 용존산소량이 어류가 필요로 하는 적정 수준 이하로 떨어지면 성장, 생식, 활동성 또는 생리기능에 부정적인 영향을 미칠 수 있으며 결국은 질병에 대한 감수성이 높아지게 된다. 생식에 미치는 저산소의 영향은 난 발생을 저하시키고 치어의 기형과 높은 폐사를 유발한다. 만

위 이 삼반점구라미(three-spot gourami; *Trichogaster trichopterus*)는 물 표면에서 숨 쉴 수 있는 보조호흡기관을 가지고 있다. 공기를 사용하는 능력은 이들의 서식지인 열대 지역처럼 산소가 부족한 환경에서 유리하다. 사실 구라미는 산소가 풍부한 수족관에서조차도 공기와 접촉하는 것을 필요로 한다.

아래 기포병의 뚜렷한 증상. 지느러미와 피부에 기포가 형성되어 있다. 아가미와 안구와 같은 민감한 조직에 생성된 기포는 결국 물고기를 죽게 만든다. 물이 질소나 산소로 과포화되었을 때 이 문제가 일어날 수 있다. 이러한 상태는 잠수부에서 나타나는 '잠수병'과 유사하다.

약 산소가 호흡은 가능하나 불충분한 농도까지 계속해서 떨어지면 '저산소증'으로 발달하게 된다. 이 시점이 되면 어류는 입올림 행동을 한다. 생리적으로 어류는 심장박동수를 줄이고 심장 박출량을 증가시킴으로써 적은 에너지로 혈류량을 계속 유지하는 방법으로 저산소 환경에 적응한다. 예를 들어, 송어는 용존산소가 11mg/L인 물에서는 1분에 70회 호흡하지만 3mg/L인 물에서는 140회로 증가하게 된다. 만약 용존산소 농도가 최저 수준까지 떨어지면 보상 기작이 한계점에 도달하기 때문에 호흡률과 산소 섭취는 감소하고 혈액의 만성 이산화탄소 중독증이 나타나게 된다. 이 시점이 되면 물고기는 더 높은 용존산소가 있는 환경을 찾으려는 도피반응을 보인다. 만약 찾지 못하면, 물고기는 평형감각을 상실하고 뒤집어지면서 의식을 잃고 만다. 산소 결핍에 의해 질식사한 물고기는 전형적으로 아가미뚜껑과 입을 크게 벌리고 있으며 아가미는 보통 창백한 색을 띤다. 사후경직은 다양한 원인에 의해 죽은 물고기에서 나타나는 동일한 증상이지만 환경 인자를 조사하면 그 원인이 질식에 의한 것인지 확인할 수 있다. 대규모 조류에 의한 광합성이나 차가운 물이 갑자기 데워지는 것에 의해 초래될 수 있는 과도한 산소의 포화로 기포병을 일으킬 수 있다. 이는 용액에서 방출되어 작은 기포를 형성하는 혈관 내의 과도한 기체(가스)에 의해 일어난다. 특히 아가미에 많은 기포가 형성되면 죽음을 유발한다.

산소량과 이산화탄소량의 조절

물고기를 기를 때 산소 농도를 높게, 이산화탄소 농도를 낮게 유지하는 것은 중요하다. 이는 실제로 동일한 공기 공급 과정에 의해 이뤄진다. 수생식물의 성장을 위해서는 이산화탄소 확산기(diffuser)를 설치해 이산화탄소를 공급할 필요가 있다. 산소 부족 문제가 발생하지 않도록 처음부터 세심한 계획을 세워야 한다. 각 수조의 크기에 따른 어류의 수용 밀도 가이드라인을 항상 따르도록 한다. 이 가이드라인은 일반적으로 가스 교환 능력을 직접적으로 반영하는 수조의 표면적에 근거하는 것이다. 수생식물이 어류의 호흡에 요구되는 충분한 산소를 공급할 것이라는 오랜 믿음은 잘못되었다. 왜냐하면 식물은 밤 동안에 호흡으로 산소를 소비하기 때문이다. 가스 교환은 깨끗한 물의 순환과 난류에 의해 향상된다. 이러한 조건은 보통 여과시스템으로 쉽게 형성된다. 미세한 공기방울의 상승기류는 가장 효과적으로 물을 상승시키고 가스 교환을 일으키기 때문에 에어펌프에 의한 여과기가 특히 효과적이다. 물의 상승을 이용할 때 최적의 공기 흐름 속도가 있다는 것을 인지하는 것이 중요하며, 공기가 더 공급될수록 여과기를 통과하는 속도가 더 빨라질 것이라는 생각은 항상 맞지는 않다. 최근에는 대부분 수중펌프를 이용하여 여과한다. 특히 수중펌프에 에어레이션 기능을 향상시키기 위한 벤트리 장치(venturi device)가 있는 경우에는 일반적으로 생성되는 물의 순환과 난류는 수족관의 산소 농도 유지에 충분하다. 그러나 공기방울 여과는 이산화탄소를 좀 더 잘 제거하는 경향이 있다.

리프트밸리 시클리드(Rift Valley cichlids)처럼 산소에 아주 민감한 어종을 기를 때에는 에어스톤을 이용한 에어레이션과 수중펌프 여과를 하는 것이 좋다. 비록 고염분수에서의 산소 용해도는 낮지만 이렇게 밀도가 높은 용액에서는 더 작은 공기방울이 만들어지며 결과적으로 더 큰 표면적을 가지게 되기 때문에 에어레이션은 더 효과적이다. 많은 용존 유기 분자의 '표면 활성'과 이로 인해 공기와 물 사이의 계면에 붙는(이 경우 공기 방울 표면) 자연적인 경향 때문에 해수 수조의 유기 부산물과 같은 단백질의 80% 이상을 제거할 수 있는 '단백질 제거(protein skimming)'라고 하는 여과 기술이 효과적이다.

연못은 가스 교환을 위한 표면적이 넓긴 하지만, 식물과 물고기의 밀도를 적정수준으로 유지한다 하더라도 산소 농도 유지에 있어서는 문제가 많다. 예를 들어, 여름의 조류 이상 증식은 낮 동안 과도한 광합성 때문에 산소의 과포화를 일으키며 밤에는 산소를 빼앗아 이른 아침에 물고기의 폐사를 일으킨다. 조류의 이상 증식을 방지하기 위해서는 연못을 하루 종일 햇빛에 노출되지 않는 곳에 위치시키며 빛과 영양분에 대하여 조류와 경쟁할 수 있는 식물이 잘 자라도록 하는 것이다. 만약 이 방법이 잘 안된다면 조류 세포의 물리적인 제거와 조류의 이상증식을 가속화시키는 질소 화합물의 감소를 위해 물을 여과해야 할 필요도 있다. 자외선 여과기는 때때로 녹조를 일으키는 자유 유영 조류 세포를 파괴하는 데 도움이 된다. 저산소 문제는 특히 천둥이 치는 무더운 날씨에 문제가 될 수 있는데, 이는 공기압은 낮고 따뜻한 수온 때문에 산소의 용해도는 감소하기 때문이다. 이상적으로 여과기를 통하여 연못 사육수를 순환시키고 환수관에 벤트리를 설치하는 것은 산소 공급에 도움이 될 것이다. 이 방법이 실패하면 작은 폭포나 분수를 만들

위 폭포수는 보기 좋은 광경의 연출과 시원한 물소리를 들려줄 뿐만 아니라 연못 속에 수생생물에게 필수적인 에어레이션 기능도 한다.

왼쪽 여기서 보이는 것과 같이 벤트리 장치를 이용한 공기의 주입은 특히 천둥치는 무더운 날씨에 유용하며, 신선하고 에어레이션이 잘 되는 수질 유지를 위해 비단잉어 연못에 널리 사용된다.

면 에어레이션 효과를 볼 수도 있다.

이전에 본 바와 같이 겨울철에 연못이 얼면 공기와 물 사이의 계면이 막혀 가스 교환이 일어날 수가 없기 때문에 산소와 이산화탄소 문제가 발생한다. 그러므로 히터기를 설치하여 좁은 면적이나마 물이 공기와 맞닿아 있어야 한다. 과도한 사료 투여는 유기물을 증가시키고 용존산소를 감소시키기 때문에 피해야 한다. 정기적인 유지/보수와 사체를 제거하는 것은 산소의 소모를 줄여 줄 것이다.

산소 농도 측정용 키트와 전자식 측정기가 시판되어 있지만 산소의 농도 측정은 거의 하지 않는다. 보통 어류를 주의 깊게 관찰하는 것만으로도 충분하기 때문이다. 아가미 뚜껑의 여닫히는 속도와 입올림 현상이 증가하면 산소의 농도가 낮다는 것을 알 수 있다(아가미의 기생충 때문에 이러한 증상이 나타날 수 있음). 만약 산소 농도가 낮다고 의심되면 재빨리 대처하는 것이 중요하다. 먹이 공급을 중단하여 유기물의 공급을 줄이고 에어레이션을 강하게 하며 공기 공급이 잘 된 물로 부분 물갈이를 하도록 한다.

암모니아

암모니아는 에너지를 얻기 위해 단백질이 분해되면서 생성되며 이온 조절 시스템의 일부분으로써 나트륨이온과 교환되면서 아가미를 통해 배출된다. 물에 녹은 암모니아는 빠르게 암모니아이온(NH_4^-)과 수산화이온(OH^-)을 생성한다. 그러나 pH의 상승(물은 알칼리성으로 되려는 경향이 있음)과 온도의 증가에 따라 이 이온들은 암모니아(NH_3)와 물(H_2O)로 분해되어 유리 암모니아가 점점 더 많이 형성된다. 유리 암모니아는 암모니아이온보다 독성이 강하다. 암모니아 농도는 높은 pH에서 더 중요한데 예를 들어, pH 8에서는 단지 5%의 암모니아만이 유리된 형태지만 pH 9에서는 20%가 유리되어 있다. 또한 암모니아 농도는 높은 온도에서도 중요하다. 유리 암모니아 농도는 5℃에서보다 25℃에서 5배나 높다. 암모니아의 독성은 물의 염분농도와 반비례한다. 예를 들면 동일한 pH에서 암모니아의 독성은 담수보다 해수에서 30% 정도 약하다.

그러므로 pH, 수온 및 염분농도를 알아야만 물속의 총 암모니아 농도에 대한 독성을 평가할 수 있다. 암모늄이온(NH_4^+)도 독성이 전혀 없는 것은

아래 이 간단한 암모니아 테스트 키트는 샘플에 액체 시약을 녹여 질소(총 암모니아) 양에 따른 색의 변화를 비교하는 것이다.

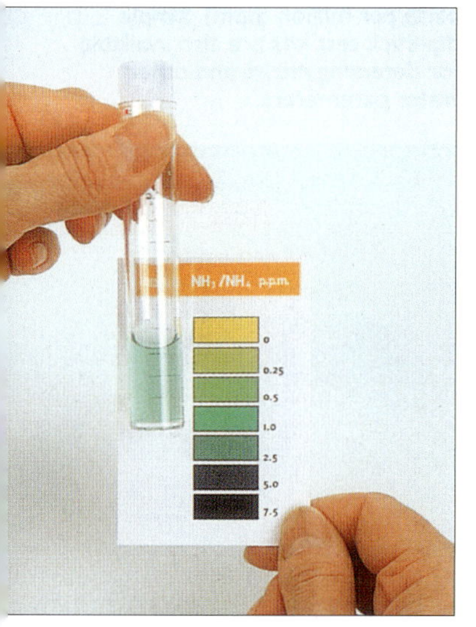

최대 권장 총 암모니아 농도 (시판 중인 테스트 키트로 측정시 표시되는 질소량(mg/L))

pH	수온				
	5℃	10℃	15℃	20℃	25℃
6.5	50	33.3	22.2	15.4	11.1
7.0	16.7	10.5	7.4	5.0	3.6
7.5	5.1	3.4	2.3	1.6	1.2
8.0	1.6	1.1	0.7	0.5	0.4
8.5	0.5	0.4	0.3	0.2	0.1
9.0	0.2	0.1	0.009	0.007	0.05

아니며 유리 암모니아가 암모늄이온에 비해 독성이 훨씬 더 강하다. 그래서 암모니아는 가장 독성이 강한 질소 화합물이다. 어류에 대한 유리 암모니아의 최저 치사농도는 0.2~0.5mg/L이며 이 농도는 암모니아 중독의 직접적인 결과로 물고기를 빠르게 죽일 수 있는 급성 독성 농도이다. 어류가 장기간 질병에 대한 감수성 증가와 같은 만성효과를 보이는 것 없이 견딜 수 있는 유리 암모니아의 최고 농도는 0.01~0.02mg/L이다. 유리 암모니아에 대한 감수성은 어종에 따라 다르다. 예를 들어, 최소 0.006mg/L의 농도에 장기간 노출되었던 연어과 어류는 만성 독성 반응(전형적인 아가미 손상)을 보였다. 또한 치어나 난은 성어보다 암모니아에 손상되기 쉽다.

시판되어 있는 암모니아 테스트 키트로 물속의 유리 및 결합된 형태의 모든 암모니아를 반영하는 총 질소의 양(mg/L)을 측정하면 총 암모니아의 양을 구할 수 있다. 좀 더 중요한 유리 암모니아의 농도를 알기 위해서 결과값은 pH 및 온도와 연계해서 보는 것이 매우 중요하다. 표("최대 권장 총 암모니아 농도")는 다양한 pH 및 수온에 따른 총 암모니아(즉 테스트 키트로 측정한 농도)의 최대 만성 노출 한계값을 나타내고 있다.

암모니아는 어류의 생리에 여러 가지 해로운 영향을 미친다. 어류의 전체적인 투과성을 증가시켜 삼투조절 시스템을 방해한다. 그 결과로 담수어류는 소변이 증가하고 해수 어류는 들이마시는 해수량이 증가하게 된다. 암모니아가 아가미의 점막층을 손상시켜 부종을 일으키기 때문에 호흡에도 영향을 끼친다. 이러한 자극은 새변의 상피에 새로운 세포의 형성을 증가(증생; hyperplasia)시켜 물의 흐름을 방해하여 산소의 흡수가 감소하게 된다. 또한 암모니아는 헤모글로빈의 산소 운반 능력을 손상시킨다.

암모니아의 치사 농도는 일반적으로 피부와 장관 점막을 손상시켜 어류의 체내 · 외에 출혈을 일으키는 부정적인 영향을 미치며, 뇌와 중추신경계에도 손상을 입힌다. 아치사 농도(sublethal level)에서는 세균성 아가미병(세포의 증생은 세균의 아가미 침입을 증가시킴), 복수병 및 지느러미부식병과 같은 질병의 감수성을 증가시킨다.

위 이 금붕어는 심한 암모니아 중독으로 등 부위에 뚜렷한 증상을 보이고 있다.

아래 아질산염 농도 측정 시에는 물 샘플에 두 가지의 시약을 차례로 떨어뜨린다. 샘플의 색 변화를 표준 카드와 비교하면 아질산염의 농도를 ppm 단위로 알 수 있다. 간단한 딥스틱(dip-stick) 테스트 키트 또한 아질산염과 다른 성분을 검출하는데 이용가능하다.

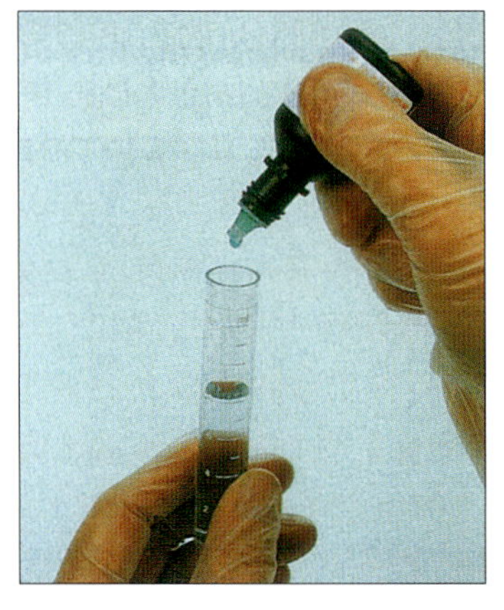

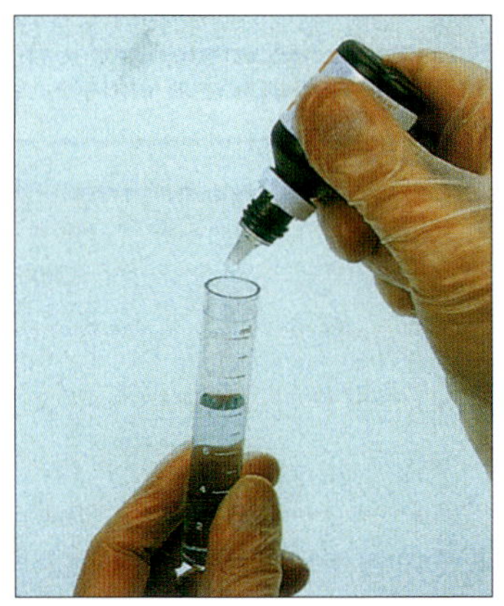

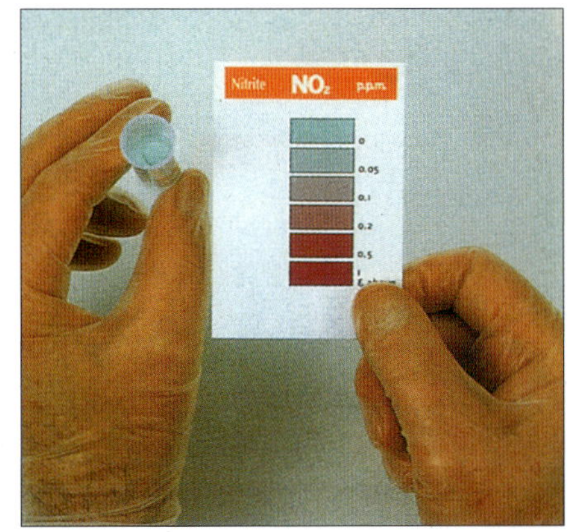

오른쪽 생물여과 과정의 중심에는 질소 순환이 있다. 질소 순환은 수질 유지에 관한 모든 논의를 뒷받침하는 연속적이고 자연적인 생화학적 반응들이다. 이 그림은 질소 순환과 관련된 단계를 간단히 표현한 것이다. 사육자에게 있어 중요한 단계는 독성의 암모니아를 아질산염으로, 그 다음은 질산염으로 전환하는 단계이다. 이 필수적인 과정은 산소가 풍부한 곳에 사는 질화세균에 의해 수행된다. 혐기성 세균은 질산염을 질소로 전환시킨다.

아질산염

산소가 존재하는 환경에서 암모니아는 *Nitrosomonas*에 의해 아질산염(No_2^-)으로 전환된다. 이는 질화과정이라 불리는 여러 단계 중의 하나이다. 아질산염은 암모니아보다는 독성이 약하며 치사 농도는 10~20mg/L이다. 아질산염 또한 어종에 따라 치사 농도가 다양하다. 예를 들어, 구피는 100mg/L의 농도까지는 생존할 수 있는 반면에 디스커스(*Symphysodon discus*)와 같은 어종은 최저 0.5mg/L의 농도에서도 질병에 대한 감수성이 높아진다.

아질산염은 적혈구를 파괴시키고 헤모글로빈의 철을 산화시켜 메트헤모글로빈(methaemoglobin)이라 불리는 안정한 상태로 만들어 산소 운반 능력을 없애기 때문에 독성이 있다. (이 과정에 의해 아가미와 혈액이 갈색으로 변한다.) 메트헤모글로빈을 헤모글로빈으로 전환시키는 능력은 해당 어종이 고농도의 아질산염 농도에 얼마만큼 내성이 있는

질소순환

자연계에서 이뤄지는 질소순환의 간단한 모식도

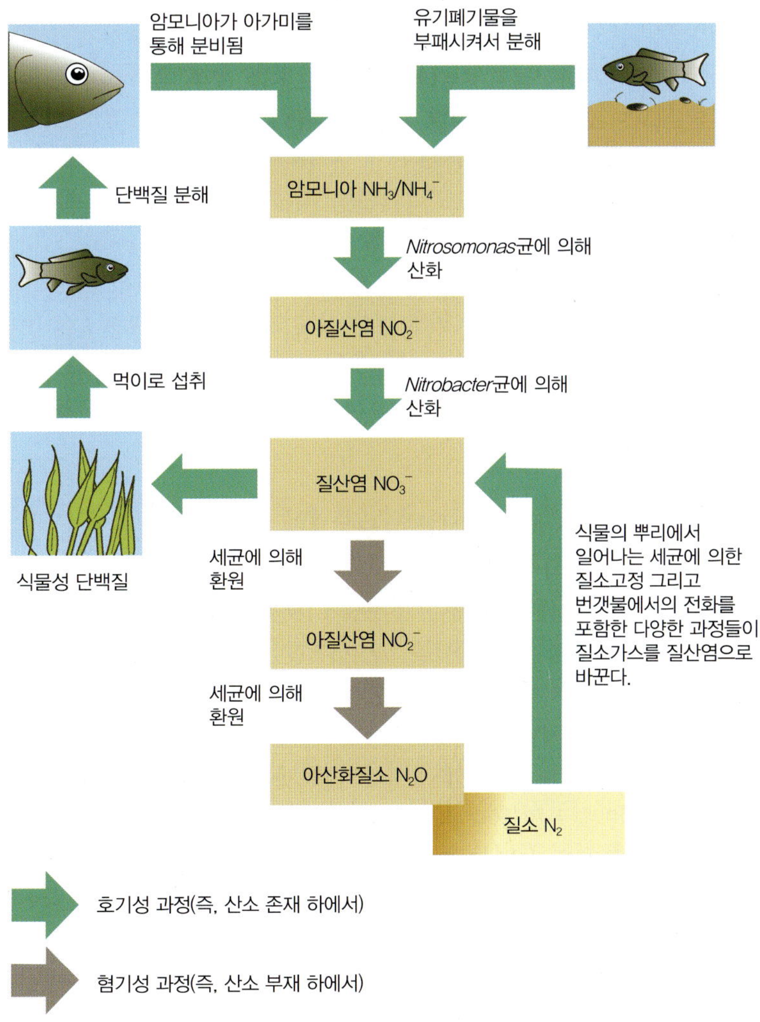

가에 따라 다르다. 아질산염 중독 증상은 무기력함과 산소결핍(호흡을 지속하기 위해 필요한 농도 이하로 떨어져서 산소가 고갈된 상태) 증상과 간, 비장 및 신장의 흑색 색소 침착(전형적인 흑점 형성)이다.

염분량의 증가는 아질산염의 독성을 감소시킨다. 그래서 아질산염은 해수 및 경수에서는 독성이 줄어든다. 예를 들어, 경수에 들어 있는 18mg/L의 아질산염 독성은 연수의 10mg/L의 독성과 동일하다. 이에 대한 정확한 기작은 밝혀지지 않았지만 이유가 무엇이든 간에 염분(NaCl)을 0.01%의 농도로 첨가하면 담수의 높은 아질산염 농도에 대한 스트레스는 줄일 수 있다. 대부분의 담수 어류는 이 정도의 낮은 염분 농도에는 내성이 있다.

질산염

질화과정은 *Nitrobacter* 균이 아질산염을 독성이 약한 질산이온(NO_3^-)으로 산화시킴으로써 일어난다. 질산염의 최소 치사 농도는 50~300mg/L로 극도로 예민한 어류에 국한된다. 예를 들어, 송어에 있어서 질산염의 독성은 아질산염보다 2,000배 약하며 어류의 난과 치어는 성어보다 질산염에 좀 더 민감하다. 질산염은 담수에서보다 해수에서 좀 더 독성이 강한 것으로 알려져 있다. 대양의 해수는 질산염 농도가 0이기 때문에 매우 고농도의 질산염은 해수어류에 스트레스를 유발하고 질병의 감수성을 높일 수 있다. 어류보다 질산염에 더 민감한 해수 무척추동물을 잘 키우기 위해서는 그 농도를 20mg/L 이하로 유지해야 한다. 질산염 농도의 조절은 디스커스와 리프트벨리 시클리드의 사육에 있어 더 중요한 것으로 알려져 있다.

위 이 잉어 수족관 물 표면에 떠 있는 거품은 과량의 단백질 부산물이 있음을 나타낸다. 이 물은 효율적인 생물여과에 의해 깨끗해질 것이다.

암모니아, 아질산염 및 질산염 농도의 조절

폐쇄적인 수족관/연못 환경에서 암모니아 형태의 질소부산물은 이를 없애기 위한 장치가 없으면 축적되어 독성 농도로 증가할 수 있다. 생물여과 장치는 암모니아를 분해시켜 독성이 약한 물질로 만드는 데 중요한 역할을 한다. 많은 종류의 생물여과 장치가 있으나 대부분의 작동원리는 동일하다. 생물여과는 암모니아를 순차적으로 독성이 약한 아질산염과 질산염으로 분해시키는 질화과정이 일어나도록 하는 최적의 조건을 제공한다. 모든 생물여과기에는 질화세균의 집락 형성을 잘 하도록 돕는 매우 큰 표면적을 가진 여과재가 있다. 질화세균은 질소 화합물 형태인 영양분의 지속적인 공급과 산화과정을 수행하기 위해 풍부한 산소가 필요하다. 이 두 조건 모두 질소 부산물과 산소가 풍부한 물의 순환에 의해 이뤄진다. 질화과정은 pH와 온도에 영향을 받는데, pH 7.5와 비교적 높은 수온(담수 30°C 및 해수 30~35°C)에서 가장 효율적으로 일어나지만 이는 일반적으로 대부분의 어종에는 너무 높은 온도이다. 매우 간단한 테스트 키트로 암모니아, 아질산염 및 질산염을 모니터하는 것은 쉽다. 암모니아와 아질산염 농도는 0.1mg/L와 질산염 20mg/L 이하로 유지하는 것이 이상적이다. 효율적인 여과 시스템

아래 여기 질산성 질소(mg/L)로 나타나 있는 질산염 농도의 정기적인 테스트는 해수 무척추동물과 같은 민감한 종을 기르는 데 필수적이다.

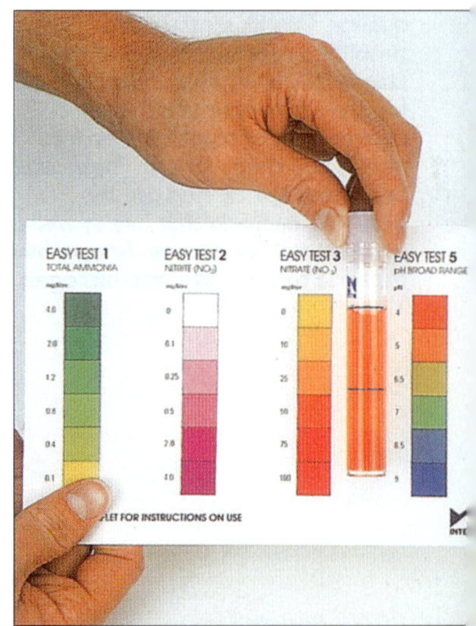

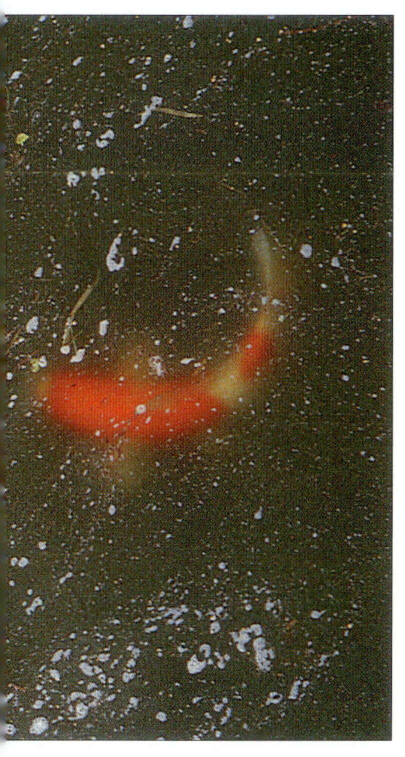

은 암모니아와 아질산염 농도를 그 농도 이하로 유지시킨다. 물속에서의 농도가 그 농도 이상으로 올라가는 데에는 아주 다양한 원인이 존재하는데, 가장 흔한 원인 중의 하나는 여과기가 충분히 사용된 적 없는 '새 수족관 신드롬'이라 알려진 것이다. 25℃에서 생물여과기에 충분한 질화세균이 자라기 위해서는 2~6주, 10℃에서는 4~8주 정도 필요하다. 시판 중인 동결건조나 액상의 세균 또는 이미 숙성된 수족관(최근에 질병이 발생된 적이 없는 수족관이어야 함)의 여과재로부터의 세균을 새 여과기에 접종하면 숙성과정 시간을 단축시킬 수 있다.

사실 여과기에 안정된 질화세균 군집을 형성시키는 데에는 약 6개월 정도가 소요될 수 있다. 그러므로 안전을 위해서 6개월이 될 때까지는 수조의 크기를 고려하여 밀식 한계 이상의 물고기를 사육하지 않는 것이 좋다. 완전히 숙성된 여과기의 세균 군집 크기는 사육 중인 물고기에 의해 생산되는 질소성 '영양분'의 양에 직접적으로 비례한다는 것을 기억해야 한다. 따라서 오랜 시간에 걸쳐 세균이 점차적으로 늘어나면서 증가하는 부산물을 잘 처리할 수 있도록 물고기의 수를 서서히 늘려야 한다. 시험적으로, 최초에는 두서너 마리의 물고기를 넣은 후 암모니아와 아질산염 농도를 면밀히 관찰한다. 2~3주 후 암모니아와 아질산염이 없으면 몇 마리를 더 추가한다. 만약 암모니아 또는 아질산염 농도가 높으면 즉시 부분 물갈이(최대 50%)를 한다. 필요 시에는 암모니아와 아질산염 농도를 안전한 수준까지 낮추기 위해 추가로 물을 갈아준다.

높은 암모니아 및 아질산염 농도는 물고기 수가 너무 많거나 바닥재가 너무 작을 경우 여과기에 과부하가 나타날 수 있다. 이 두 경우 모두 여과기 내에는 질소성 부산물을 제거하기 위한 세균은 충분하지 않을 것

아래 새로 세팅한 연못이나 수족관에서는 생물여과기에 세균이 증식함에 따라 암모니아와 아질산염의 농도가 약간 겹치는 피크를 나타낸다.

생물학적 여과기의 성숙 과정

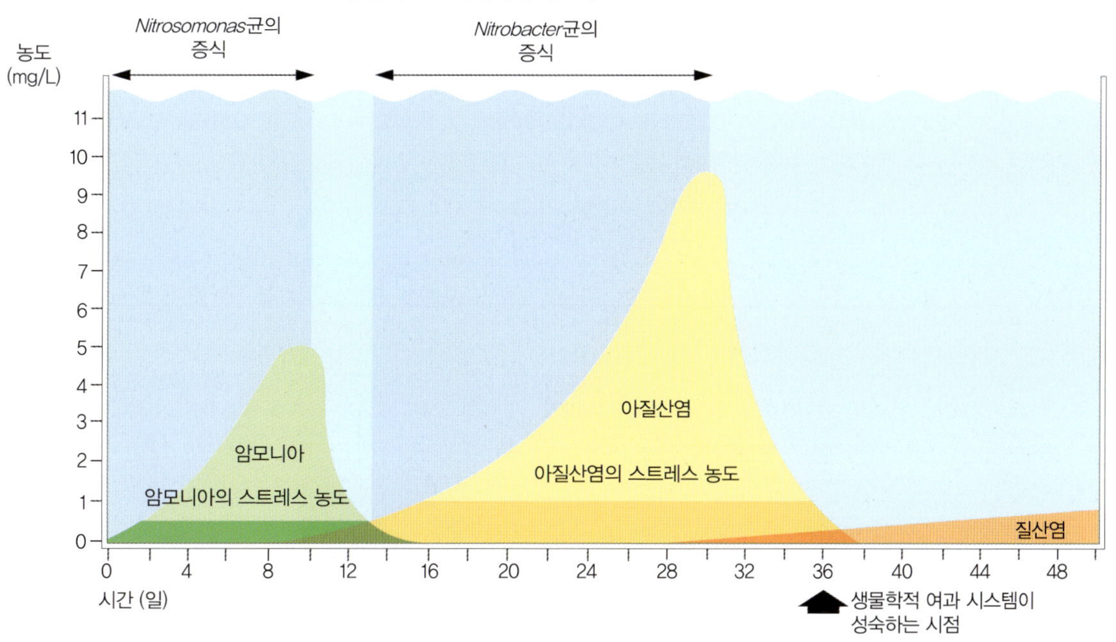

이다. 먹이 찌꺼기는 암모니아로 분해되기 때문에 사료를 과잉 공급하면 이러한 문제가 생길 수 있다. 이 문제를 방지하기 위해서는 적절한 여과 시스템을 갖추고 사육 밀도를 조절하고 적당한 사료를 공급해야 한다. 높은 암모니아 또는 아질산염 농도의 또 다른 원인은 여과재의 과도한 세척으로 많은 세균이 씻겨 나가 여과기의 부산물 처리 능력이 감소되기 때문이다. 이를 방지하기 위해서는 수족관/연못의 사육수로 살짝 씻는다. 수돗물에는 염소가 들어 있어 여과 세균에 해가 될 수 있으므로 사용하지 않는다.

만약 위에 서술한 여러 경우가 아니라면 여과 세균이 다른 타입의 독소에 의해 억제되거나 제거되었다는 것을 의미할 수도 있다. 보통 살충제, 제초제 또는 가정에서 사용하는 살충 스프레이와 같은 합성 화학물질은 여과세균을 죽일 수 있다. 하지만 메틸렌블루와 일부 항생제와 같은 어류용 약물 역시 동일한 영향을 미칠 수 있다. 항상 이런 독성 성분들이 여과기에 들어가지 않도록 해야 하며, 만약 들어가게 될 시 활성탄 및/또는 합성 화학 흡수패드로 물을 여과하고 부분 물갈이하여 신속히 독성 성분을 제거하도록 한다.

과도한 암모니아 성분을 능동적으로 흡수하기 위해서는 제올라이트(천연 물질) 또는 합성 흡수 패드와 같은 화학 여과재를 사용하며, 심한 정도에 따라 최대 75%까지 물갈이한다(해수에서 제올라이트는 기능하지 않지만, 합성 흡수 패드는 사용 가능함). 이때 물갈이에 의해 수족관의 pH가 갑자기 오르지 않도록 주의한다. 앞서 보았듯이 pH가 높은 상태에서는 더 고농도의 유리 암모니아가 존재하게 되므로 어류에 대한 전반적인 독성이 증가한다. 높은 아질산염 농도를 줄이기 위해서는 최대 50%의 물을 갈아주며 염분(NaCl)을 0.01%의 농도까지 첨가시켜 아질산염에 대한 스트레스를 줄여준다. 이 두 경우 모두 그 원인을 가능한 한 빨리 찾아서 바로 잡도록 한다.

질산염의 축적은 일상적인 수족관의 유지 · 보수 과정에 의해서도 조절될 수 있다. 격주에 한 번씩 25%의 물갈이로 질산염의 농도를 낮출 수 있다. 사용하고 있는 수돗물의 질산염 농도를 먼저 확인하고, 너무 높으면 탈이온화 수지(특히 질산염 제거용 수지가 시판중임)에 물을 여과하거나 빗물 또는 역삼투 물을 사용한다. 질산염은 식물에 중요한 영양분이므로 왕성한 식물의 성장에 의해 질산염이 제거되기도 한다. 탈질소화 여과 시스템은 어떤 혐기성 세균이 질산이온(NO_3^-)으로부터 산소 분자를 얻도록 산소 농도 1mg/L 이하의 산소 고갈 상태를 만들어 최종적인 부산물로써 순수한 질소가스만 남게 된다. 이러한 혐기적 조건은 여과재 내에 미세한 구멍이 형성된 구조나 물이 천천히 흐르는 칼럼(trickle column) 또는 혐기적 배양 상자에 형성될 수 있다. 탈질소화는 연관된 세균의 성장을 위해서 탄소원을 필요로 하며, 이 탄소원은 여과재 구조 안에서 형성되거나 별개의 액상 또는 고형의 첨가제를 넣어 줌으로써 세균에 공급될 수 있다.

위 수족관의 수생식물은 '영양분'으로서의 질산염을 얼마만큼은 흡수할 것이다. 그러나 질산염을 적절한 수준 이하로 계속 유지하기 위해서는 여전히 규칙적인 물갈이가 필요하다.

오른쪽 염소 농도를 줄이기 위해서는 수돗물을 수돗물 컨디셔너로 처리해야 한다. 이는 단순히 제조자가 명기한 대로 물에 수돗물 컨디셔너(tapwater conditioner)너를 필요한 만큼 첨가하면 되는 것이다. 일부 수돗물 컨디셔너는 수돗물에 첨가되어 있는 좀 더 안정된 형태의 소독제인 클로라민도 제거할 것이다. 수돗물을 수족관에 넣기 전에 반드시 수돗물 컨디셔너로 미리 처리해야 한다.

염소와 클로라민(Chloramine)

대부분의 수돗물은 염소 같은 소독물질이 함유되어 있다. 염소는 가스의 형태로 물속으로 주입시키며 고농도의 염소는 다른 기체를 물 밖으로 내보내게 된다. 이른바 유리 염소의 형태로 소량 남아 있지만, 대부분은 아래의 화학반응식과 같이 평형에 도달할 때까지 물과 결합하고 있다.

$$Cl_2 + H_2O \rightleftharpoons HOCl + H^+ + Cl^-$$

유리염소 　 물 　 차아염소산 　 수소이온 　 염화이온

수온과 물의 pH 값에 따라 물과 결합하고 있는 염소는 위의 반응식에서와 같이 차아염소산의 결합 형태로 존재하거나 아래의 반응식과 같이 수소와 차아염소산 이온으로 분해된다.

$$HOCl \underset{\text{산성 pH와 수온상승}}{\overset{\text{염기성 pH와 수온저하}}{\rightleftharpoons}} H^+ + OCl^-$$

차아염소산 　 수소 이온 　 차아염소산 이온

독소/소독 작용을 하는 것은 차아염소산 이온보다는 차아염소산이다. 차아염소산은 세포 단백질과 효소계를 염화시키기 때문에 어류에 매우 독성이 강하다. 염소는 물속에서는 비교적 불안정하며(고수온에서는 좀 더 불안정) 유기물 및 다른 물질과 반응하고, 기체로써 공기 중으로 빠져나감에 따라 염소의 농도는 많이 낮아져 소독제로서의 기능은 줄어들게 된다(물을 강하게 에어레이션 시켜 확산 과정의 속도를 높일 수 있음). 수돗물 공급회사의 입장에서는 염소의 소독 활성이 오랫동안 지속되기를 바랄 것이다. 그러나 수돗물은 공급 시설에서 공급 받는 곳까지 긴 파이프라인으로 연결되어 있는 경우에는 소독 활성에 문제가 있을 수 있다. 긴 파이프라인으로 공급하는 수돗물에 염소 소독제를 사용할 때에는 염소 농도의 감소 정도를 계산해야 한다. 긴 파이프라인이 끝나는, 즉 공급받는 곳 부근 수돗물의 염소 농도는 권장 잔류량인 0.2~0.5 mg/L로 충분해야 한다. 그래서 이렇게 긴 파이프라인을 통해 공급되는 동안의 염소 손실을 보충해야 하기 때문에 공급지의 수돗물 염소 농도는 0.2~0.5mg/L 보다 상당히 높다. 또 다른 방법은 염소를 암모니아와 같은 질소 화합물과 결합시켜 클로라민을 형성시키는 것이다. 클로라민은 차아염소산과 염산을 생성하는 유리 염소보다 훨씬 안정적다.

클로라민은 물에 암모니아가 과도하게 있으면 좀 더 안정적이기 때문에 수돗물 공급회사는 암모니아를 필요 이상으로 많이 첨가하는 경향이 있다. 앞에서 살펴보았듯이 물속의 과도한 암모니아는 어류에 위협적이다. 또한 수돗물 공급회사는 소독과정에서 손실된 차아염소산을 대체하기 위해 과도한 유리 염소와 클로라민을 첨가한다. 클로라민은 또한 자연적으로 발생한 질소화합물(예로 질산비료)이 염소 처리된 수돗물에 들어갔을 때에도 형성될 수 있다.

어류는 염소가 함유된 물속에서 염소를 피하려는 '기피반응(escape response)'이 일어난다. 만약 어류가 계속해서 염소에 노출된다면 경련을 일으키고 체색이 변하며 무기력해진다. 결국 물고기는 염소에 의한 호흡조직 파괴로 호흡을 멈추게 된다. 염소에 대한 어류의 치사 농도는 다음의 조건에 따라 다양할 수 있다: pH와 수온(이미 보았듯이 차아염소산의 비율에 영향을 미침); 잔류 염소(물속의 총 유리 염소 및 클로라민의 양이며 이는 생산되는 차아염소산의 양에 영향을 미침); 몇 가지 오염 물질(염소의 독성을 증가시킬 수 있음); 용존산소량(어류 호흡 조직의 손상 정도와 연관); 어종(종에 따라 감수성이 다름). 염소의 독성 정도는 보통 잔류 염소 농도를 의미하며 0.2~0.3mg/L의 농도로도 대부분의 어류를 매우 짧은 시간 안에 죽이기에 충분하다. 만성적인 독성 효과를 없애기 위해서는 잔류 농도가 0.003mg/L를 넘지 않아야 한다.

수돗물 컨디셔너로 수돗물을 처리하면 염소 문제는 쉽게 피할 수 있다. 대부분의 수돗물 컨디셔너는 기본 구성 성분인 티오황산나트륨(sodium thiosulfate)이 염소와 매우 빠른 화학적 결합을 일으켜 독성을 없앤다. 클로라민을 함유하는 물은 특별한 수돗물 컨디셔너를 사용해야 해야 하는데, 여기에 들어 있는 티오황산나트륨은 클로라민의 염소 성분을 중화시키며 또 다른 성분은 분해된 클로라민으로부터 나온 암모니아를 제거한다. 수돗물에 있는 클로라민의 존재 유무를 알기 위해서는 수돗물 공급자에 직접 문의하거나 시판되어 있는 간단한 테스트 키트를 사용한다. 확실치 않을 때에는 염소와 클로라민 모두를 제거하는 수돗물 컨디셔너를 사용한다.

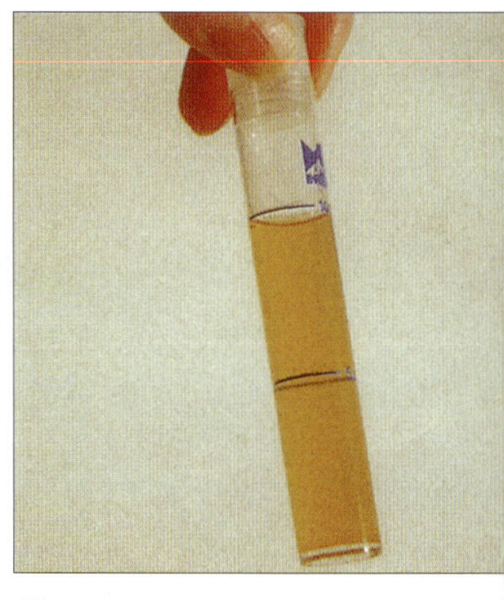

위 구리는 수생생물에게 매우 유해하다. 특히 구리 화합물을 포함하는 치료제를 사용할 때에는 과다 투여를 막기 위하여 물속의 농도를 모니터할 수 있는 이와 같은 테스트 키트를 사용한다.

금속의 독성

일부 수돗물에는 철, 납 및 구리와 같은 금속이 들어 있다. 이러한 금속 성분은 원수에 이미 들어 있었거나 금속 파이프의 접촉에 의한 것일 수도 있다. 금속은 특히 연수(soft water)에서 더 잘 녹고 더 부식성인 경향이 있다. 해수는 특히 금속에 대한 부식성이 강하기 때문에 독성 문제를 피하기 위해서는 해수 수조에는 금속을 사용하지 않도록 한다.

물속의 금속은 여러 가지의 화학적 '형태'로 존재할 수 있으며 그 각각은 어류에 다른 독성을 나타낸다. 존재하는 형태는 물의 경도, pH, 수온 및 다른 용존 물질에 따라 달라진다. 예를 들어, 구리는 연수에 좀 더 잘 용해되며 매우 독성이 강한 유리 구리 형태로 존재하지만 경수에서는 탄산구리(copper carbonate)의 형태로 침전해 있으며 어류에 독성이 훨씬 덜하다. 금속의 종류에 따라 다양한 어종에 대해 정도가 다른 독성을 나타내며 단독으로 작용할 때보다는 다른 금속과 함께 작용할 때 더 독성이 강하다. 예로 철과 납은 철저한 안전을 위해서 0.03mg/L 이상의 농도로 존재해서는 안 되지만 구리 농도는 이 농도의 반인 0.015mg/L 이하이어야 한다. 간단한 테스트 키트로 구리 농도를 모니터링할 수 있다.

중금속의 치사 농도를 알아내는 것은 어류 조직 내의 중금속 분석과

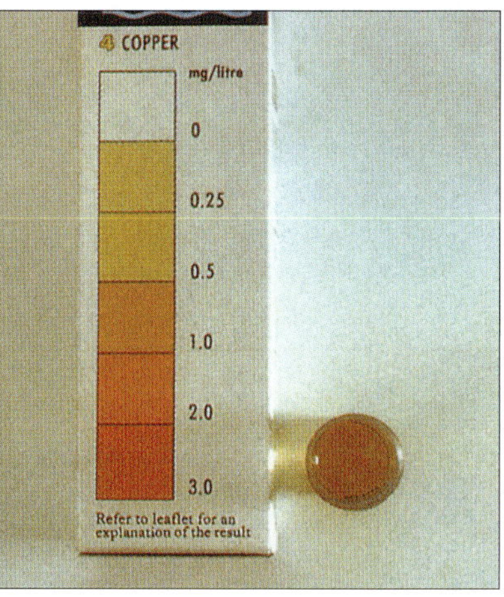

아래 어류는 수족관에서와 마찬가지로 야생에서도 유사한 원인들에 의해 죽는다. 아마도 이 물고기는 병원체 감염 또는 고농도의 오염물질에 의해 죽은 것으로 보인다.

각종 기관의 병리학적 변화를 관찰해야하기 때문에 매우 어렵다(대부분의 금속은 혈액, 내부 장기 및 아가미 막을 손상시킴). 특히 연수 환경에서 어류의 갑작스런 원인 미상의 죽음에 대해서는 중금속에 의한 독성 영향을 의심해봐야 한다. 일반적인 예방책으로 혹시나 축적되어 있을 금속 성분을 없애기 위해서 5~10분 정도 수돗물을 흘려버린다(동일한 방법으로 플라스틱 호스의 독성 가소제도 제거됨).

농약과 수질

수돗물 공급자는 공급 시스템 내에 서식하는 물이(*Asellus aquaticus*)와 같은 해충을 죽이기 위해 살충제를 첨가하는 경우가 있다. 이러한 살충제는 피레트린(pyrethrin) 또는 합성 제제인 퍼메트린(permethrin)의 형태이다. 이 살충제는 봄과 가을에 7일 동안에 걸쳐 5~10μg/L의 농도로 첨가된다. 이것은 매우 낮은 농도이지만 일부 어종에 독성이 있는 것으로 밝혀져서, 수돗물 공급자는 살충제를 첨가한 날로부터 14일 동안은 물고기 사육수로 사용하지 않도록 권장하고 있다. 일반적으로 공급자들은 지역 매체를 통해 살충제의 첨가 사실을 알리고 있으며 관상어 판매점 등으로부터의 요청에 의해 관련된 정보를 자세히 제공하기도 한다.

피레트린과 퍼메트린에 대한 감수성은 어종에 따라 다르다. 예로 킬리피시류(killifishes; 송사리과 어류)는 74μg/L의 농도에서 48시간 내에 죽는 반면에 송어는 최저 2.5~6μg/L의 농도에서 48시간 내에 죽는다. 피레트린에 의한 사고를 줄이는 유일한 방법은 사육수로 사용하기 전에 물을 한 달 정도 두는 것이다. 이 기간 동안에 피레트린은 자연적으로 분해된다. 수족관/연못 가까이서 살충제, 제초제, 가정용 살충용 스프레이 또는 독성이 있을 수 있는 페인트 및 광택제는 절대 사용해서는 안 된다. 또한 에어펌프 주입구 부근에서 독성 물질을 사용해서도 안 된다.

독성 제제로서의 약품

많은 약품은 병원체에만 독성이 있는 것이 아니라 고농도에서는 어류에도 독성을 나타낸다. 예로 구리는 어류와 해수 무척추동물에 특히 독성이 강하다. 약품의 독성은 종에 따라 다양하다. 예로 붉은꼬리검정상어와 같은 라베오류(labeos)는 특히 구리에 민감해서 낮은 농도에서도 피부와 아가미가 손상된다. 또한 물의 물리적 · 화학적 성질에 따라 약품의 독성은 다양하게 나타난다. 예로 구리를 함유한 약품은 위의 "금속의 독성"에서 기술한 대로 수생생물에 영향을 미친다. 안전을 위해서 구리 함유 약품을 쓸 때에는 물속의 구리 농도를 모니터링할 수 있는 테스트 키트를 항상 사용한다.

개인적으로 약품을 조제해서 사용할 수 있지만 사용하기 전에 상당히 주의해야 하며 사전조사도 필요하다. 시판 중인 약품은 이미 다양한 조건에서 다양한 어류에 시험을 하였기 때문에 이를 사용하는 것이 좀 더 안전하다. 또한 시판 약품은 농도를 맞추는 과정에서의 실수를 어느 정도 허용하는 안전역(safety margin)을 두고 있다.

제4장

건강한 수족관 환경 만들기

이전 장에서는 어류의 형태와 기능 그리고 서식환경에 대해 알아보았다. 이 장에서는 관상어에게 최적의 환경을 만들어 주기 위한 실용적인 측면을 살펴보고자 한다. 그 첫 단계는 기르고 싶어 하는 어종의 자연 서식 환경과 행동 특성에 관한 정보를 가능한 한 많이 수집하는 것이다. 한 어종의 서식 환경과 동떨어진 환경을 제공할수록 스트레스와 질병에 대한 감수성이 증가할 수 있다. 사전계획과 정기적인 관리가 없다면 물고기를 건강하게 키울 수 없다.

적당한 사육 밀도

일반적으로 대부분의 사람들은 수족관이나 연못에 많은 수의 물고기를 기르려 한다. 다음 쪽에 최대 안전 사육밀도를 나타내었다. 그 그림에서는 크기가 작은 물고기(길이 2.5~5cm)로 가정하여 추후 성장을 위한 공간 및 펌프 고장과 같은 기술적 문제 등이 고려되어 있다. 그러나 매우 활동적인 어류는 좀 더 넓은 공간이 필요하고 산소 공급과 여과 시스템은 전체 어류 수용량에 근본적인 영향을 끼칠 수 있음을 고려해야 하며, 이 그림은 단지 권장사항임을 이해하기 바란다.

수족관이나 연못의 크기는 예산 및 활용 가능한 공간에 따라 달라질 수 있으며 이는 기를 어종의 유형과 수에 영향을 끼친다. 많은 어종들은 단독으로 생활하는데 문제가 없지만 일반적으로 열대어 수족관의 어류는 쌍이나 5~10마리 정도의 군집으로 사육되는 것이 가장 좋다. 만약 다수의 어종을 기르고 싶다면 각 어종이 자연적으로 군집을 이룰 수 있도록 충분한 크기의 수조를 사용해야 한다. 어류는 밀식 환경에서는 유영을 잘 하지 않으며 가중된 스트레스로 고통을 받을 것이다.

여러 어종 함께 기르기

수족관이나 연못을 세팅할 때에는 수질화학, 수온, 크기, 행동 및 식습관 등을 고려하여 함께 사는 것이 가능한 어종을 선택해야 한다. 예를 들어, 오스카(*Astronotus ocellatus*)와 네온테트라(*Paracheirodon*

왼쪽 이 에인절피시(*Pterophyllum scalare*)는 약산성 연수의 깊고 조용한 수족관에서 잘 자란다. 이 어종은 이런 환경 조건에서 아름다운 모습을 뽐낸다.

innesi)는 서로 경도가 낮은 연수(soft water)에서 잘 자라지만 오스카가 2.5cm 이상으로 자라면 네온테트라는 먹잇감이 될 것이다. 이 예는 작은 귀여운 물고기가 큰 포식자로 성장할 수 있음을 보여주고 있다. 이와 유사하게, 네온테트라와 스피놉스몰리(*Poecilia sphenops*)는 크기 측면에서는 서로 잘 어울리지만 몰리는 경수(hard water)에서 가장 잘 자라기 때문에 네온테트라와는 어울리지 않는다.

블랙위도우테트라(*Gymnocorymbus ternetzi*)와 타이거밥(=수마트라; *Barbus tetrazona*)처럼 지느러미를 잘 물어뜯는 어종과 지느러미가 긴 에인절피시(*Pterophyllum sealare*)와 같은 어종을 함께 기르는 것이 가장 흔한 실수다. 활동성이 강하고 빠른 유영을 하는 어종은 상대적으로 조용한 에인절피시를 불안하게 할 뿐만 아니라 지느러미에 다른 상처를 입혀 지느러미부식병이나 다른 감염병을 일으킬 수 있다.

수족관의 위치와 장식

수족관의 위치 선정은 중요하다. 이른 아침의 햇볕은 생식 자극 인자로 작용하지만 일반적으로 수족관은 너무 많은 빛에 노출되어서는 안 된다. 연못의 경우에는 그늘이 너무 많이 지지 않는 곳이 좋다. 어떤 어종은 겁이 많기 때문에 수족관이나 연못에 과도한 소음과 사람의 움직임이 있는 곳은 피하는 것이 좋다. 출입문에 가까이 수족관을 두는 것은 문을 여닫는 소리로 스트레스를 줄 수 있고, 문 안으로 들어오는 외풍은 불필요한 수온의 변동을 초래할 수 있기 때문에 좋지 않다.

수족관의 장식은 기르는 어종에 따라 달라진다. 일반적으로 많은 양의 식물, 돌, 터널 그리고 아마도 플라워팟(flowerpot)은 겁이 많은 어종에는 휴식처가 되고, 다른 어종에게는 산란 장소가 된다. 경우에 따라 어종의 무늬에서 가장 적합한 장식 방법을 찾을 수 있다. 예로 수직 무늬가 있는 야생 에인절피시는 발리스네리아(*Vallisneria*)와 같이 키 크고 곧추 선 식물이 좋다.

여과와 에어레이션

여과와 에어레이션 시스템은 네 가지의 중요한 기능을 수행한다. 물속의 찌꺼기를 기계적으로 제거하고, 독성 물질 제거를 위한 화학 · 생물학적 시스템으로 작용하며, 충분한 가스 교환이 발생해서 산소가 물속으로 들어가고 이산화탄소와 다른 가스를 외부로 배출시키며, 사육되는 어종에 적합한 자연스런 물의 흐름을 만드는데 충분한 순환을 일으킨다.

적합한 여과기를 선택할 때에는 다음과 같은 요인들을 고려해야 한다.

● **침전물이 생성되는 경우** 예를 들어, 금붕어와 큰 시클리드는 상당히 많은 양의 부산물을 생산하기 때문에 이를 제거하기 위해서는 대용량 여과기가 필요하다. 그러나 작은 카라신(characins)은 매우 적은 양의 부산물을 생산하므로 순환과 에어레이션이 되는 여과 시스템이면 충분

수족관

● 연수 수족관에는 석회질이 없는 바닥재를 사용한다. 해수용 바닥재나 여과재 등을 담수 수족관에 사용하지 않는다. 이는 고농도의 칼슘이 포함되어 있어 물의 경도를 높인다.

● 경수 어종과 연수 어종을 함께 키우지 않는다. 몰리와 같은 어종이 사는 수족관에 소금을 사용한다면 다른 어종들도 내성이 있는지 확인한다.

● 수족관은 직사광선이 닿지 않는 곳에 둔다. 직사광선은 수온을 높이고 조류의 과다 증식을 일으킨다. 전등을 이용하여 밝기를 조절하는 것이 좋다. 특히 이것은 어미가 치어를 돌볼 때에 중요하다.

● 수족관을 세팅할 때에는 일부 어종이 가진 영역 싸움 습성을 고려한다. 예로 한 쌍의 대형 시클리드를 키울 경우에는 많은 공간이 필요하다. 영역 싸움을 하는 어종의 경우 먼저 암컷이 수족관 환경에 적응하게 한 후 수컷을 입식하는 것이 중요하다.

● 다양한 종류의 먹이는 사용하되 과량의 급여는 피한다. 일반적으로 시판된 사료의 급여만으로도 잘 살지만 자연 먹이도 좋아한다. 예로, 식물성 어류는 가끔씩 흰 양배추 조각, 상추, 콩이나 오이 조각과 같은 신선한 채소를 주면 좋다. 반면 육식성 어류는 작은 물고기 조각이나 새우 등을 급여 해주면 좋다. 다만, 먹이생물로부터 병원체가 전염될 수 있으므로 주의해야 한다. 살아 있는 실지렁이는 잠재적인 질병의 원천이다. 반면 방사선이 조사된 물벼룩, 실지렁이, 장구벌레, 붉은 지렁이 등의 먹이는 보다 안전하다.

● 정기적으로 부분 물갈이를 한다. 물갈이 빈도는 여과기의 능력과 어류의 밀도에 따라 달라진다. 수족관 수량의 25%를 2~4주에 한 번꼴로 갈아주며 처리된 물(예: 수돗물 컨디셔너에 처리한 수돗물)을 동일한

수온과 수질상태로 맞춰 보충한다.

● 과밀사육하지 않는다. 아래 표에 권장하는 수치는 5cm 정도의 작은 물고기를 기준으로 한 것이다. 이 보다 큰 어류는 더 많은 공간이 필요할 것이다. 성장을 위한 공간 또한 필요하다.

● 관상어를 구입하기 전에 그 어종의 성어 크기를 조사한다. 대부분 유통되는 관상어는 치어 시기이므로 이후에 크게 자랄 수 있다. 성어로 자란 관상어를 넉넉하게 키울 공간이 없으면 구입하지 않는다.

● 해수어용 수족관에 인공 해수염을 사용하는 것은 오염되어 있을지 모르는 해수를 쓰는 것보다 낫다. 비중은 1.020~1.022 정도면 열대어에 적당하다.

● 주기적으로 온도, pH, 경도, 암모니아, 아질산염, 질산염(해수어 수족관의 경우 비중)의 수치를 확인하라.

● 갑작스런 온도의 변화를 피한다. 23~26℃가 수족관의 열대어에 가장 적합한 온도다.

● 갑작스런 pH의 변화를 피한다. 담수 수족관 어류의 경우 6.5~7.5, 해수 수족관 어류의 경우 7.9~8.3이 적합하다.

● 담수어류의 경우 경도가 과도하게 높아지는 것을 피한다. 해수 수족관에서는 탄산염 경도가 90~125mg/liter $CaCO_3$(5~7°dH)로 충분한 완충 작용을 한다.

● 이상적으로 암모니아와 아질산의 농도를 무시할 만한 수준으로 유지한다. 예민한 해수어류와 무척추동물을 기르는 수족관의 경우 아질산 농도가 20mg/liter 이하가 되도록 한다.

● 수면적 900cm^{2}당 15~20와트의 백색형광등이나 30~40와트의 Grolux 조명을 사용하는데, 깊이가 45cm 이상인 수조에서는 이러한 조명의 사용이 좀 더 필요하다. 산호나 말미잘이 있는 해수 수족관은 고강도 전등이 필요하다.

어류 유형 (수족관)	어류의 체장(꼬리 제외)/물 단위 부피	
	1cm per	1inch per
냉수성 및 열대성 해수어류	5000cm^3	647in^3
냉수성 담수어류	3000cm^3	393in^3
열대성 담수어류	1000cm^3	139in^3

하며 대용량 여과기는 필요치 않다.

● **순환이 요구되는 경우** 많은 사람들은 순환율과 여과 효율을 동일시 여기지만 상대적으로 여과는 속도가 느리더라도 매우 효율적일 수 있는 반면에 빠른 경우에는 그렇게 효율적이지 못할 수 있다. 강한 수류에 익숙하지 않은 어종은 그 환경에 잘 대처할 수 있는 체형을 가지고 있지 않을 수 있다. 설령 물리적인 손상이 없다 하더라도 너무 많은 스트레스 때문에 질병에 대한 감수성이 높아질 수 있다. 약한 산들바람이라도 잔잔한 연못에 상당한 물의 흐름을 형성시킬 수 있어서 여기에 대한 적절한 대책이 필요하다. 담수어 수족관이나 연못에서 느리게 작동하는 여과기는 1~2시간에 한 번 정도로 모든 물을 여과시키는 반면에 해수어 수족관에서는 보통 시간당 1~5회 정도 여과시킨다.

● **산소 요구도** 따뜻한 물에서 밀식하여 키울수록 좀 더 많은 양의 산소 공급이 필요하다. 어떤 어종은 용존산소량에 민감하다. 예를 들어, 오르페(orfe)라는 어종은 따뜻한 물에서는 산소부족 때문에 죽을 수도 있다. 공기구동식 여과기는 물의 용존산소량을 증가시키는데 확실히 도움이 되며, 일부 전동식 여과기는 물에 공기를 혼합하기 위한 벤트리 장치(venturi device)나 물 표면을 부수는 스프레이 바(spray bar)를 가지고 있다. 수족관의 물과 공기가 접촉함에 의해 산소는 물속으로 확산되고 이산화탄소와 같은 가스는 물 밖으로 배출된다.

● **여과방식의 선택** 가장 적합한 여과 방식을 선택하는 것은 중요하다. 대부분의 여과기는 질화세균의 집락이 잘 형성될 수 있는 여과재를 가진 생물학적 여과방식으로 고안되었다. 어떤 여과기(예로 외부여과기(canister filter))는 생물학적, 기계적 및 화학적 방식의 다양한 여과재를 수용할 수 있다. 탈질화세균이 자라도록 디자인된 여과기는 드물다.

물고기 입식하기

관상어 판매점에서는 건강해 보이는 어류라도 새로운 환경으로 옮기면 스트레스 때문에 백점병과 같은 질병이 자주 발생한다. 새로운 어종을 구입하기 전에 pH와 경도 그리고 염분농도(필요한 경우)를 확인하는 것이 좋으며, 가능한 한 스트레스를 최소화하는 것이 중요하다. 보통 물고기를 비닐봉지에 포장해서 팔기 때문에 운반 중에는 밝은 빛과 심한 온도 변화를 피할 수 있도록 잘 포장하는 것이 중요하다. 집에 도착했을 때에는 비닐에 포장된 채로 수조에 15분 정도 담가 놓아 수온이 같아지도록 한다. 이때에는 수조의 조명을 꺼서 스트레스를 줄이며 열을 받지 않도록 한다. 연못 어류의 경우 직사광선을 피해서 띄워 둔다. 그런 후 물고기가 최대한 스트레스를 받지 않도록 조심스럽게 물속으로 풀어준다. 입식 후 처음 며칠 동안은 물고기가 잘 정착하는지 또 사료를 잘 먹는지 유심히 관찰하여야 한다.

연못

● 연못의 깊이는 해당 지역의 겨울철 최저 기온에서도 견딜 수 있도록 충분해야 한다. 즉 바닥까지 얼면 안 되므로 일반적으로 45~60cm가 최소 깊이다.

● 연못의 위치는 작은 그늘이 있는 곳으로 가을에 낙엽이 많이 떨어지는 곳은 피한다. 떨어진 낙엽은 물밑으로 가라앉아 차후 문제를 일으킨다.

● 고양이나 새 등 물고기를 잡아먹을 수 있는 경우를 대비해 연못용 그물로 덮는다. 또는 고양이나 새를 쫓을 수 있는 시판되어 있는 허수아비 같은 것을 사용해도 좋다.

- 대부분 연못에 서식하는 식물이나 조류는 어류에 그늘과 은신처를 제공하고 수질을 정화하는데 도움을 준다.

- 과밀사육은 피한다. 작은 물고기의 경우 체장(꼬리부분 제외) 1cm당 120cm^{2}의 수면적이 필요하다. 물론 큰 개체는 좀 더 많은 공간이 필요하고 작은 물고기는 크게 자랄 수 있음을 기억해야 한다.

- 정기적으로 pH를 확인한다. 이상적인 범위는 pH 6.8~8.2이며, 너무 산성이거나 염기성이면 시판되어 있는 pH 조정제(pH adjuster)를 사용한다.

- 물이 녹색으로 변했다면 일조량이 너무 많거나 부영양화에 의해 녹조가 발생한 경우다. 보통 어류에게는 큰 문제가 되지는 않지만 이른 아침 산소부족 현상을 유심히 보고 조류가 갑자기 죽어 없어지는지 관찰한다. 흔히 깨끗하고 건강한 다른 연못물을 가져와 채워주거나 조류를 먹는 생물을 넣어 주면 녹조를 없앨 수 있다.

- 분수나 폭포는 에어레이션에 도움이 되며 특히 고수온기에 좋다. 아주 추운 날씨에는 사용하지 않는 것이 좋다.

- 일부 약품은 여과기의 질화세균에 부정적인 영향을 준다. 그러므로 가능하면 사용 전에는 여과기를 옮겨 놓는다. 또는 여과재를 들어내고 치료를 한 후 다시 채워 넣는다.

- 지느러미가 긴 금붕어는 수온이 10℃ 이하이고 떨어질 경우 지느러미 울혈로 고통 받으며 지느러미 부식이 발생할 수 있다. 그러므로 이 어종이 추운 지역의 연못에서 겨울을 나는 것은 부적합하다.

- 겨울을 대비해서 잘 먹이고 과도하게 자란 식물을 정리해서 연못을 깨끗하게 만든다. 많은 어류는 얼음 아래에서 생성된 독성의 가스로 인해 죽게 된다. 연못에 히터를 설치해서 결빙을 막아 가스 교환이 가능하도록 한다.

격리

새로 들여오는 모든 어류를 격리하는 것은 수족관이나 연못으로 질병이 유입되는 것을 방지하는데 매우 중요할 수 있다. 외관상 건강한 어류도 경감염 상태일 수 있으며 매우 다양한 병원체를 옮길 수도 있다. 이런 감염 여부를 아는 것은 매우 어렵지만 과밀 사육하는 한정된 공간에 병원체가 유입되면 큰 피해가 발생할 수 있다.

그러므로 신뢰할 수 있는 판매점에서 아무리 신중히 어류를 고른다 하더라도 하나 또는 그 이상의 잠재적 병원체에 의해 감염되어 있을 위험은 여전히 있다. 사실 이러한 위험은 흔히 간과되며 실제로 질병이 발생한다.

새로 입식한 어류는 최소한 4주간 기존의 개체와 격리시킨다. 사육도구에 병원체가 오염되지 않도록 주의해야 한다. 격리수조용으로만 사용하는 뜰채, 양동이, 스크래퍼, 사이폰 등의 완전한 도구 세트를 갖추는 것이 중요하다. 만약 기존의 수족관이나 연못을 우선적으로 관리한 후 격리수조를 돌본다면 새로 입식한 어류로부터 기존의 어류로 병원체를 전염시킬 가능성은 줄어들게 된다. 어류 병원체는 젖은 손에 의해 전염될 수 있기 때문에 개인 위생관리 역시 중요하다. 수족관 관리 전후에는 반드시 손을 씻도록 한다.

격리되어 있는 동안에 어류가 비정상적인 증상을 보이거나 행동하는지 유심히 관찰한다. 기존의 수족관이나 연못에서보다 격리수조에서 질병의 징후를 파악하는 것이 훨씬 수월하다.

일반적으로 저온에서는 대부분의 병원체의 생활주기가 느려지는데 이는 질병의 증상이 나타나는데 필요한 시간도 늘어남을 의미한다. 열대어류는 22~25℃에서, 냉수성 어류는 12~15℃에서 격리하는 것이 이상적이다. 더 낮은 수온인 경우 4주간의 격리기간을 배로 늘리는 것이 가장 좋다.

만약 4주(12℃ 보다 낮을 경우 더 길게) 후에 격리 수용되었던 어류가 질병의 징후를 보이지 않는다면 조심스럽게 기존의 수족관이나 연못으로 옮긴다. 격리수조와 사용한 모든 도구를 흐르는 물로 꼼꼼히 세척한 후 잘 건조시켜 보관한다. 4주간의 격리 후에도(하나 또는 그 이상의 약물로 치료한 후에도) 병원체로부터 완전히 자유로울 수는 없다. 잠복감염(예를 들어 바이러스에 의한)이 있을 수 있는데 이는 어류의 자연적인 저항성을 강화시키고 질병을 예방하기 위한 올바른 관리가 중요하다는 것을 의미한다.

수족관 어류

수족관 어류와 작은 연못 어류를 위한 격리수조는 비교적 간단하게 설치할 수 있다. 소형에서 중형 크기의 뚜껑이 있는 수조(45~90리터 크기면 충분함), 에어펌프 또는 작은 전동 펌프로부터 작동되는 스폰지 필터(foam cartridge filter), 히트봉(열대어용), 온도계, 어류의 은신처 역할을 하는 한두 개의 플라스틱 식물이나 화분이 필요하다. 단순한 구

격리 또는 치료수조

LCD 온도계를 붙여 수온 모니터링

부드러운 돌과 플라스틱 화분을 어류의 은신처로 제공

물의 순환을 돕기 위해 에어스톤을 사용하고 용존산소의 농도 높게 유지

조의 수족관은 어류를 격리시킨 후에 청소와 소독이 아주 쉽다.

제올라이트(담수어 수족관에 한해서)를 여과기 챔버에 넣거나 그물망에 담아 수족관에 넣으면 독성이 있는 어류 부산물을 조절할 수 있다. 그 대신에 생물학적 여과기나 기존 수족관에서 사용하던 숙성된 여과재를 사용해도 된다. 해수어용 격리수조는 어류의 스트레스를 최소화하기 위해 주 수족관과 동일한 시스템을 갖춘 축소형 수족관(성숙한 여과 장치 등 완전한 구성을 갖춘)을 사용하는 것이 중요하다.

연못 어류

연못 어류(작은 어류 예외)를 격리하기 위해서는 위에서 언급한 것보다 더 큰 시설이 필요하다. 경우에 따라서 어린이용 풀장 또는 방수포를 깐 큰 판지 상자와 같은 용기가 급하게 필요할 수도 있지만 큰 수조(최소 136리터)라면 충분할 것이다. 무엇을 사용하든지 간에 중요한 것은 촘촘한 나일론 그물로 팽팽히 당겨 덮는 것이다. 이렇게 함으로써 아이들, 고양이나 새로 인한 피해를 방지할 수 있다. 대부분의 연못 어류는 특히 더운 시기에는 에어레이션이 아주 중요하지만 일반적으로 여과는 필요하지 않다. 그러나 정기적으로 사육수의 부분 물갈이는 필요하다. 만약 정원에서 격리를 하고 있다면 직사광선을 피하도록 한다.

식물

물고기와 함께 서식했던 식물을 수족관에 사용할 경우 병원체가 유입될 수 있다. 그러므로 미지근한 물로 식물을 세척한 후 며칠 동안 상온에서 물고기가 없는 수조에 격리시킨다. 좀 더 특이적으로 병원체를 관리하는 방법은 격리기간 동안에 식물용 소독제나 광범위 구충제로 처리하는 것이다. 다른 방법으로 묽은 과망간산칼륨(potassium permanganate) 용액(연한 분홍색)에 몇 분간 담가 두는 것이다. 또 다른 방법은 35℃의 황산알루미늄칼륨(potassium aluminium sulfate; alum) 용액에 1시간 동안 담근 후 깨끗한 물로 씻는 것이다.

격리수조 운용요령

- 격리 동안에 밀식을 피한다(밀식은 질병 문제를 가중시킨다).
- 격리수조는 주 수족관으로부터 멀리 떨어진 곳에 둔다.
- 입올림하는 물고기와 같이 산소부족이나 밀식의 징후가 있는지 면밀히 관찰한다.
- 격리 동안에는 규칙적으로 소량의 먹이를 급여한다. 필요한 경우에는 먹이생물을 공급하여 식욕을 회복시킨다.
- 일주일에 2회 정도 25~50%의 물을 물갈이한다.
- 부분적으로 물을 갈 때마다 새로운 물을 추가하면 새로 입식된 담수 관상어가 지역 수질 조건에 적응하는 데 도움이 된다. 수돗물 컨디셔너 역시 담수어류가 적응하는데 도움이 된다.
- 어떤 컨디셔너는 약품의 치료효과를 상쇄시키므로 에어레이션 및/또는 상온에 수 시간 두는 방법으로 수돗물을 처리할 필요가 있다. 적어도 염소는 사라지게 된다.
- 약품으로 치료하고자 한다면 격리수조의 정확한 농도를 위해 새 물을 이용하여 투약할 필요가 있다. 제조사의 설명서를 확인한다.

제5장

질병 진단하기

질병의 성공적인 치료와 장기적인 예방을 위해서는 신속·정확한 진단은 매우 중요하다. 부검 및/또는 정밀검사를 위해 시료를 실험실로 보내는 것은 가능하겠지만, 그런 과학적 절차에 매번 의존하기보다는 물고기의 뚜렷한 외부증상으로부터 문제를 진단할 수 있는 능력을 배양하는 것이 필요하다.

이 장에서는 건강문제의 확인과 일반적인 임상증상의 구분 방법을 살펴본 후 부검을 위한 시료의 의뢰 방법도 다룰 것이다. 스스로 문제를 해결하고자 하는 독자들을 위해 간단한 광학현미경 사용방법도 서술하였으며, 마취제 사용이나 안락사에 대한 방법도 포함시켰다.

그 외 부분은 다양한 종류의 질병 증상 사진과 함께 보다 자세한 내용을 6장에서 쉽게 찾아볼 수 있도록 하였다.

급성 또는 만성?

수족관이나 연못에서 어류의 폐사는 흔히 두 개의 패턴 중 하나를 따르는데 그것은 바로 급성 또는 만성이다.

급성질병은 대부분의 어류가 불과 몇 시간에서 며칠 사이에 임상증상을 보이기 시작하는 경우다. 이러한 질병 패턴은 다양한 어종에서 발생하며 대개 외부증상을 나타내기보다는 이상 행동을 보이는 경우가 많다. 이러한 요인은 높은 암모니아 농도, 산소 부족, 외부로부터 유입된 독성 등 환경이나 수질 문제인 경우가 많다.

만성질병은 장기간 동안 나타난다. 임상증상 및/또는 폐사는 수일에서 수주에 걸쳐 천천히 나타날 수 있고 정상적인 개체군 무리에서 떨어져 있는 단일 어종이나 관련된 어종 그룹에서만 나타날 수도 있다. 이러한 순서로 일어나는 문제는 감염성 질병이 존재한다는 것을 의미한다. 부적합한 환경은 질병을 일으키거나 더 악화시킬 수 있다. 그러나 종양, 안구돌출 및 영양장애와 같은 몇몇 만성질병은 감염성이 없거나 감염력이 낮아서 이런 전형적인 만성질병의 패턴을 따르지 않을 수 있다. 보통 이런 유형의 질병은 한 번에 하나 혹은 여러 종에 발생할 수 있다.

증상 검사하기

급성이든 만성이든 질병을 인식하는 것은 초기 진단 시에 유용하지만 물고기의 이상 증상이나 비정상적인 행동 유무를 매일 시간을 설정하여 정기적으로 관찰하는 것이 좋다. 이렇게 함으로써 문제를 초기에 발견 할 수 있고 가능한 빨리 적절한 치료를 할 수 있다. 5~10배의 확대경(있다면)을 이용하여 물고기를 관찰하면 신속한 진단과 성공적인 치료에 도움이 된다. 어류에게 먹이를 주는 시간은 건강을 체크할 수 있는 좋은 기회이다.

왼쪽 이 물고기는 질병 증상을 뚜렷이 나타내고 있다. 이 라스보라는 벨벳병의 전형적인 '금가루'를 뿌린 듯한 증상을 나타낸다. 안타깝게도 어류는 일어나는 모든 건강문제를 이렇게 확실한 '신호'를 보내어 어류 사육자에게 알리지는 않는다.

환경 영향

앞서 3장과 4장에서 보았듯이 어류는 나쁜 환경에 의해 질병에 약해진다. 그러므로 연못이나 수족관의 과거와 현재의 여러 가지 상태를 상세히 파악하는 것은 문제의 원인을 밝히는 데 매우 유용할 수 있다. 그런 환경적 영향에는 먹이, 먹이 급여 방법(과다급여 포함), 수온, 사육 밀도, 어종 호환성, pH, 사육수의 경도, 암모니아 및/또는 아질산 농도, 염분농도(해수어류의 경우), 에어레이션, 불순물(구리, 염소 등), 최근에 입식한 식물 또는 어류, 그리고 일상적인 관리 방법 등이 포함된다. 어떤 질병의 진단을 위해서는 이러한 항목들에 관한 정보가 필요하다. 이 장 뒤쪽의 설문서에는 정확한 진단에 도움이 되는 다양한 정보를 묻는 질문이 있다. 이러한 정보는 문제의 근원이 되는 요소들을 제거하는 데 매우 중요하다.

위 진단 시에 현미경 관찰은 중요한 증거를 찾는데 도움이 된다. 이것은 건강한 아가미 조직을 25배 배율로 관찰한 것이다.

진단하기

대부분의 일반인들에게 있어서 질병의 진단은 초기의 임상증상이나 폐사 관찰, 환경상태 확인(이전 데이터와의 비교), 만성인지 급성인지에 대한 판단에 해당한다. 이런 확인을 하고 나면 치료에 대한 신속하고 합리적인 접근방법이 나오게 된다. 그러나 어떤 사람들은 일부 시료를 실험실로 보내길 원할 수도 있을 것이다.

실험실로 진단시료 제출 준비

실험실 검사를 위한 시료를 제출하기 전에 인근의 어류질병 진단센터(수산질병관리원 또는 어류 동물병원) 등을 확인해 본다. 죽은 어류는 10분 내에 아가미와 연조직에 사후변화가 일어나기 때문에 검사용으로 적합하지 않다. 사후변화로 인해 병적 증상이 질병 때문인지 자연적인 부식 과정 때문인지 결정하는 것은 매우 어렵다. 죽은 물고기를 비닐봉지에 넣어 냉동하는 것은 한때 권장되던 보존 방법이었다. 그러나 이 방법은 어류의 세포와 조직을 손상시키고 일부 기생충의 진단을 방해할 수 있다. 그래서 동결보존은 부검용으로는 별로 가치가 없어서 더 이상 추천되는 방법이 아니다.

질병이 발생한 경우에는 확실한 증상이 있는 물고기를 실험실로 보내는 것이 좋다. 만약 오랜 시간 동안 운송해야 한다면 스트레스가 없는 조건을 만들어 주어야 한다. 만약 죽어서 도착했다면, 검사를 거부당할 수도 있다. 어류의 조직 시료를 받거나 면봉, 조직 고정액이나 조직 시료용 배지를 제공하는 진단센터도 있을 수 있다.

수족관이나 연못의 사육수도 실험실 분석을 위해 제출하면 종종 도움이 될 때가 있다. 깨끗한 뚜껑이 있는 용기에 넣어 보내야 하며 한 컵 정도의 양이면 충분하다.

알림: 물고기 운반 시에 사용했던 물은 화학 분석용으로는 부적당하다.

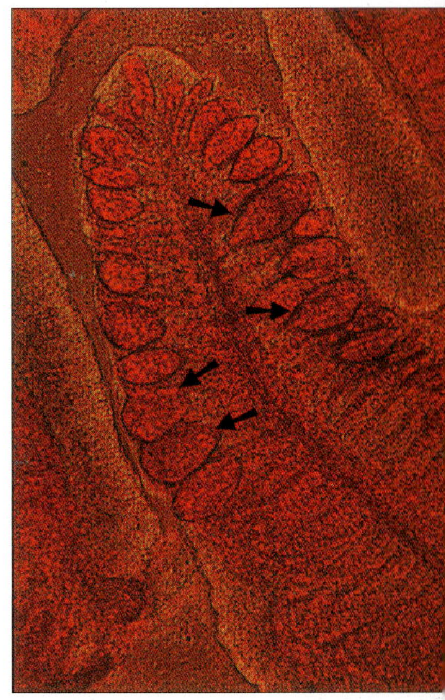

위 현미경으로 관찰한 아가미 조직 사진으로 심하게 부풀어 오른 혈관(아가미 울혈)이 보인다.

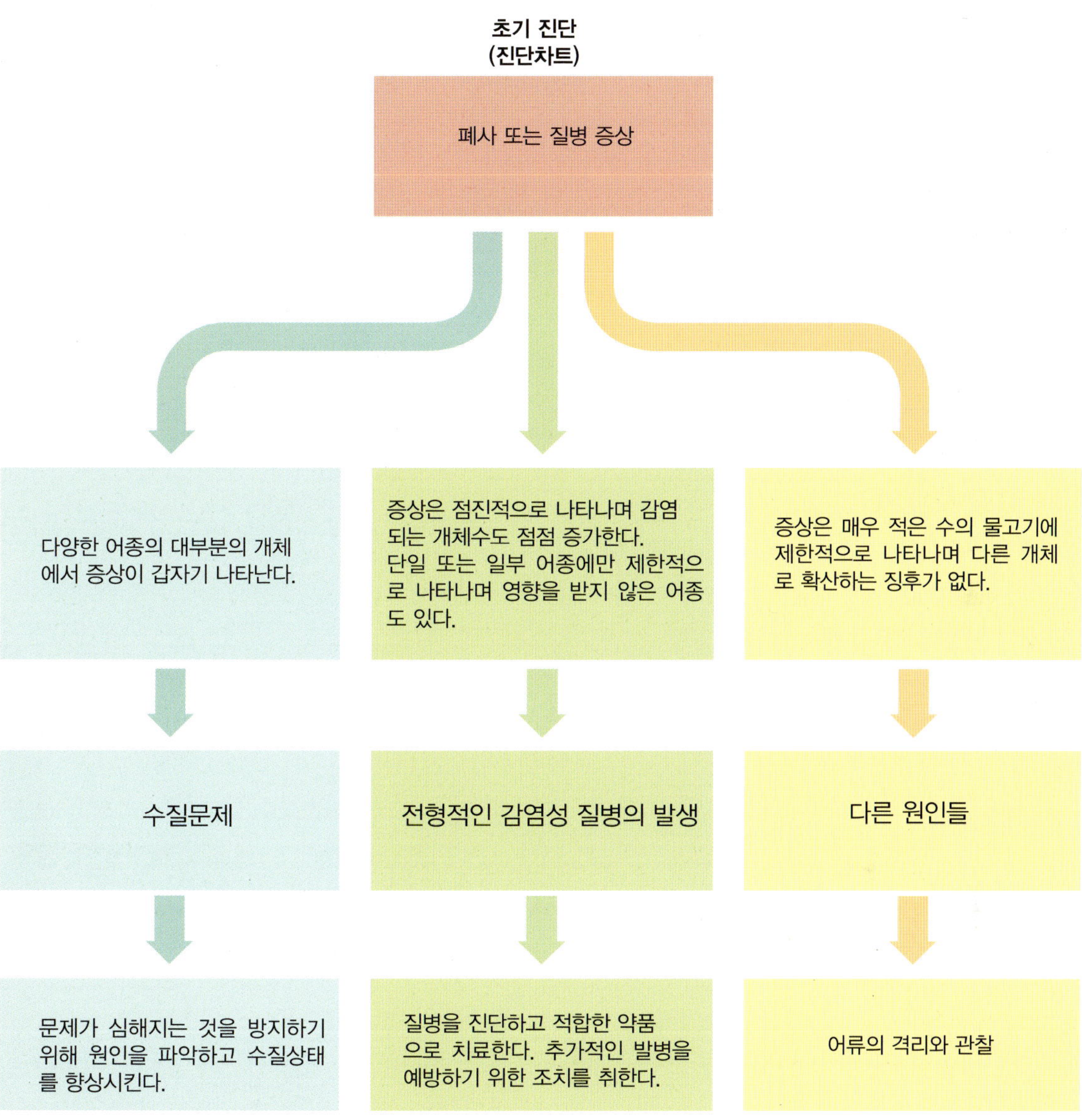

위 특정 질병의 원인을 속단하는 것보다는 관찰을 근거로 한 합리적인 방법으로 여러 옵션을 검토하는 것이 바람직하다. 이 플로차트는 초기 진단과 관련된 논리적 연결을 보여준다.

안락사 방법

어류도 고통과 스트레스를 느낄 수 있다. 그래서 회복이 어려운 질병이나 심한 상처가 있는 물고기가 있다면 그 고통을 없애주어야 할 것이다. 어류를 안락사 시키는 방법은 다음과 같다.

● 뇌진탕

물고기를 물속에서 꺼내어 몸체를 젖은 티슈로 조심스럽게 감싼다. 단단한 표면에 올려놓은 후 망치와 같은 딱딱한 물건으로 머리를 친다. 이는 뇌를 곧바로 파열시키기 위함이다. 이 방법은 야만적이게 보이지만 서술된 방법대로 잘 하면 꽤 빠르고 효과적이다. 비위가 약한 사람은 당연히 이 방법을 시도하지 않을 것이다.

●과량의 마취제 사용

적합한 어류용 마취제(박스 참조)를 고농도로 사용하면 어류는 의식을 잃고 결국 죽는다. 이 방법을 사용할 때는 마취제의 적절한 농도와 마취된 어류가 죽는 데 소요되는 시간을 알고 있을 필요가 있다. 그런 이유로 이 방법은 전문가(수산질병관리사/수의사)에 의해서만 행해지도록 한다.

이전에 널리 사용되었던 몇몇의 어류의 안락사 방법은 더 이상 인도적이라 할 수 없다. 저속 냉동, 뜨겁거나 차가운 물속에 담그기, 척추 부러뜨리기, 두부 절단 등이 여기에 속하며 이 모든 방법은 어류에 고통을 초래하는 것으로 여겨지기 때문이다. 물고기를 물에서 건져내어 죽이거나 산 채로 변기에 넣어 물을 내리는 것도 잔인한 방법이다.

보관된 시료 보내기

보관된 시료를 검사하기 위해서는 그것을 어떻게 보낼 것인가를 고려해야 한다. 보통 얼어 있거나 고정액에 보관된 시료를 우편으로 보내는 것은 가능하다. 단열효과가 좋은 박스에 냉동시료를 두 겹의 비닐봉지로 싸서 보내는 것은 가능하다. 고정액 속의 시료를 보내기 위해서는 조금 더 주의가 필요하다. 시료를 최소 48시간 동안 고정액 속에 뒀다면 그 고정액을 조심스럽게 버릴 수 있다. 각 시료는 고정액으로 흠뻑 젖은 헝겊에 잘 싸서 두 겹의 비닐봉지에 넣어 박스에 담아 보낼 수 있다.

부검을 위해 시료를 보낼 때에는 언제나 시료의 이력, 임상증상, 현재 수족관이나 연못의 관리 상황 등에 관한 이용 가능한 모든 정보를 제공하는 것이 매우 중요하다.

폐사어의 안전한 처리

죽었거나 죽어가는 물고기를 화장실 변기나 자연 수계 또는 쓰레기통에 버려서는 절대 안 된다. 이렇게 하면 야생어류에 새로운 질병을 일으킬 수 있는 큰 문제를 초래할 수 있다. 가능하면 소각 처리한다. 또 다른 방법은 충분한 소독약이나 표백제를 폐사어에 뿌린 후, 신문지에 싸서 두 겹의 비닐봉지에 넣어 밀봉한다. 이것을 쓰레기통에 버리는 것은 안전하지만 개나 고양이 또는 야생 동물이 접근하지 못하도록 뚜껑을 확실히 덮어 두어야 한다.

몇몇 어류 병원체는 사람에게도 전염될 수 있기 때문에 폐사어 처리 시에 매우 주의해야 한다. 사실 어류를 다룰 때에는 항상 위생 대책을 염두에 두어야 한다. 예를 들어, 손이나 팔의 상처를 잘 감싼 후 작업을 하거나 작업 후에는 깨끗이 씻어야 한다.

마취제와 어류의 죽음

벤조카인, 트리카인 메탄설포네이트 (MS222) 및 페녹시에탄올과 같은 화학물질은 어류 마취제로 사용될 수 있다. 그래서 외과적 수술이 가능하며 운반과 핸들링 시의 스트레스를 줄일 수 있다. 그러나 각 마취제의 활성도는 많은 요인에 따라 달라지는데 특히 어종과 수온이 중요한 인자이다. 결론적으로 마취 방법에 대한 일반적인 가이드라인을 제시하는 것은 어렵다. 따라서 어류를 마취하고자 하는 일반인들은 반드시 전문가의 도움을 받아야 한다.

때로는 더 이상의 치료가 의미 없거나 부검용 시료를 제출하기 위해 죽여야 할 필요도 있다. 위에 제시한 마취제 중 하나를 과량으로 사용하면 어류를 고통 없이 죽일 수 있다. 과량의 항생제는 어류의 평형감각을 잃게 하고 아가미 움직임을 멈추게 한 후 곧 죽게 만든다.

만약 적합한 마취제가 없다면 작은 물고기의 경우 Alka-seltzer 알약을 물에 첨가한다. 그 알약에서 이산화탄소가 방출되어 물고기가 마취되면 날카로운 칼이나 가위로 잘라 파기 처리한다.

부검 테크닉

물고기의 부검은 전문적인 기술이 필요하기 때문에 전문가가 하는 것이 최선이다. 일반적으로 부검에는 내 · 외부 검사가 포함되며 필요에 따라 세균과 바이러스 검사도 행해진다. 어떤 경우에는 조직이나 기관의 작은 조각을 적출하여 염색한 후 미세절편을 만들어 조직검사를 하기도 한다.

아래 피부에 붙어 있는 닻벌레를 물리적으로 제거하기 위해 비단잉어를 마취하고 있다. 어떤 의문이 있는 경우 전문가의 도움을 받는다.

어류 마취제

마취제는 전문가에 의해 사용되어야 한다. 항상 최소한의 양으로 시작해서 천천히 증가시킨다.

흔히 사용하는 4가지의 어류용 마취제는 다음과 같다.

● 벤조카인: 100g의 마취제를 1L의 아세톤이나 에탄올에 희석한다. 이 저장액은 어두운 병에 저장해야 하며 수년 동안 사용할 수 있다.
–마취제 준비: 증류수 1L당 0.25~2mL의 벤조카인 저장액을 첨가하여 용도에 맞게 사용한다.

● 트리카인 메탄설포네이트(Tricaine methane sulphonate(TMS)/MS-222): TMS는 미국이나 영국에서 어류 마취제로 승인되었다. 포화 중탄산나트륨 저장액이나 트리스 완충액(Tris-buffer) 1L당 100g의 TMS를 희석하여 TMS 저장액을 만든다. 이 저장액은 어두운 병에 보관해야 하며 유효기간은 석 달 정도 된다.
–마취제 준비: 증류수 1L당 TMS 저장액 1mL을 첨가하며 필요에 따라 그 양을 점차 늘린다.

● 페녹시에탄올: 증류수 1L당 0.1~0.5mL를 첨가한다.

● 정향유(clove oil): 에탄올 1L당 10mL의 정향유를 섞어 저장액을 만들며 유효기간은 석 달 정도 된다.
–마취제 준비: 증류수 1L당 2.5mL의 저장액을 첨가하며 필요에 따라 그 양을 점차 늘린다.

시판되어 있는 어류 마취제는 국가에 따라 다양하기 때문에 확인할 필요가 있다. 만약 물고기의 외과 수술을 위해 사용한다면 움직임과 스트레스를 최소화시키는 마취제를 사용하는 것이 좋다. 어류가 정말로 고통을 느끼는지에 대한 논란이 있지만 어류도 통증을 느낀다고 가정하는 것이 바람직하다. 대부분의 마취제는 제대로 사용되면 어느 정도 통증을 줄이는 효과도 있다.

마취제의 정확한 양은 그 종류에 따라 다르며 어종 및 수온과 같은 요인에 영향을 받는다. 따라서 일반적인 가이드라인을 제시하는 것은 어렵다.

마취가 완전히 될 때까지 유심히 관찰해야만 한다. 마취 정도를 평가하는 것은 기술과 경험이 필요하므로 전문가가 하는 것이 바람직하다. 부적합한 마취 방법은 어류에게 불필요한 통증을 느끼게 하거나 심지어는 죽일 수도 있다.

과량의 마취제를 사용하여 안락사 시킬 수 있다. 반복하지만 이것도 전문가에 의해 진행되어야만 한다.

오른쪽 빈사상태에 있는 병든 몰리. 이런 개체는 마취제를 과량 사용하여 안락사시켜 고통을 줄여준다.

문제 해결을 위한 설문지

이 설문지는 하나의 견본이며 상황에 따라 적절히 수정하여 사용하면 된다. 이 설문지는 복사해서 사용할 수 있도록 만들었기 때문에 복사된 서식에 정보를 기입하면 된다. 어류 질병 전문가는 질문에 대한 답을 이용하여 원인을 찾거나 제거할 수 있다. 한두 마리의 살아있는 병든 시료도 함께 제출한다면 도움이 된다. 물론 이 설문지는 완벽한 것은 아니며 이전 페이지의 진단 차트에 있는 일반적인 사항들을 고려하여 문제를 검토하는 것이 중요하다.

기초 정보

1. 물고기를 키운 경험은 몇 년인가?

2. 해당 지역의 수돗물 상태(만약 안다면): 테스트 키트를 이용하여 다음과 같은 인자를 측정할 수 있다.
   - pH
   - 경도
   - 질산염 농도

3. 수족관이나 연못에 수돗물을 채우기 전에 수돗물 컨디셔너를 항상 사용하는가(염소나 클로라민 제거를 위해)?

현재 문제

4. 시스템의 유형
   - 연못
   - 냉수성 어류 수족관
   - 열대성 담수어류 수족관
   - 열대성 해수어류 수족관

5. 언제부터 문제가 시작되었는가?

6. 증상(예; 비정상적인 혹, 궤양, 반점이나 피부/지느러미 손상, 이상 행동이나 유영(예: 입올림 증상))을 서술하라. 그리고 문제가 있는 개체도 먹이는 여전히 먹는지 이미 죽은 개체는 없는지도 서술하라.

7. 만약 여러 개체에 문제가 있다면, 모든 개체에 갑자기(예: 48시간 내) 또는 수일에서 수주에 걸쳐 발생한 것인가?

8. 가장 많은 문제를 일으킨 종은 어떤 것인가?

9. 동일 수족관이나 연못에 영향을 받지 않은 어종 목록을 쓰시오.

10. 동일한 문제가 다른 수족관이나 연못에는 발생하지 않았는가?

문제가 발생한 수족관이나 연못의 상태

11. 수족관이나 연못의 크기나 부피

12. 수족관이나 연못을 세팅한 지 얼마나 되었는가?

13. 연못이나 수족관의 물의 상태
    - pH
    - 경도
    - 암모니아
    - 질산염
    - 아질산염
    - 수온

14. 수용 밀도(마리수와 어종수)

15. 생물학적 여과기를 설치하였는가?
    만약 그렇다면 어떤 유형의 여과기인가?(예: 저면여과기, 스펀지 여과기, 캐니스터 여과기)
    여과 시스템을 언제 청소하였는가?

16. 수족관이나 연못은 에어레이션이 되는가?

17. 부분 물갈이를 정기적으로 하는가? 만약 한다면 그 양과 빈도는?

18. 최근 새로운 개체를 입식한 시기는?

19. 최근 살아 있는 식물을 넣은 적이 있는가(문제 발생 4주 이내)?

20. 먹이생물(예: 실지렁이, 지렁이, 물벼룩)을 주는가? 그렇다면 어떤 종인가?

21. 다음과 같은 화학물질이 수족관이나 연못에 노출된 적이 있는가? (예: 에어로졸이나 스프레이(살충제나 제초제), 페인트, 본드나 니스류, 정원에서 흘러든 물)

22. 최근 돌이나 모래, 장식물 같은 것을 넣은 적이 있는가? 만약 그렇다면 그 중에서 수족관 용품점에서 판매하지 않는 것을 나열하라.

23. 최근 약품을 사용한 적이 있는가?(문제 발생 4주 이내) 만약 있다면 사용한 항생제의 이름과 날짜는?

24. 수족관의 경우 문제가 발생한 수족관에 무척추동물(예: 담수 또는 해수 게나 새우, 산호 등)이 있는가? 만약 약품을 이용한 질병 치료가 필요한 경우에는 이런 정보가 중요하다.

25. 발생한 문제와 관련하여 관찰한 기타 내용이나 코멘트를 서술하라.

광학현미경 사용하기

현미경의 배율은 대안렌즈와 대물렌즈의 굴절력의 합이며 아랫부분으로부터 들어온 빛이 샘플을 통과하여 비춰지기 때문에 광학현미경이라 불린다. 25~1,000배로 확대하여 관찰할 수 있기 때문에 어류의 질병 검사에 상당한 도움이 된다. 관찰 시에는 가장 저배율에서부터 시작하여 천천히 고배율로 높이는 것이 가장 좋다. 슬라이드 위쪽으로 대물렌즈를 내린 후, 서서히 올리면서 초점을 맞추는데 현미경에 따라서 재물대나 대물렌즈를 움직일 수 있다.

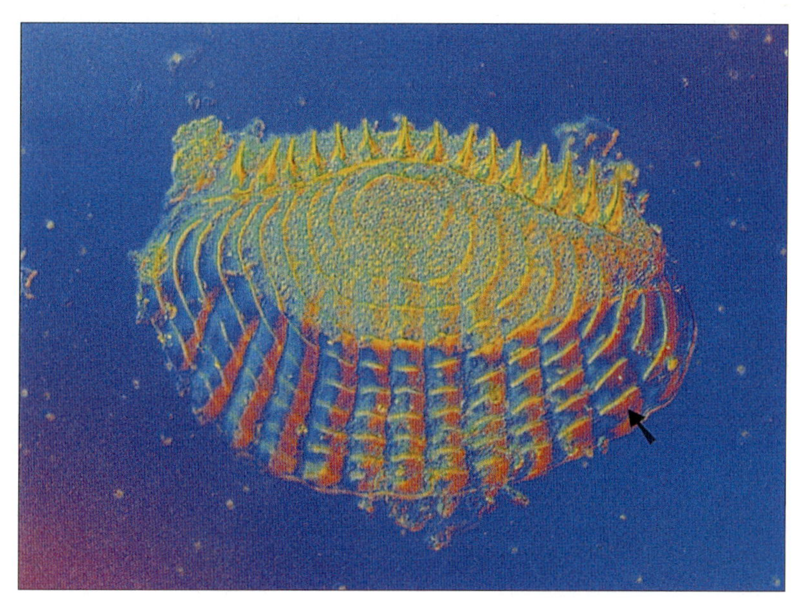

위 저배율로 관찰한 물고기 비늘. 물고기의 나이를 추정할 수 있는 동심원의 '성장고리'가 선명하게 보인다.

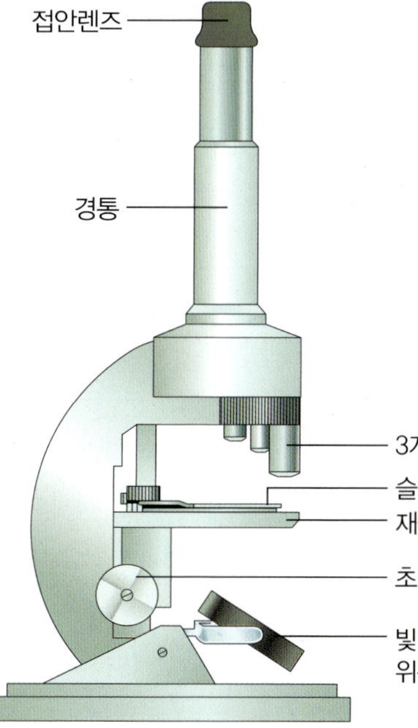

피부와 지느러미 1

기생충

피부, 지느러미나 아가미 위에 생성되는 공이나 달걀모양의 매끄럽고 노르스름한 시스트(직경 약 1cm).
* 6장의 결절증 참조

피부와 지느러미의 황색 반점. 피부는 줄무늬 형태로 벗겨짐.
* 6장의 벨벳병과 백점병 참조

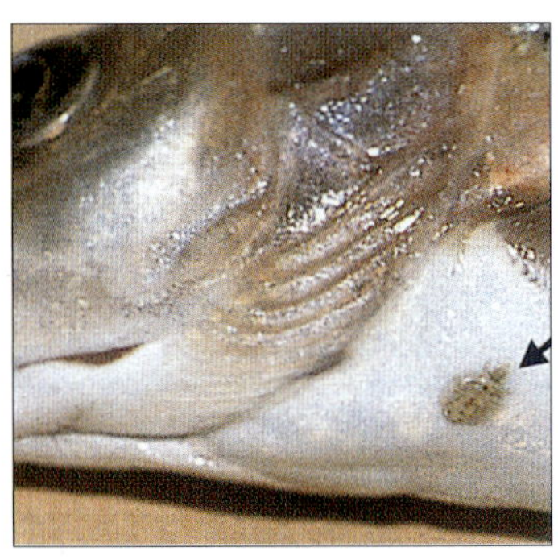

원판모양의 기생충으로서 직경 1cm까지 자라며 피부와 지느러미에 단단히 붙어 있다. 기생충이 붙었던 곳은 발적된다.
* 6장의 물이 참조

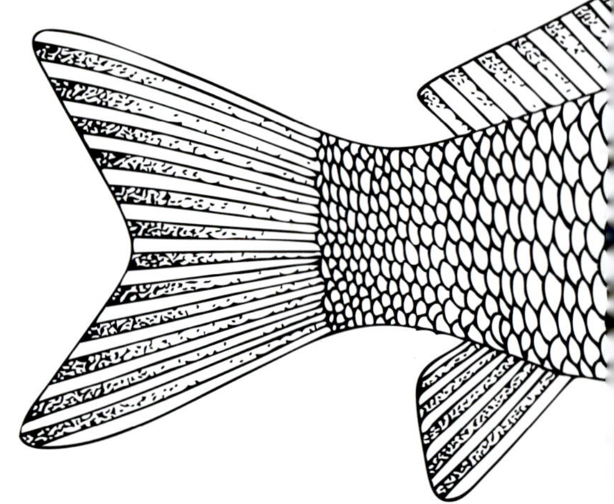

1mm 크기의 흰반점이 피부, 지느러미와 아가미에 형성된다.
* 6장의 백점병과 구피병 참조

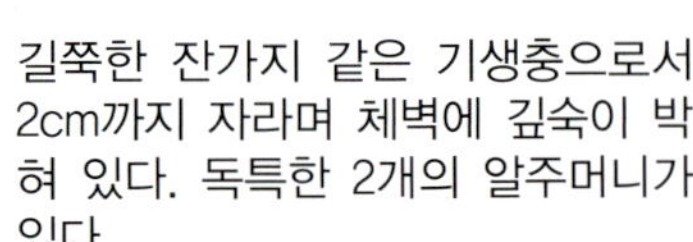

길쭉한 잔가지 같은 기생충으로서 2cm까지 자라며 체벽에 깊숙이 박혀 있다. 독특한 2개의 알주머니가 있다.
* 6장의 닻벌레 참조

지렁이 모양의 기생충(최대 5cm)으로 각 개체의 끝부분에 흡반이 있으며 이를 이용해 피부와 지느러미에 부착하고 있다.
* 6장 거머리 감염 참조

입주변의 곰팡이 모양의 생성물. 체표의 궤양과 부식된 지느러미가 관찰.
* 6장의 솜털병과 어류 곰팡이 참조

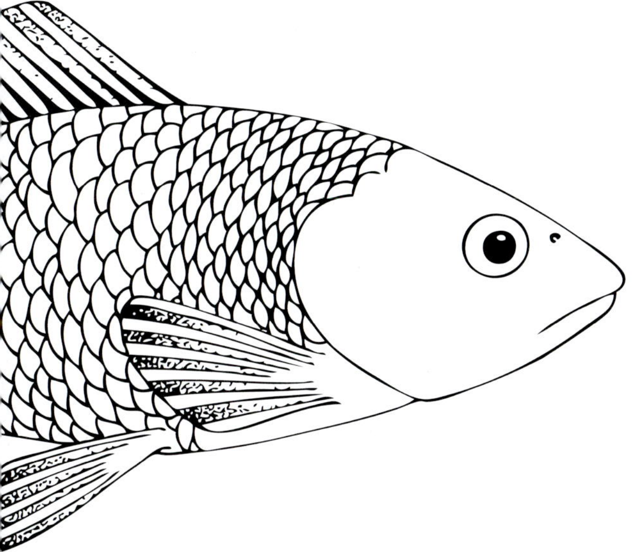

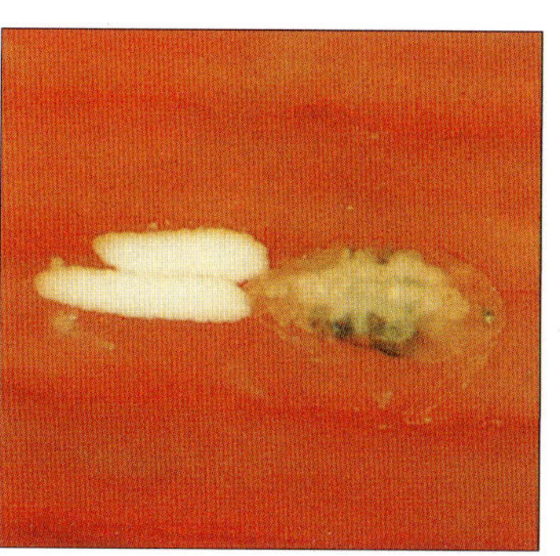

피부에 형성된 솜털 뭉치로 주로 흰색이지만 회색이나 갈색을 띠기도 한다.
* 6장의 어류 곰팡이와 솜털병 참조

구더기 모양의 흰색 기생충(수 mm까지 자람)으로 아가미, 아가미 뚜껑과 입안 쪽에 기생한다.
* 6장의 아가미충 참조

흑반점(시스트)(2mm까지 자람)이 피부와 지느러미에 생성.
노란 시스트도 생김.
* 6장의 흑점병 참조

피부와 지느러미 2

병소, 종양 및 돌기

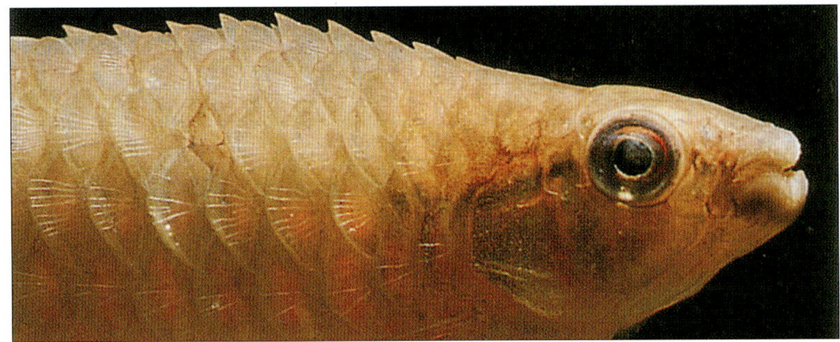

돌출된 비늘과 부풀어오른 복부, 흔히 솔방울병이라고 불리며 지느러미 기저부나 항문에 발적증상 나타난다.
* 6장에 수증 참조

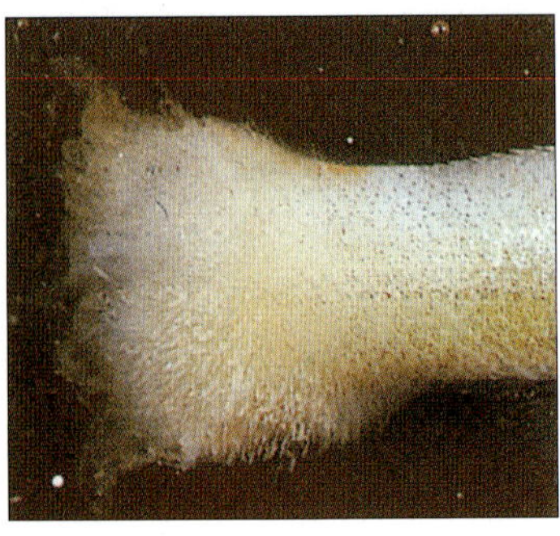

갈라지고 해진 또는 뭉툭해진 지느러미로 흔히 끝부분이 하얗게 됨.
* 6장의 지느러미 부식병과 솜털병 참조

탈색된 얇은 피부 병소와 복부팽창, 안구돌출, 체색흑화, 무기력 같은 증상이 동반됨.
* 6장 소모성 질병 참조

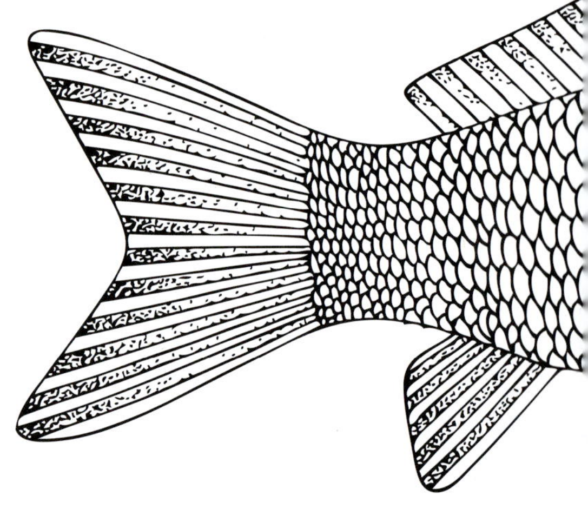

비정상적인 성장물(종양).
* 6장의 종양 참조

비늘탈락, 출혈, 지느러미 부식과 같은 외부 손상.
* 6장의 물리적 손상 참조

피부 점액 과다분비로 인한 회백색의 얇은 층 형성, 피부를 긁거나 아가미의 빠른 움직임을 보임.
* 6장의 점액과다분비증 참조

몸(특히 머리 부분)에 작은 구멍이 생김. 병소는 커지면서 노란 점액을 달고 있을 수 있음.
* 6장의 두부천공병 참조

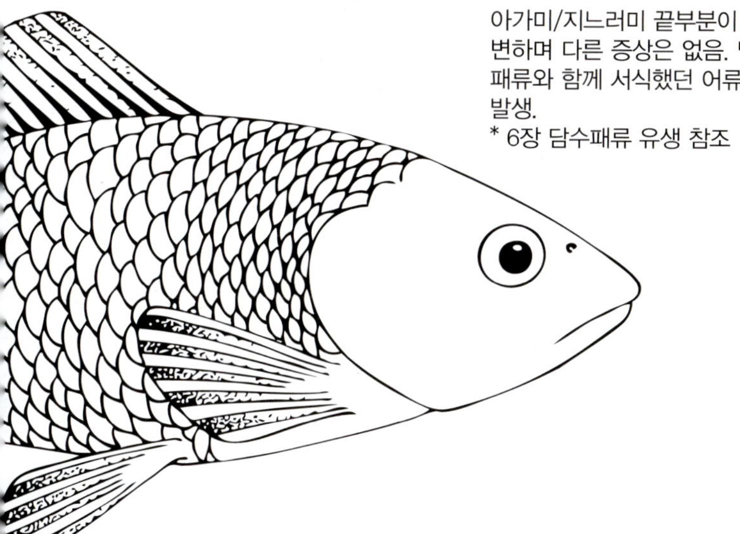

아가미/지느러미 끝부분이 회색으로 변하며 다른 증상은 없음. 담수 이매패류와 함께 서식했던 어류에만 발생.
* 6장 담수패류 유생 참조

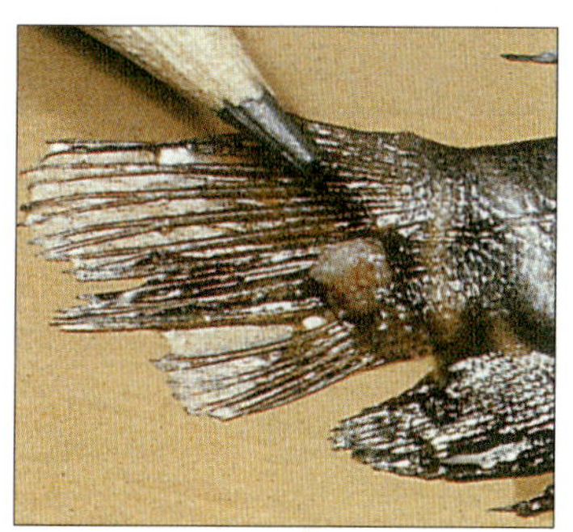

피부와 지느러미 위에 산딸기나 컬리플라워 모양의 종양 생성.
* 6장의 림포시스티스와 잉어의 유두종 참조

부드러운 회백색이나 분홍색의 종양이 피부와 지느러미에 생성되며 녹은 왁스처럼 보임. 과도하게 생성되면 주변 조직의 색을 띠기도 함.
* 6장의 림포시스티스와 잉어의 유두종 참조

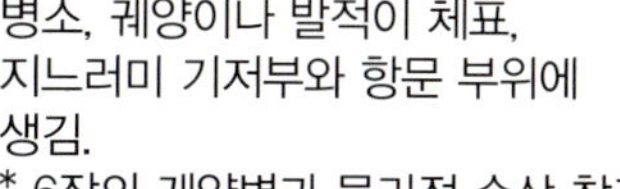

병소, 궤양이나 발적이 체표, 지느러미 기저부와 항문 부위에 생김.
* 6장의 궤양병과 물리적 손상 참조

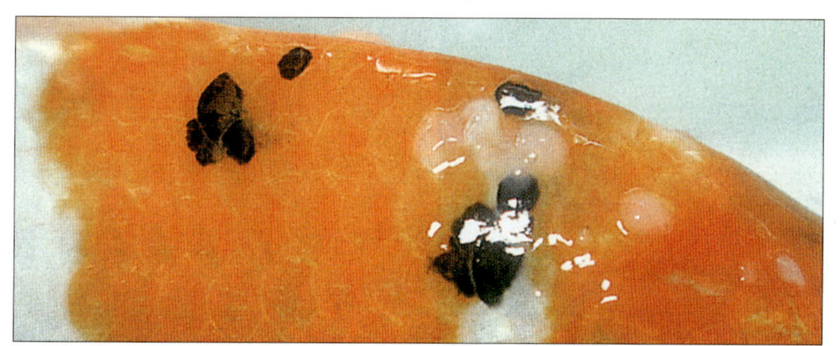

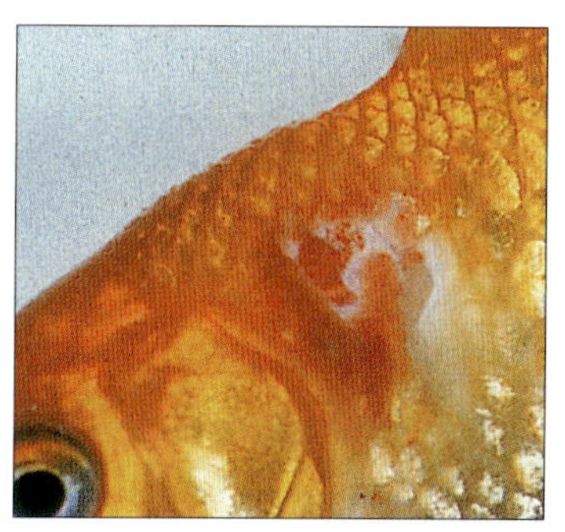

눈

복부가 부풀고 비늘이 일어선 증상과
함께 돌출된 눈.
* 6장의 수증 참조

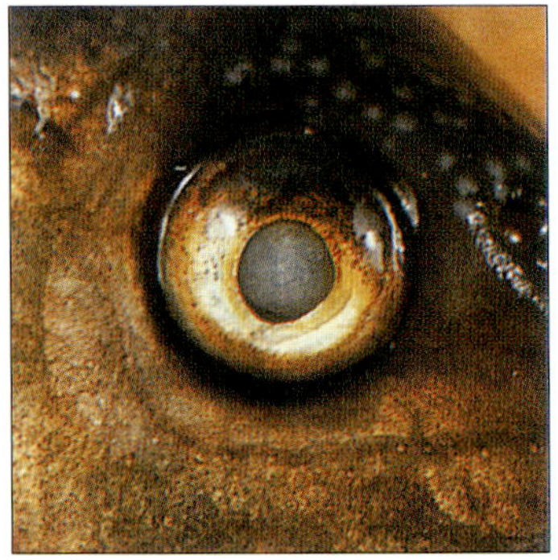

다른 증상 없이 안구 혼탁.
* 6장의 안구흡충병 참조

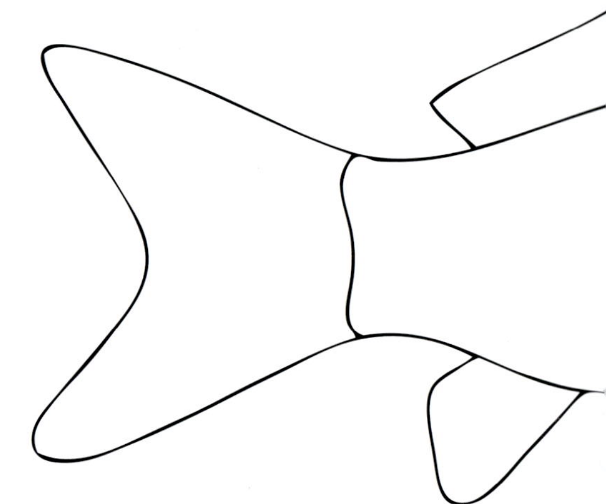

다른 특별한 증상 없이 안구 탈락.
* 6장의 물리적 손상 참조

다른 특별한 증상 없이 한쪽 또는 양쪽의 안구 돌출.
* 6장의 안구돌출 참조

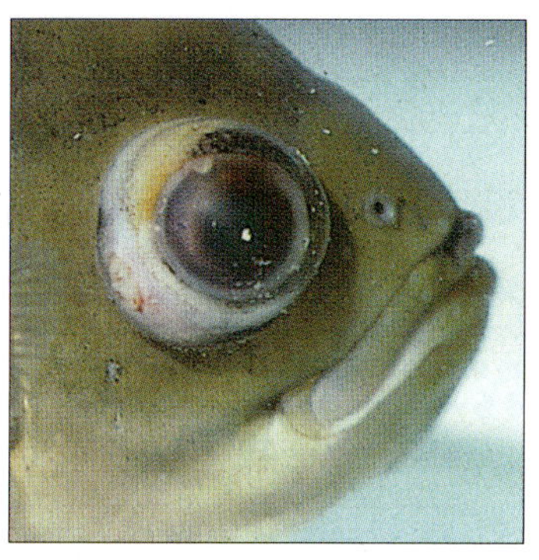

피부 병소와 야윔 증상과 함께 안구 돌출.
* 6장의 소모성 질병 참조

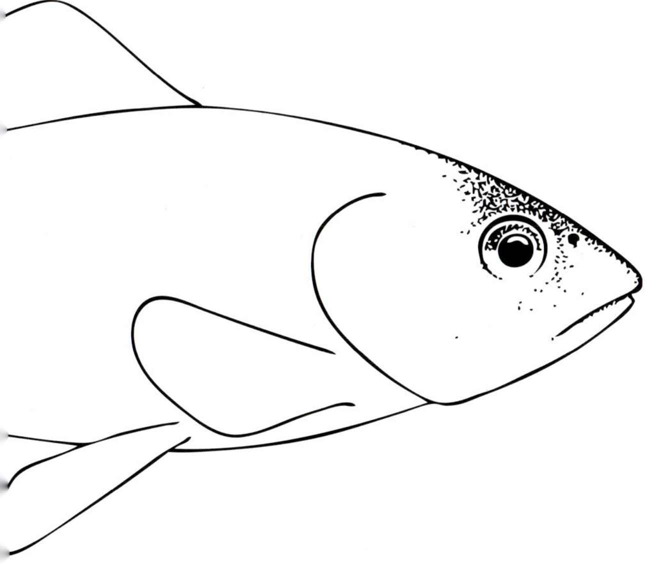

저조한 성장률과 지느러미 기저부의 출혈 증상과 함께 안구 혼탁.
* 6장의 영양성 질병 참조

체형, 체색 및 행동

비정상적 유영행동, 한 쪽에 가만히 있거나 옆으로 또는 뒤집혀 떠 있음.
* 6장의 부레장애 참조

긴 백색의 변을 항문에 달고 있으며 간혹 체색흑화, 안구돌출 및 식욕 부진 증상도 동반됨.
* 6장의 수증과 두부천공병 참조

체색변화, 이상유영, 야윔, 척추만곡 및 지느러미 부식 보임.
* 6장의 네온테트라병 참조

복부팽만과 이상유영. 비늘 탈락.
* 6장 체강의 기생충 참조

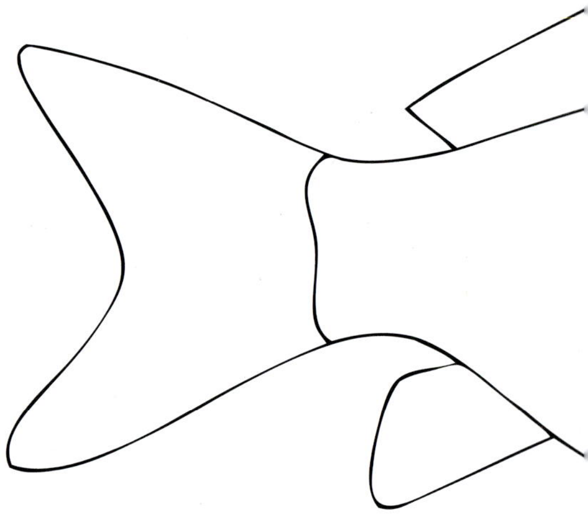

이상 유영행동, 아가미의 빠른 움직임, 물 표면의 입올림. 움직임 없이 바닥에 있으며 체색 변화.
* 6장의 수질 문제 참조

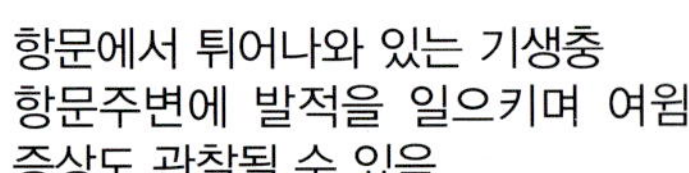

항문에서 튀어나와 있는 기생충 항문주변에 발적을 일으키며 여윔 증상도 관찰될 수 있음.
* 6장의 장내기생충(*Camallanus*) 참조

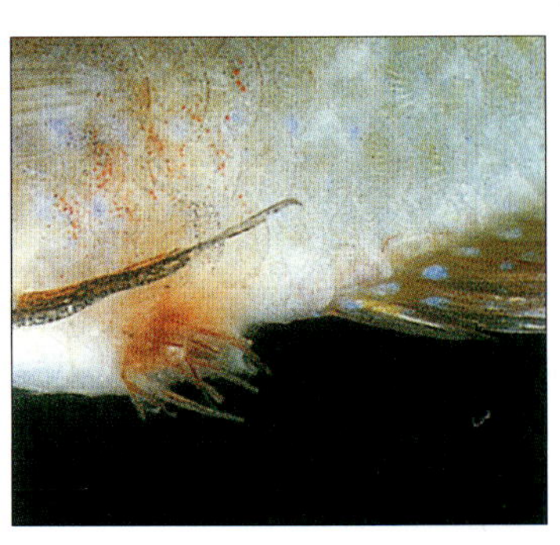

다른 특별한 증상 없이 야윔 증상.
* 6장의 장내기생충 참조

야윔, 아가미의 빠른 움직임, 입올림, 무기력한 증상.
* 6장의 수질문제와 아가미병 참조

체내에서 튀어나온 모습(바깥쪽에서 형성될 수도 있음).
* 6장의 결절증 참조

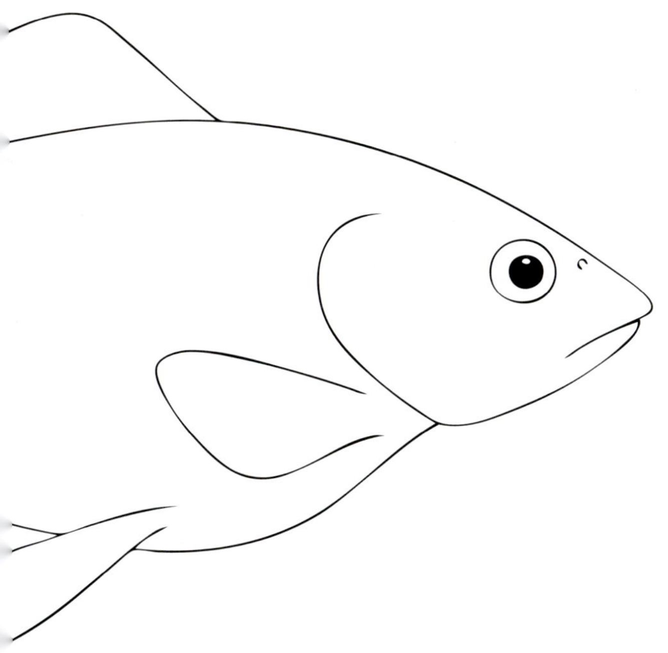

야윔, 무기력한 증상, 빈혈 및 안구 돌출
* 6장의 혈액기생충, 소모성 질병 및 두부천공병 참조

체형이 왜곡될 정도로 단단하고 명확한 부종
* 6장의 종양 참조

몸체의 팽창과 체색흑화, 식욕부진
* 6장의 수증 참조

내부 장기와 알

회색, 갈색 또는 흰색의 양털 모양이 죽었거나 살아 있는 알을 뒤덮고 있음.
* 6장의 어류 곰팡이와 난 곰팡이 참조

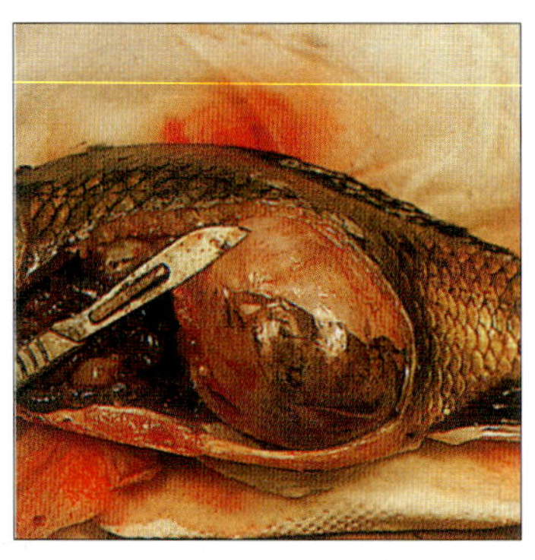

내부 장기 사이에 생성된 종양.
* 6장의 종양 참조

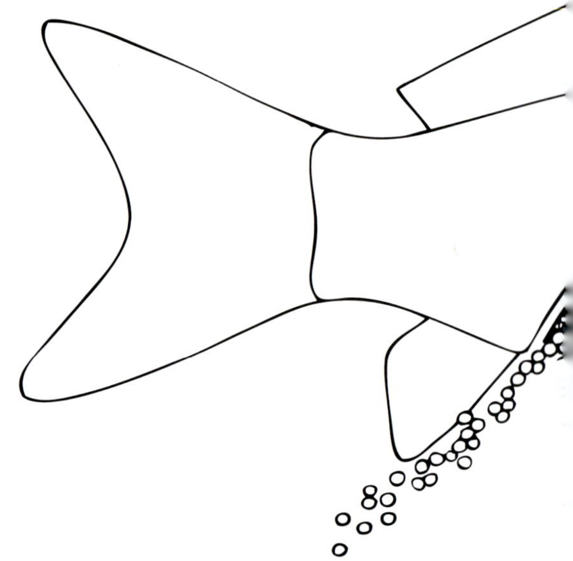

장관 내에 보이는 리본 모양 또는 둥근 모양의 벌레.
* 6장의 장내기생충 참조

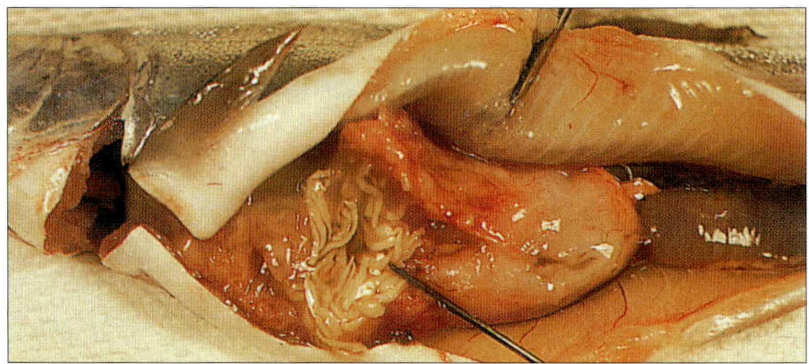

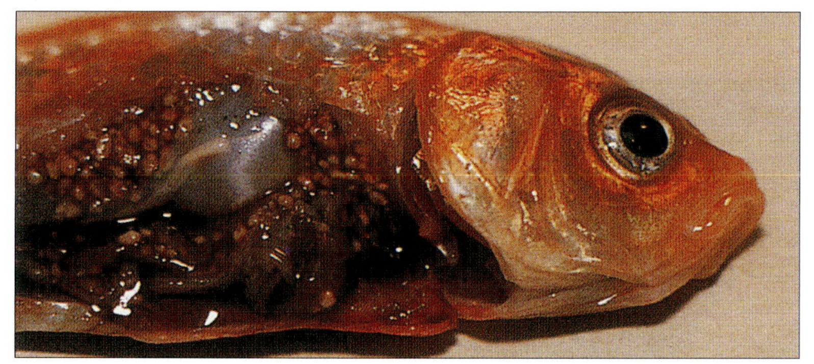
내부 장기 안에 생성된 흰색 결절.
* 6장의 소모성 질병 참조

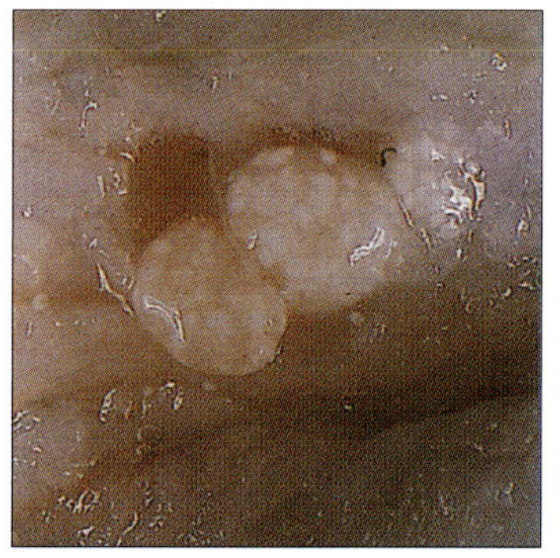
내부 장기 사이에 생성되는 황백색의 시스트(1cm까지 자람).
* 6장의 결절증 참조

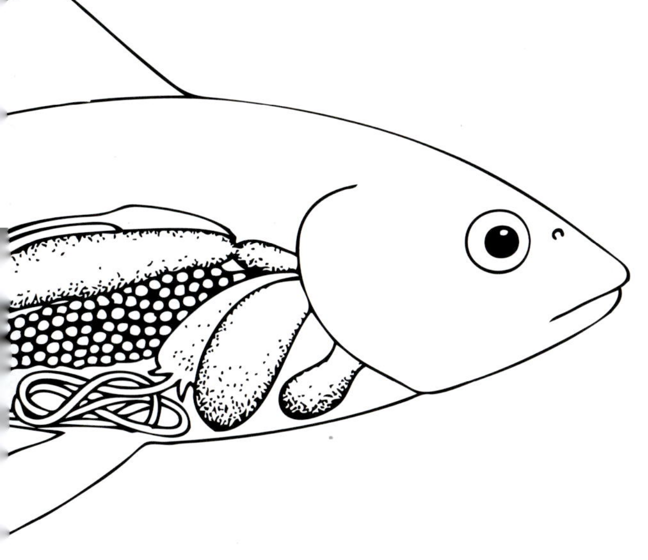

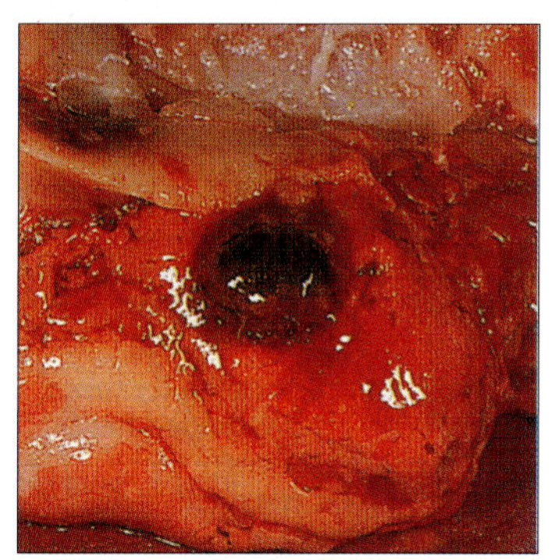
내부장기의 출혈과 체강 내 체액 축적.
* 6장의 세균성출혈성패혈증 참조

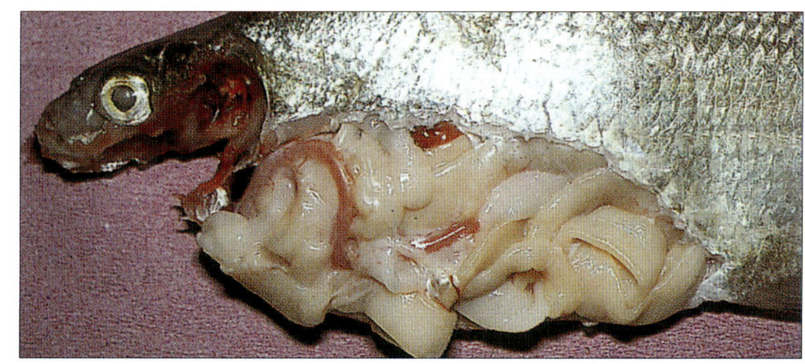
체강 내에 존재하는 리본 또는 둥근 모양의 벌레.
* 6장의 체강의 기생충 참조

유해생물

녹조, 녹색의 실 같은 성장물, 갈색의 얇은 층의 성장물 및/또는 암녹색의 돌이나 식물을 덮고 있는 점질성 물질.
* 6장의 조류문제 참조

하얀, 크림 또는 오렌지색의 화살 모양의 머리를 가진 납작한 벌레.
* 6장의 편형동물류 참조

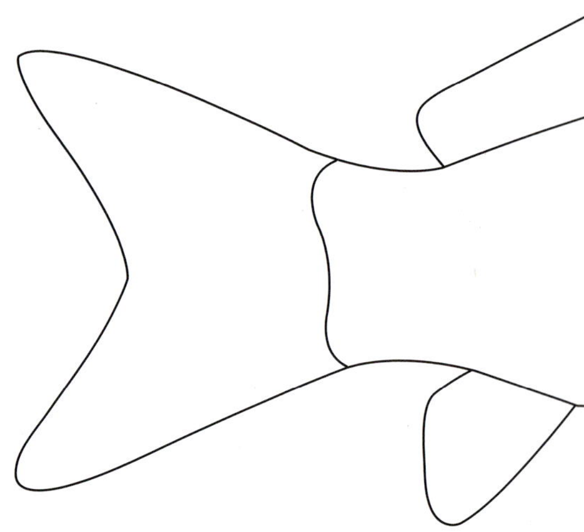

작은 곤충 같은 벌레(약 1mm)가 물 표면 위의 습기가 많은 수조 벽에 군집을 이루고 있음.
* 6장의 진드기 참조

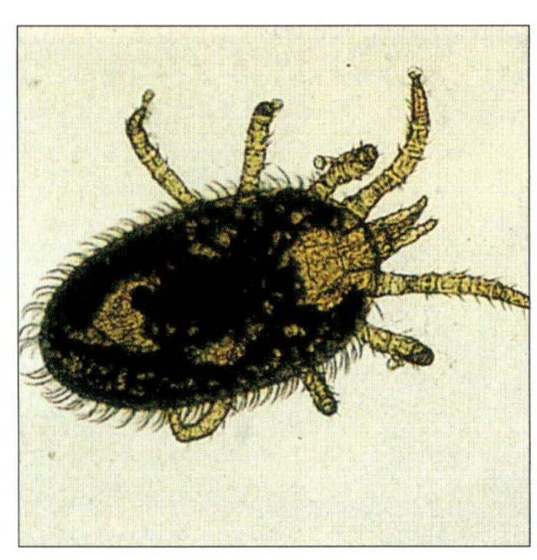

부드러운 줄기 모양의 폴립으로 촉수 고리를 가지고 있으며 식물이나 돌에 붙어 있음.
약 2.5cm까지 자람.
* 6장의 히드라 참조

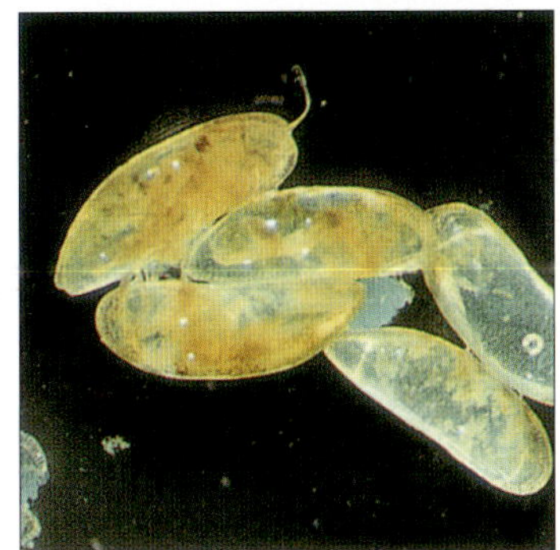

콩 모양의 생명체로 바닥과 식물 위를 걸어 다닌다.
* 6장의 유해생물 2 참조

무섭게 생긴 휘어진 턱을 가진 딱정벌레 유충(예: *Dyticus marginalis*). 5cm까지 자람.
* 6장의 유해생물 4 참조

딱정벌레 성충으로 3cm까지 자람.
* 6장의 유해생물 4 참조

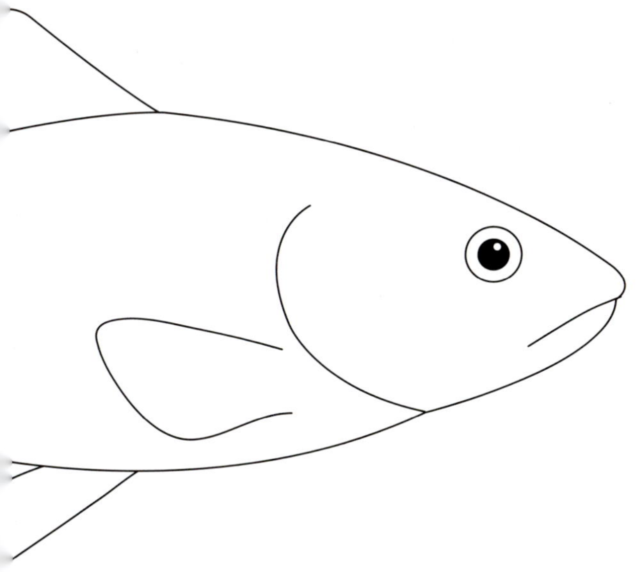

Aeshna 같은 잠자리 유충은 쑥 들어가는 턱이 있으며 약 4cm(1.6in)까지 자람.
* 6장의 유해생물 4 참조

많은 촉수를 가진 흰색의 산호 모양의 폴립 무리. 수 cm까지 자라며 해수 시스템에서만 생성됨.
* 6장의 유해생물 3 참조

많은 수의 달팽이. 태생인 말레이시아 달팽이(*Melanoides*)는 빠르게 증식함.
* 6장의 유해생물 4 참조

제6장

일반적인 기생충과 질병 (A~Z)

알림
여기 6장의 "치료" 섹션에 소개되어 있는 치료제 중 일부(** 표시)는 우리나라에서 승인되어 있지 않으므로 사용해서는 안된다.

우리는 5장에서 수족관이나 연못의 관상어에서 흔히 발생할 수 있는 질병의 증상을 관찰하는 방법에 대하여 알아보았다. 이번 장에서는 한 단계 더 나아가서 다양한 기생충과 질병의 종류를 좀 더 자세히 살펴봄으로써 처음에 내린 진단의 정확성 여부를 판단하는 능력과 치료와 관리를 어떻게 해야 하는지에 대해 알아볼 것이다. 이 장에서 소개하는 기생충과 질병은 학명 또는 분류학적 체계를 따르지 않았으며 가장 흔히 쓰이는 영명의 알파벳 순서(A~Z)로 나열하였다. 예를 들면, 병원체의 물리적 형태를 가장 잘 묘사하는 이름인 닻벌레(anchor worm)라든지 병원체가 초래하는 증상(예: 피부의 점액과다분비증(sliminess of the skin))에서 유래하는 이름을 사용하였다. 각 질병에 대한 내용은 아래의 4가지 부분으로 구성되어 있다.

원인

가장 가능성이 높은 원인체(들)에 대해 간단히 기술되어 있다. 어떤 질병은 하나의 특정 생물종(예: 곰팡이, 세균, 바이러스 또는 기생충의 한 종)에 의해 일어나지만 어떤 질병은 하나 또는 그 이상의 병원체에 의하며 때로는 물리적, 발생학적 및 환경학적인 요소가 복합적으로 영향을 미치기도 한다. 이 경우에 추가적으로 다른 관련 병원체에 의해 질병이 함께 일어날 수도 있다.

증상/징후

육안으로 명백히 관찰할 수 있는 건강상의 문제는 눈에 보이는 기생충의 모습이나 행동 이상이 포함된다.

질병/문제의 발생

특정 질병 또는 문제가 어떻게 그리고 왜 발생하는지에 관해 간단히 설명되어 있다. 만약 그 원인이 기생충이라면 생활사를 상세히 서술했고, 대부분의 경우 삽화와 설명도 함께 나타내었다.

치료와 관리

가장 적합한 치료 또는 관리 방법에 대한 개요를 서술하고 있다. '치료' 부분에는 기생충을 조심스럽게 제거하거나 적합한 약품으로 치료하는 방법을 기술하고 있지만, '관리'는 추후 발병을 막는 실질적인 방법으로써 예를 들어 기생충 생활사의 중간숙주를 제거하는 것과 같은 예방법을 기술하고 있다. 이 장에서 언급하고 있는 여러 방법들은 실행하기 전에 7장의 보다 자세한 치료와 관리 방법을 참고하는 것이 중요하다.

왼쪽 이 금붕어는 입곰팡이병과 지느러미부식병의 증상을 나타내고 있다. 이 경우 광범위 항미생물제를 선택하거나 증상이 가장 심한 증상의 원인체를 먼저 치료한다.

닻벌레(Anchor worm)

원인

기생성 갑각류 레르나이아(*Lernaea*).

증상

닻벌레는 뒤쪽 끝부분에 두 개의 알주머니를 가진 길쭉한 형태의 기생충이다. 닻벌레는 보통 어류의 체벽의 근육에 박혀 있으며, 종종 내부 장기까지 깊숙히 뚫고 들어가기도 한다. 주로 닻벌레가 박힌 부분에 궤양이 형성되며 2차 감염도 발생할 수 있다. 심각한 감염은 체중 감소를 초래하고 심지어 죽일 수도 있다.

질병의 발생

이 기생충은 새로 입식된 물고기에 가장 흔하게 발생하는 질병이며, 여름에 수족관보다는 연못에서 더 많이 문제가 된다.

수컷 레르나이아의 수명은 비교적 짧은 편이며 교접 후에는 죽게 된다. 암컷은 더 오래 살며 흔히 두 개의 알주머니를 차고 물고기 체표에 붙어 있는 상태로 발견된다. 알이 부화하여 독립생활하는 유충이 방출되며 성체로 변태하게 된다. 유충 단계에서는 숙주인 어류 없이 최소 5일 동안 생존이 가능하며, 어류에 붙어 있는 암컷이나 알 안의 레르나이아의 경우에는 겨울을 날 수도 있다.

치료 및 관리

독립생활 단계의 레르나이아를 제거하기 위해 유기인산계 살충제를 사용해 왔지만 여러 나라에서 인체와 환경 독성 문제 때문에 더 이상 사용하지 않는다. 그러나 북미와 일부 국가에서는 여전히 사용 가능하다. 유기인산계 살충제의 사용 제한으로 인해 몇 년 동안 유일한 효과적인 구충방법은 어류에 붙어 있는 암컷 레르나이아를 일일이 제거하는 것이었다. 2009년에 에마멕틴(emamectin)**을 함유하고 있는 멕틴솔(Mectinsol)**이라는 제품이 만들어졌으며 관상어의 닻벌레 구충제로 승인되었다. 유기인산계 살충제와 같이 에마멕틴 역시 독립생활 단계의 닻

위 최대 20mm(0.8in) 크기의 성숙한 닻벌레는 체표에 붙어 있어 확실히 육안으로 관찰이 가능하다. 겸자(forceps)로 기생충을 제거한 후 소독제로 가볍게 눌러준다.

아래 왼쪽 이 금붕어와 같은 냉수어류는 열대어보다 좀 더 쉽게 감염되는데 대개 새로 입식한 경우에 그렇다.

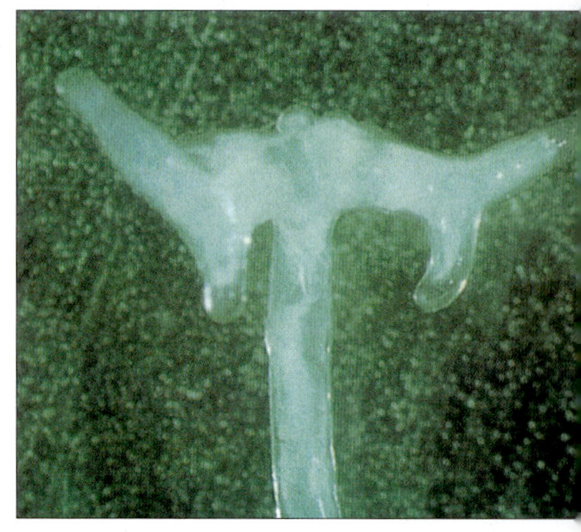

아래 오른쪽 닻벌레(*Lernaea*)의 부착 기관의 확대 사진.

오른쪽 닻벌레에 심각히 감염된 어류는 체력이 심하게 약화될 수 있으며 세균과 곰팡이에 의한 2차 감염에 감수성이 더 높아지므로 감염 초기에 치료를 시작하는 것이 중요하다.

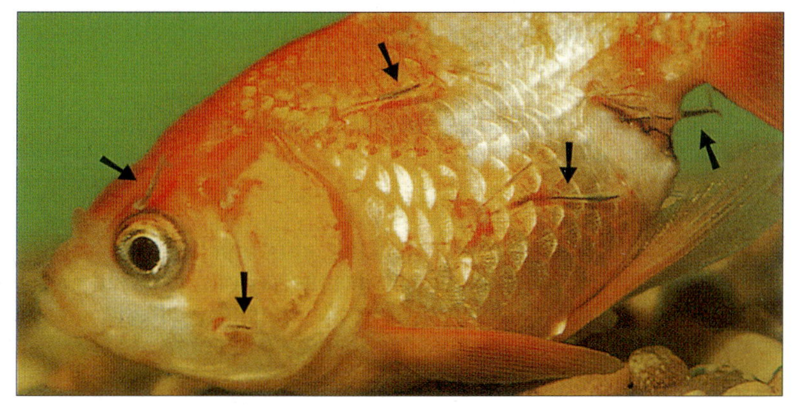

벌레를 제거하지만 성충은 여전히 수작업으로 제거해야 한다. 이 처리 과정은, 부드럽고 물기가 있는 천으로 물고기를 조심스러우면서도 단단히 잡아 몇 분 동안 물 밖으로 꺼낸다. 겸자(forceps)를 이용해서 박혀 있는 기생충(어류 몸체와 가장 가까운 기생충의 부분)을 단단히 잡아당겨서 뺀다. 그리고 또 다른 겸자(forceps)로 해당 부위에 국부 소독제를 바른다.

유기인산계 살충제 치료가 허용되는 곳에서는, 민감한 종의 경우 여름에는 약 10일간 따로 순치할 수 있는 시설이 필요하며, 무척추동물인 경우는 좀 더 오랜 기간이 필요하다(멕틴솔을 사용한 민감한 종의 경우는 48시간 후에 수족관 또는 연못으로 옮길 수 있다). 이렇게 순치하는 동안에도 닻벌레가 있는지 주시해야 하며 발견되는 경우 제거해야 한다.

닻벌레(*Lernaea*)의 생활사

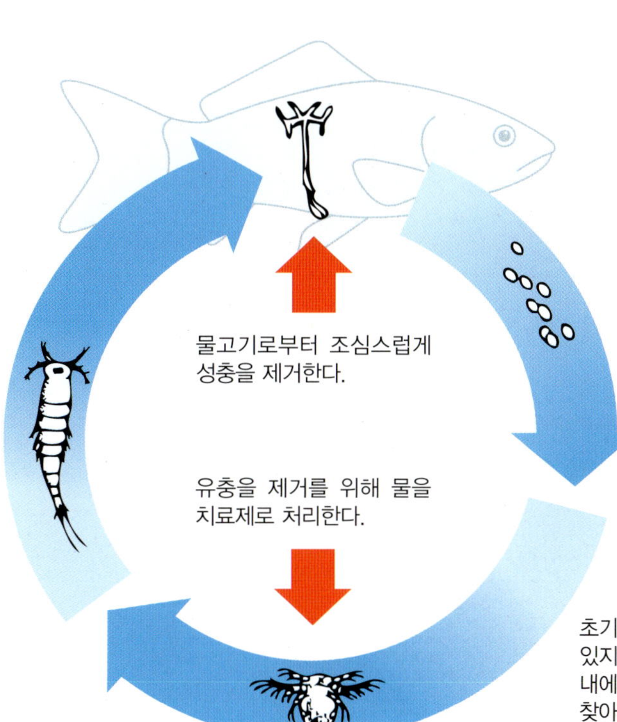

혈액 기생충(Blood parasites)

원인

트리파노소마(*Trypanosoma*)와 트리파노플라스마(*Trypanoplasma*) 같은 원충류와 이생흡충류(*digenetic fluke*)인 상기니콜라(*Sanguinicola*).

증상

두드러진 증상은 보이지 않지만 심하게 감염된 경우 빈혈, 무기력한 행동, 쇠약함, 안구돌출과 같은 증상을 나타낼 수 있다. 상기니콜라의 경우 아가미와 신장에 손상을 일으킬 수 있다.

질병의 발생

혈액 원충류는 어류 개체 간 감염을 일으키는 거머리와 같은 매개체(즉, 보균체)를 필요로 하고 상기니콜라는 우렁이(freshwater snail)류 안에서 발달과정을 반드시 거쳐야 하기 때문에 수족관에서는 이런 기생충들에 의한 피해가 드물다. 설령 연못이라 하더라도 빈사 상태 또는 죽은 물고기를 정밀검사하지 않는 이상 기생충의 존재를 알아차리지 못할 것이다.

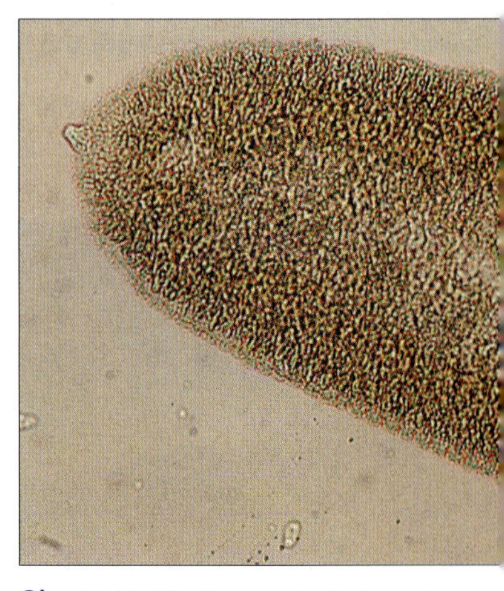

위 이 사진은 *Sanguinicola inermis*를 나타내고 있다. 이 흡충은 길이가 겨우 1mm에 불과하기 때문에 부검 시에 관찰하기가 어렵다.

혈액 기생충(*Sanguinicola*)의 생활사

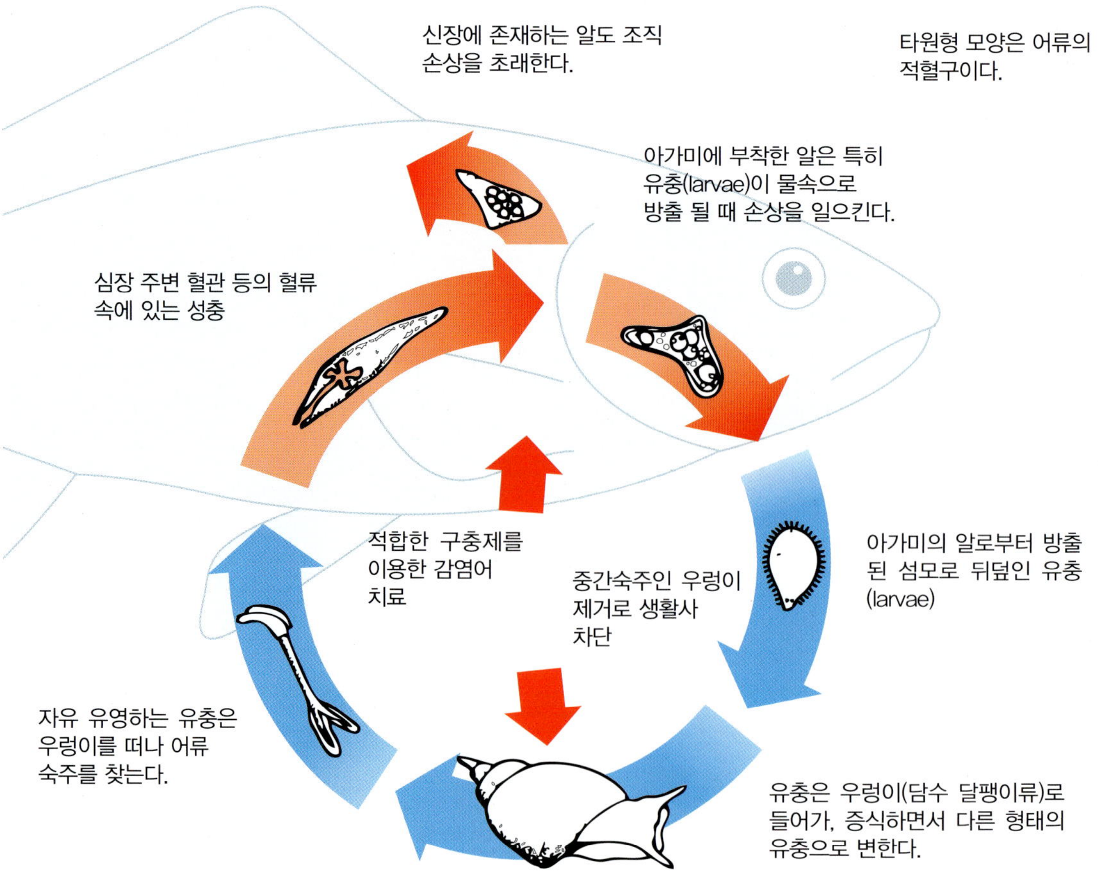

신장에 존재하는 알도 조직 손상을 초래한다.

타원형 모양은 어류의 적혈구이다.

아가미에 부착한 알은 특히 유충(larvae)이 물속으로 방출 될 때 손상을 일으킨다.

심장 주변 혈관 등의 혈류 속에 있는 성충

아가미의 알로부터 방출된 섬모로 뒤덮인 유충(larvae)

적합한 구충제를 이용한 감염어 치료

중간숙주인 우렁이 제거로 생활사 차단

자유 유영하는 유충은 우렁이를 떠나 어류 숙주를 찾는다.

유충은 우렁이(담수 달팽이류)로 들어가, 증식하면서 다른 형태의 유충으로 변한다.

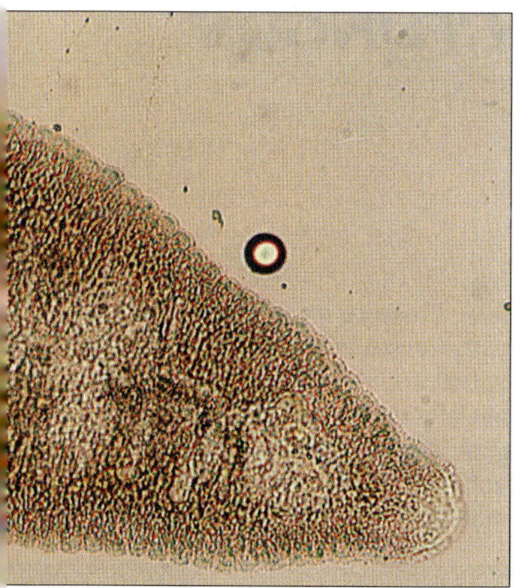

치료와 관리

구충제인 주사용 프라지콴텔(praziquantel)의 사용으로 상기니콜라에 감염된 어류를 성공적으로 치료한 사례(7장 참조)가 있기는 하지만 혈액 기생충을 치료할 수 있는 효과적인 구충제는 거의 없다. 가장 좋은 관리 방법은 수족관이나 연못으로부터 매개체 역할을 하는 거머리나 중간숙주 역할을 하는 우렁이를 제거하는 것이다. 거머리의 관리는 '거머리 감염'에 자세히 나와 있으며, 우렁이는 물을 제거한 후 건조시키거나 시판되어 있는 연체동물 제거약품(molluscicide)을 사용하여 제거할 수 있다.

위 어류의 혈액 샘플 사진으로 중간에 뱀장어 모양의 원충류인 *Trypanosoma*가 보인다. 이 기생충의 길이는 보통 약 10~20μm이다.

오른쪽 다른 특별한 증상이 없는 경우, 무기력함과 쇠약한 모습으로부터 혈액 기생충의 감염을 추정할 수 있다.

기생충이란?

기생이란 일종의 생활방식으로서 동물(및 식물) 군집의 수많은 자연적인 발생 방식 중의 하나이다. 일반적으로 기생은 서로 다른 종간의 관계로서 한쪽인 숙주는 다른 한쪽인 기생충에 없어서는 안 되는 필수적인 존재인 반면에, 숙주는 기생충 없이도 잘 살 수 있다. 사실 기생 생활 방식은 두 종 간에 서로 아주 가까운 관계에서부터 아주 느슨한 관계에 이르기까지 친밀도의 정도가 매우 광범위하다. 모든 기생충이 죽을 때까지 기생생활만을 하는 것은 아니며, 많은 기생충은 각 생활 단계에 따라 매우 다양한 숙주에서 생활한다.

물론 기생충은 대개 그들의 숙주로부터 영양분을 얻는데, 만약 숙주가 균형 있는 먹이 섭취를 하지 않거나, 특히 많은 수의 기생충이 존재한다면 숙주에게 문제를 초래할 수 있다. 일반적으로 기생충은 자신의 숙주를 죽이려 하지는 않는다. 왜냐하면 이것은 기생충에 있어서는 마치 자살과 같을 수 있기 때문이다. 그러나 어떤 상황에서는 숙주와 기생충 간의 균형에 미묘한 문제가 생길 수 있고 그 결과 숙주가 죽을 수도 있다. 이러한 현상은 수족관이나 연못에서 일어날 수 있다.

기생 생활은 기생충에게는 매우 위험한 방식이기 때문에 보통 성충(adult parasite)은 많은 수의 알이나 유생을 생산한다. 이러한 생활방식은 최소 하나 또는 두 개체의 기생충이 자신에게 적합한 숙주를 찾을 수 있게 도와준다. 제한된 공간인 연못 또는 수족관에서 고밀도로 사육을 하게 되면 숙주에서 숙주로의 기생충 전파는 보다 쉽게 일어나 기생충의 수가 매우 빠르게 증가하게 된다.

기생은 자연적인 현상으로 기생충의 '생활사'에 있어 필수적인 부분이다. 그러나 기생충성 질병이 가정에서 발생했을 때에는 수족관이나 연못의 관리 소홀이 주된 원인이다.

솜털병(Cotton-wool disease) 또는 입곰팡이병[1](Mouth fungus)

원인

일반적으로 플라보박테리움(*Flavobacterium*) 세균(예전에는 플렉시박터(*Flexibacter*)라 불렸음).

증상

질병의 초기 증상은 대개 입, 지느러미 또는 체표 주변이 부분적으로 황백색으로 변하는 것이다. 감염이 좀 더 진행되면 입 주변에 전형적인 흰색 솜털 모양이 형성되고, 체표의 붉은 궤양과 해진 지느러미도 함께 관찰된다. 비늘이 없는 어류의 경우 붉게 변한 가장자리에 궤양이 형성될 수 있으며, 감염된 어류(특히 태생어(胎生魚))의 대부분은 종종 몸을 흔드는 행동을 하고 먹이를 먹지 않으며 매우 야윈 모습을 보인다.

질병의 발생

이 질병은 새로 입식하였거나 부적절한 연못 또는 수족관 관리로 인해 열악한 환경에서 사육되고 있는 담수어류에 특히 흔하다. 갑작스런 수질의 변화 또는 부적합한 수질 상태로 인해 건강한 어류에도 질병을 일으킬 수 있다. 과밀 사육과 물갈이 부족 또한 솜털병의 발생을 초래할 수 있다.

치료와 관리

질병의 초기 단계에는 대체로 어류의 외부에만 국한되어 있을 수 있다. 이 시기에는 항생제 또는 페녹시에탄올(phenoxyethanol)** 약품을 사용하여 질병을 치료할 수 있다. 질병이 지속되거나 병원체가 내부 장기로 침입한 경우에는 항생제 치료가 필요하다(7장 참조).

1) 이 질병은 플라보박테리움에 의한 세균성 질병이나 증상의 형태가 곰팡이와 유사하여 입곰팡이병으로도 불림.

아래 보기에는 곰팡이처럼 보이지만 입곰팡이병은 특히 유기물이 많은 따뜻한 물에 흔히 존재하는 플라보박테리움(*Flavobacterium*)에 의해 발생한다. 플라보박테리움은 또한 지느러미부식병도 일으킨다.

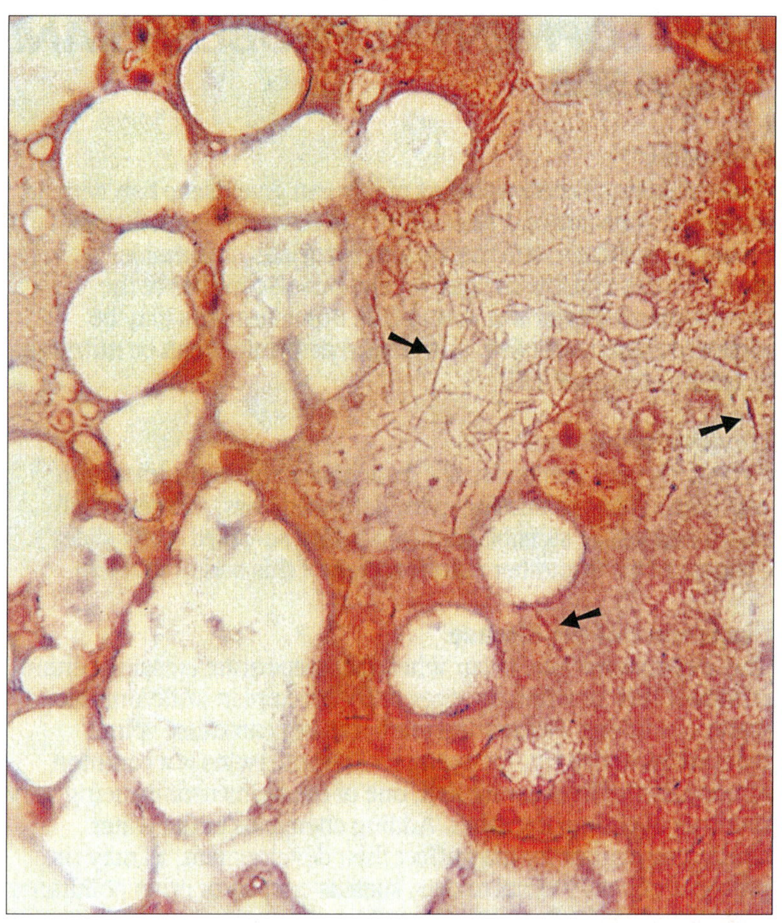

오른쪽 가늘고 긴 플라보박테리움이 관찰된다. 길이가 최대 12μm이며, 현미경을 통해 염색하지 않은 살아있는 세균의 활주운동(滑走運動)이 관찰된다.

왼쪽 잉어의 전형적인 솜털병 증상. 체표의 발적 부분과 해진 지느러미, 피부에 솜털 뭉치 같은 것이 관찰된다.

오른쪽 솜털병에서의 솜털 뭉치에는 많은 수의 길고 가는 세균이 있다. 내부 장기로 감염되기 전 초기 치료가 매우 중요하다.

발생학적 문제(Developmental problems)와 유전병(Hereditary diseases)

위 피부의 종양과 복부 쪽에 붙어 있는 작은 샴쌍둥이를 가진 수컷 구피. 이것을 유발하는 요인은 아직 완벽히 이해되지 않았다.

원인

어류 계통간의 교잡육종(crossbreeding)에 의해 비정상적인 외형의 어류가 나타날 수 있다. 다양한 환경 요인들(예: 중금속 및 살충제에 의한 오염, 부적합한 사육 수온과 낮은 용존산소량)은 난 발생과 치어의 발달에 영향을 미친다. 부모로부터 종양이 유전될 수도 있고 기형의 경우 영양학적인 문제에 기인할 수도 있다.

증상

증상은 비정상적인 체색에서부터 안구불형성, 변형된 턱, 짧은 아가미판(gill plate) 및 부레불형성(소위 'belly slides' 유발)에 이르기까지 매우 다양하다. 샴쌍둥이 또한 또 다른 형태의 기형이다.

질병의 발생

이런 증상은 어떤 계통간의 교잡육종에 의해 발생할 수 있으며; 또한 난이나 치어가 부적합한 수질 생태에서 사육될 때에도 일어날 수 있다. 예를 들어, 수온의 심한 변동은 치어의 척추 변형을 일으킬 수 있다. 샴쌍둥이는 태생어의 흔한 기형 중 하나이며, 쌍둥이 중 한 쪽은 보통 다른 한 쪽에 비해 아주 작다. 난 또는 치어의 사육수에 구리와 같은 중금속 독성물질이나 다른 오염물질이 존재하면 발달에 영향을 미칠 수 있다(3장의 '수질 오염' 참조).

아래 휘어진 척추를 가진 구피. 꼬리 부식 또한 관찰된다.

치료와 관리

심하게 영향을 받은 물고기는 고통 없이 안락사시키는 것이 최선이다. 정상적인 난과 치어를 가장 적합한 수질 조건에서 사육하는 것이 이런 문제를 예방하는데 도움이 될 것이다. 유효한 약품을 정확한 양으로 난과 치어를 치료하는 데 사용하고, 중금속과 같은 독성물질에는 절대 노출시키지 않는다. 난과 치어에 사용하는 모든 수돗물은 적절한 처리를 통해 최상의 상태로 만든다. 난 발생 및 치어 성장 과정 동안에 심한 수온 변동을 피하며, 수질 및 먹이에 있어서 가능한 최상의 조건에서 사육한다.

인공적인 다양성

어떤 어류들은 독특한 체형을 만들기 위해 선택적으로 교잡시킨다. 예로, 아주 다양한 종류의 둥근 체형의 금붕어(예: lionhead, orandas)와 몰리(예: 풍선몰리), 붉은 앵무새 시클리드(척추와 머리의 변형) 등이 있다. 색상을 입힌 glassfish와 같이 염색약이 주사된 어류도 있다. 이렇게 인공적으로 변형시킨 품종의 생산은 윤리적으로 문제가 되고 있다.

아래 짧은 아가미 뚜껑을 가진 금붕어. 이 금붕어는 아가미 뚜껑에 기형이 있었지만 오래 살았다.

수증(水症, Dropsy)[2] 또는 말라위팽창증(Malawi bloat)

원인

세균 및/또는 바이러스 감염, 대사 장애 또는 영양 장애.

증상

복수에 의한 복부팽만, 비늘 융기, 항문 또는 지느러미 기저부의 발적, 체표의 궤양 및 길고 퇴색한 변 등이 관찰된다. 감염된 어류의 경우 먹이 섭취의 중단, 체색흑화, 퇴색한 아가미와 안구돌출 등이 관찰될 수 있다. 내부 장기의 변색과 함께 체액이 체강에 축적될 수도 있다.

질병의 발생

수증은 몇 가지 이유로 열악한 환경 조건에 있는 어류에 발생할 수 있다. 관리가 잘되고 있는 사육 환경이라 하더라도 적은 수의 개체에서 질병이 일어날 수도 있다.

오른쪽 몸체 내부의 체액 형성은 여기 비단잉어의 수증과 종종 연관이 있는 안구돌출을 초래할 수 있다. 이 증상은 시간이 지남에 따라 회복될 수 있다.

2) 원인 및 증상에 따라 솔방울병이라고도 불림.

치료와 관리

이 질병은 불확실한 원인 때문에 정확한 치료가 어려울 수 있다. 가장 좋은 방법은 감염개체를 격리수조로 옮기고 가능한 최상의 먹이와 수질 상태를 제공하는 것이다. 그렇게 해도 상태가 호전되지 않는다면 광범위 항생제로 치료해야 한다(7장 참조).

왼쪽 전형적인 솔방울병 증상을 나타내는 수증에 걸린 어류. 이 질병은 감염성 질병이 아닐 수도 있지만 질병에 걸린 개체는 격리시키는 것이 좋다.

아래 수증의 증상을 나타내고 있는 *Labeo bicolor*는 감염성 및 비감염성 질병 둘 다 관련이 있다. 따라서 그 원인을 밝히는 것은 어려울 수 있다.

지느러미부식병(Fin rot)

원인

일반적으로 에로모나스(*Aeromonas*), 슈도모나스(*Pseudomonas*) 및 플라보박테리움(*Flavobacterium*, 예전에는 플렉시박터(*Flexibacter*)라 불렸음)과 같은 다양한 세균.

증상

찢어지고 너덜너덜하거나 뭉툭한 지느러미가 관찰되며, 종종 가장자리가 희게 보인다. 솜털병(플라보박테리움에 의한)과 함께 혼합감염이 일어날 수 있다.

질병의 발생

꼬리부식병은 몇 가지 이유로 열악한 상태에서 사육하는 어류에 항상 발생한다. 입식, 거친 핸들링, 개체 간 싸움(특히 꼬리 물기), 밀식, 부적합한 수질 상태와 빈약한 먹이 공급 등이 이 질병을 일으키게 한다. 긴 꼬리 지느러미를 가진 화려한 냉수어류도 매우 낮은 수온(10℃ 이하)으로 떨어지거나 겨울철에 정원의 연못에 있게 되면 지느러미 부식을 일으킬 수 있다(3장 참조).

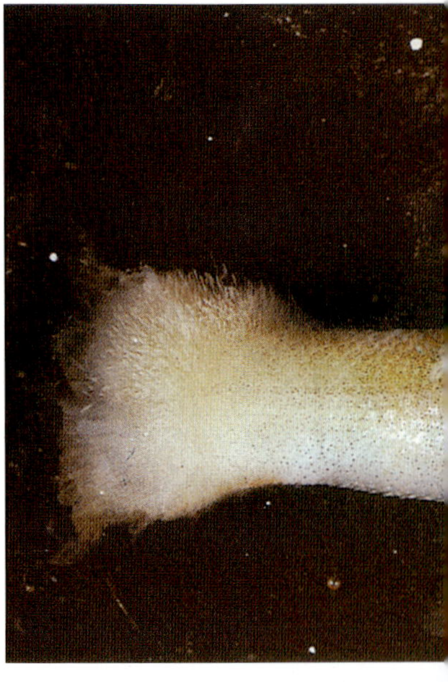

위 심한 지느러미부식병의 전형적인 증상을 나타내는 담수 퍼치(perch). 치료하지 않은 채로 두면 세균이 전신감염으로 발전하여 결국 죽게 되며 다른 개체에도 영향을 미칠 것이다.

왼쪽 지느러미 부식을 일으키는 세균은 수족관이나 연못에 흔히 존재하며 다른 기회성 병원체와 마찬가지로 어류에 지속적으로 위협적인 요소가 된다.

아래 지느러미 부식에 의한 손상을 보여주고 있다(지느러미가(뜯길 경우에도) 유사한 결과를 초래하지만). 초기에 치료를 하면 손상된 조직이 몇 주 안에 재생될 수 있다.

치료와 관리

적합한 시판 항생제의 사용으로 대부분의 질병을 치료할 수 있다. 사육수에 해수염(aquarium salt)을 첨가하면 주로 기수 환경에서 사는 태생어류인 몇몇 담수어종(예: 구피와 몰리)의 지느러미부식병 예방에 유용할 수 있다. 지속적으로 발생하는 경우에는 항생제를 사용할 수 있으며 7장에서 제시한 치료수조를 이용해서 약물 치료를 한다.

여러 방법 중에서도 올바른 사육 방법이 지느러미부식병의 발생 예방에 중요하다.

오른쪽 지느러미부식병은 종종 다른 병과 함께 발생하며 일반적으로 연못 또는 수족관의 환경 상태가 나쁘다는 것을 나타낸다.

아래 지느러미부식병에 의해 거의 닳아 없어진 등지느러미를 가진 암컷 소드피시(swordfish). 이는 감염이 몸체로 퍼졌다는 명백한 징후를 나타낸다. 즉각적인 치료가 필수적이다.

어류 곰팡이(Fish fungus)와 난 곰팡이 (Egg fungus)

원인

물곰팡이(*Saprolegnia*)와 아클리아균(*Achlya*)을 포함하는 다양한 종의 수생균.

증상

회갈색 또는 흰색 솜털모양의 덩어리 또는 실 뭉치 같은 것이 담수어 및 기수어류의 피부와 지느러미에 생긴다. 이렇게 어류 외부에 집락을 생성하는 곰팡이성 질병은 해수어에서는 거의 보고되지 않았다. 아주 작은 곰팡이 덩어리를 치료하지 않고 그냥 두게 되면 커지며, 경우에 따라서는 어류를 빨리 죽게 만든다. 곰팡이는 어류 알도 손상시킬 수 있다.

질병의 발생

곰팡이와 진균 포자는 수생환경에 매우 흔하게 존재하며 특히 부식성 유기 물질이 많은 곳에 풍부하다. 감염성이 있는 진균 포자는 개체 간에 질병을 전이시킨다. 그러나 건강하고 피부 손상이 없는 어류를 덮고 있는 점막층은 보통 이런 포자에 대한 효과적인 방어막이 된다. 만약 어떤 이유(예: 거친 핸들링, 개체 간 싸움 또는 산란) 때문에 이 점막층이 손상된다면 곰팡이가 침입할 수 있는 기회를 제공하게 된다. 곰팡이는 다른 질병(예: 백점병 또는 궤양병)에 의해 생긴 병소에도 침입할 수 있다. 수온의 갑작스런 변화, 비위생적 환경 및 나쁜 수질 모두 곰팡이병이 발생할 수 있는 조건이 된다. 어류 알의 경우 곰팡이는 죽은 알을 공격하나 주변에 있는 건강한 알에도 퍼져 알 전체를 죽일 수도 있다.

위 금붕어에 형성된 곰팡이. 이 종 뿐만 아니라 다른 냉수성 어종도 초봄과 생식 활동 이후에 감수성이 높아진다.

아래 물곰팡이(*Saprolegnia*)에 의한 뚜렷한 솜털 뭉치. 이 질병은 즉각적으로 치료해야 하며, 그렇지 않은 경우 급속도로 퍼지게 되어 치명적인 결과를 낳을 수도 있다.

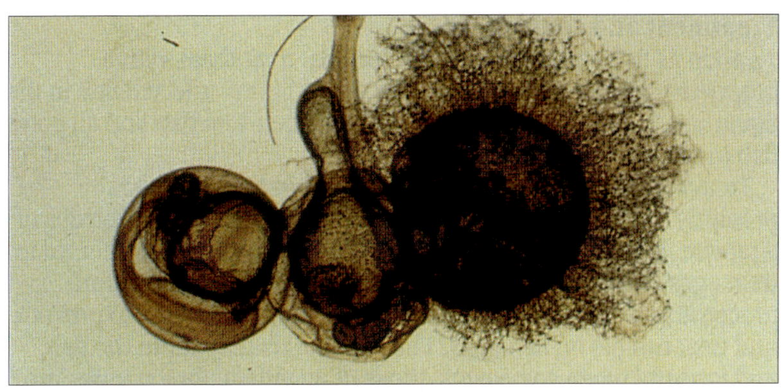

위 어류(minnow) 알. 오른쪽의 무수정란은 곰팡이에 둘러싸여 있다. 나머지 두 알은 정상적으로 발달하고 있으며, 중간 것은 부화하기 시작하였다.

아래 곰팡이에 심하게 감염된 알 근처에서 발달하는 어류 자어. 만약 즉각적인 치료를 하지 않는다면 곰팡이는 모든 알에 다 퍼질 것이다.

치료와 관리

어류에 곰팡이의 징후가 관찰되는 즉시 시판되는 곰팡이 약품으로 치료한다. 경감염된 어류는 사육 중인 수족관에서 치료하며, 중감염된 경우 격리(치료)수조로 옮겨 치료한다.

곰팡이의 알 감염을 피하기 위해 모든 죽은 알(불투명한)을 모두 신속히 제거해야 하며 이때 겸자나 피펫을 이용하여 조심스럽게 수행한다. 일부 시판된 곰팡이 약품은 알 소독에 사용될 수 있으며 사용하기 전 동봉된 용법과 용량을 확인해야 한다. 어떤 이는 알의 곰팡이 소독과 예방을 위해 메틸렌블루(methylene blue)**의 사용을 선호한다. 일반적으로 이 약품은 어류에 해를 입히지 않으며, 예를 들어 에인절피시와 같은 어류의 알을 치료할 때 유용하다. 어류와 알에 발달한 곰팡이의 예방을 위해서는 근본적인 원인인자들을 확인하여 제거하는 것이 중요하다.

아래 곰팡이 감염은 이 사진처럼 빠르게 진행되어 결국 어류 전체를 뒤덮을 수 있다. 또한 곰팡이는 다른 원인으로 죽은 물고기도 공격한다.

오른쪽 이 비단잉어에 붙어 있는 곰팡이는 조류 세포의 축적으로 초록색을 나타낸다. 이 감염은 확실히 악화되고 있다.

오른쪽 디스커스는 그들의 알 쪽으로 물과 산소를 불어주어 죽었거나 곰팡이에 감염된 알을 제거하며 건강한 알은 보호한다.

진균이란 무엇인가?

진균은 대략 5만여 종을 포함하며 보통 식물로 간주된다. 그러나 진균은 엽록소(식물의 광합성 색소)를 가지고 있지 않아 스스로 영양분을 만들 수 없다. 일부 진균은 사물기생성이어서 죽은 유기물질로부터 영양분을 섭취하며 재순환을 위한 세균의 분해 작용과 영양분의 방출을 돕는다. 다른 진균류는 동물 또는 식물의 기생체이며, 이 중 일부는 병원성 세균의 치료에 사용되는 항생제의 중요한 원천이 된다.

진균은 작은 단일 세포인 효모에서부터 곡물에 흔히 있는 흰곰팡이와 녹병균 그리고 습기가 많은 곳에 사는 식용 버섯과 독버섯에 이르기까지 매우 다양하다. 진균은 육상의 습지와 수생 환경에 광범위하게 서식하고 있다. 물곰팡이류(saprolegnia)는 물고기와 알에 감염을 일으키는 가장 흔한 곰팡이다. 이런 곰팡이는 가는 실, 즉 균사로 구성되어 있는데 서로 엮여서 균사체를 형성한다. 이런 균사체는 손상된 상처를 통해 피부 안으로 들어오며 일단 들어오게 되면 효소를 이용하여 조직 안으로 깊숙이 침입하게 된다.

진균은 유성 또는 무성생식을 할 수 있다. 각 과정을 통해 다양한 환경 조건에서도 내성을 가진 포자를 방출한다.

입곰팡이병은 전형적인 곰팡이성 질병처럼 보이지만 중요한 것은 이 질병의 원인이 플라보박테리움(*Flavobacterium*)이라는 세균이라는 사실이다.

아래 여기 보이는 곤봉 모양의 끝부분에 많은 포자가 들어 있으며 이는 물고기를 감염시킬 수 있다.

아래 이 균사의 두께는 약 20μm이다. 이 균사는 서로 엉켜 흔히 관찰되는 곰팡이 뭉치가 형성된다.

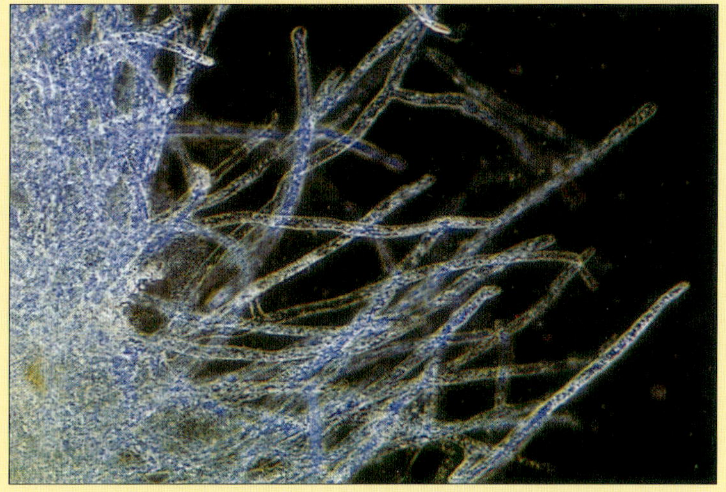

물이(Fish lice)와 아가미충(Gill maggots)

원인

다양한 갑각류(예: 물이; (*Argulus*), 아가미충(gill maggots; 아가미 구더기)인 에르가실루스(*Ergasilus*)).

증상

물이(*Argulus*)는 납작하고 둥근 모양의 갑각류로 지름이 약 10mm까지 자란다. 한 쌍의 흡반을 이용해 피부와 지느러미에 부착하며 물고기 체표에 날카로운 구기(口器; mouthpart)를 삽입하여 혈액을 흡입한다. 심하게 감염된 어류는 격렬한 흥분상태를 보이며 몸을 벽면에 비비며 물 밖으로 뛰어오르기도 한다. 이 기생충이 부착한 곳에서 발적 병소가 발달하며 이는 곰팡이나 세균에 의한 2차 감염을 유발하기도 한다.

에르가실루스(*Ergasilus*)는 주로 아가미, 아가미 뚜껑 및 입 안쪽에 부착한다. 이 갑각충은 보통 수 밀리미터이며, 하얀 구더기(maggot) 같은 알주머니를 가진 암컷 성충에서 흔히 불리는 이름(maggot)이 유래되었다(수컷은 생활사 삽화에서 나타난 것과 같이 기생충이 되지 못한다). 에르가실루스에 중감염된 경우 심각한 아가미 손상, 쇠약함, 빈혈, 심지어는 사망을 초래할 수도 있다.

질병의 발생

이 기생충들의 생활사는 수온에 많은 영향을 받으며, 여름철 정원의 연못에서 자주 문제를 일으킨다. 이 질병은 새로 입식한 어류를 제외하고는 실내에 있는 수족관의 물고기에서는 잘 발생하지 않는다.

물이는 알, 유충 또는 성충의 모든 단계에서 겨울을 날 수 있다. 알이 부화하면 유충은 며칠 안에 반드시 숙주를 찾아야 한다. 성충은 최대 15일 동안 어류 몸 밖에서 생존할 수 있다. 물이의 흡혈 습성 때문에 어류 개체 간에 미생물을 전염시킬 수 있다. 중증 감염은 특히 작은 물고기에게 더 위험하다.

에르가실루스의 수컷은 비교적 짧은 수명을 가지며, 물고기에게 부착되어 발견되는 것은 주로 암컷(알주머니와 함께)이다. 산란한 지 며칠 후 부화하여 스스로 물고기를 찾아 부착하여 살아간다. 교미 후 수컷은 죽고 성숙한 암컷은 물고기에 부착하여 일정 기간(약 1년) 동안 산다.

위 분리된 물이(*Argulus* sp.). 성충은 가로 약 10mm에 달한다. 검은 눈과 솜털 같은 다리를 가지고 있다.

오른쪽 적은 수의 물이에 감염된 어류는 거의 해가 없지만 하절기 동안 사육수의 수온이 올라가면 그 수가 급속도로 증가할 수 있다.

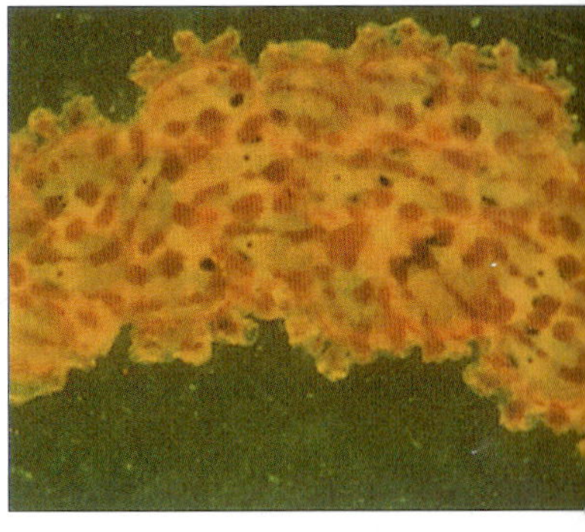

위 물이의 알주머니 조직 절편 사진. 물이는 수족관의 수초나 수중에 있는 딱딱한 표면에 수 센티미터 길이의 가는 줄 모양으로 알을 낳는다.

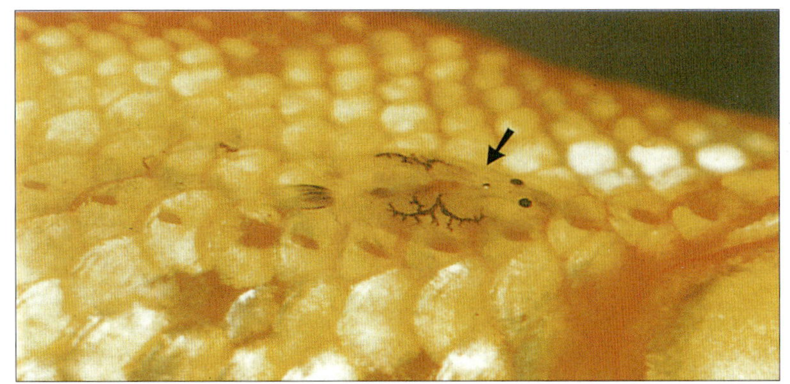

왼쪽 이 사진의 금붕어 물이와 같이 몸체에 부착하게 되면 확실히 관찰되지만, 물이는 꽤 오랜 시간(아마 2주 이상) 동안 연못이나 수족관의 물속에서 자유 유영하며 생활할 수 있다.

물이(*Argulus*)의 생활사

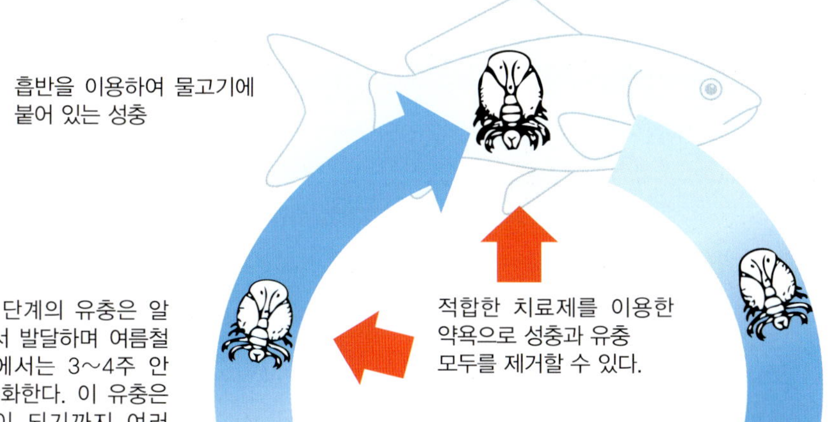

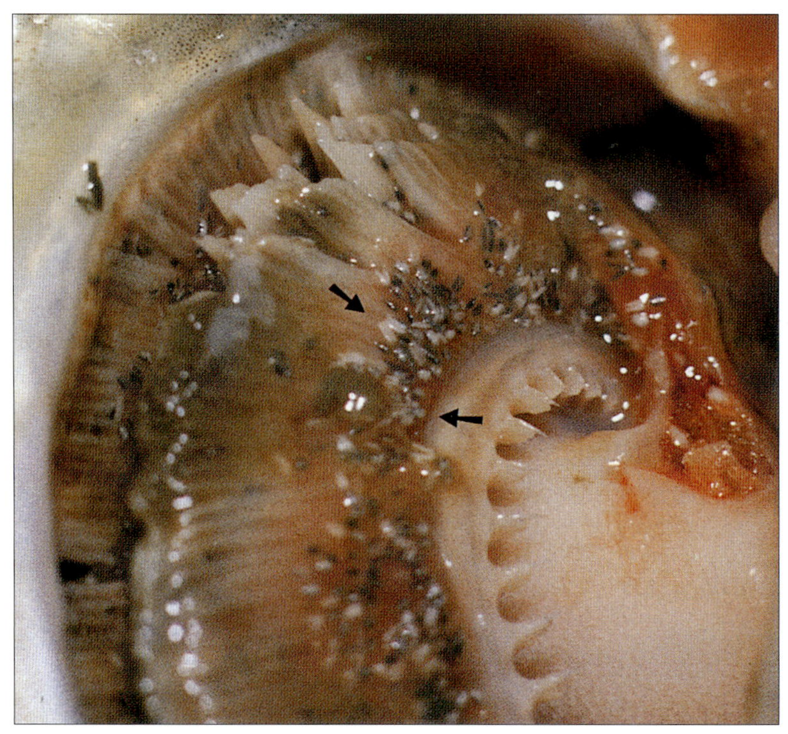

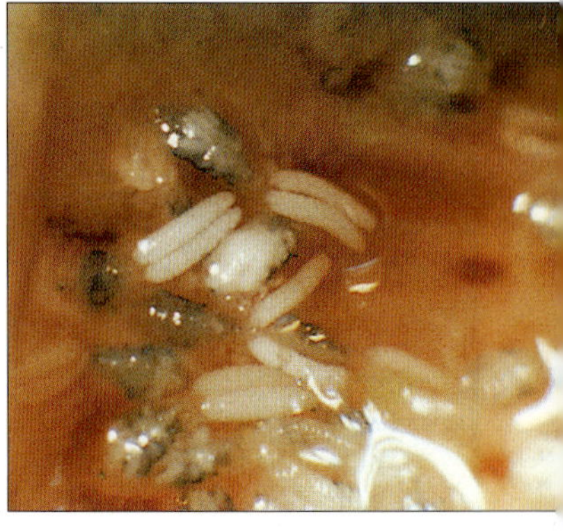

위 이런 모습의 흰 알주머니들을 낳는 것이 성숙한 암컷 요각류의 특징이며 이 알주머니 때문에 에르가실루스(*Ergasilus*)는 흔히 '아가미 구더기'라 불린다.

왼쪽 에르가실루스(*Ergasilus*)에 감염된 돔류의 아가미. 많은 수로 존재하게 되면 심각한 아가미 손상을 초래하며 심지어 죽게 된다.

에르가실루스(*Ergasilus*)의 생활사

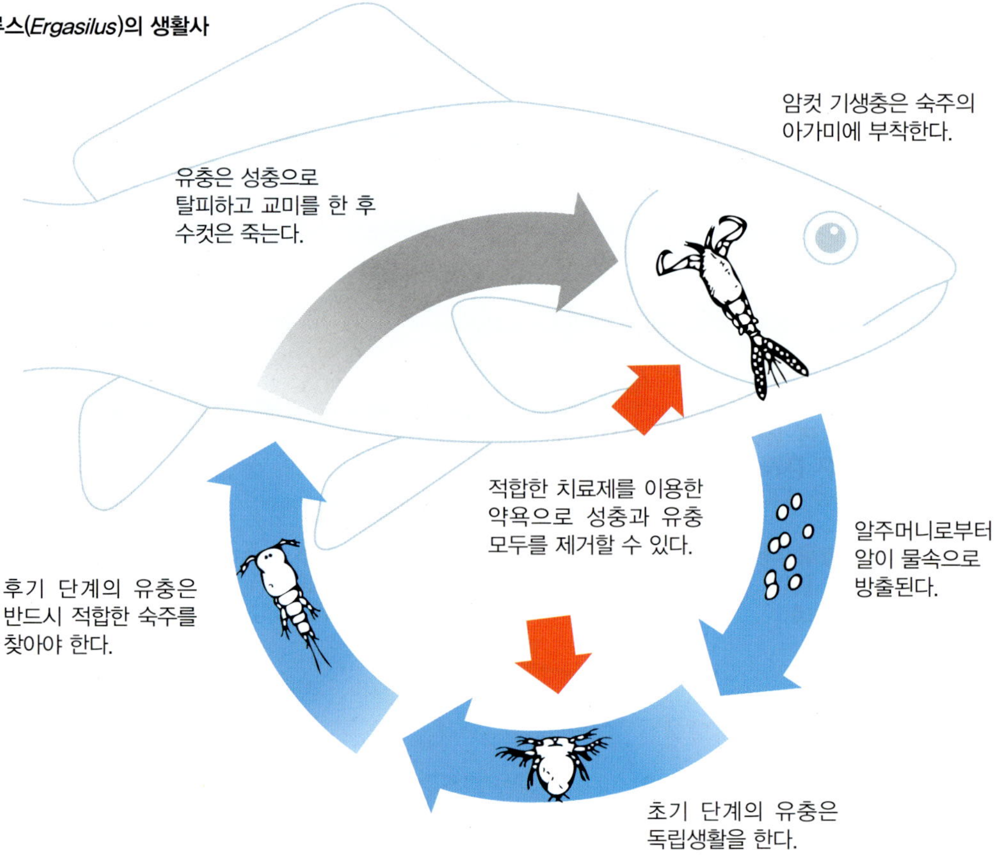

암컷 기생충은 숙주의 아가미에 부착한다.

유충은 성충으로 탈피하고 교미를 한 후 수컷은 죽는다.

적합한 치료제를 이용한 약욕으로 성충과 유충 모두를 제거할 수 있다.

알주머니로부터 알이 물속으로 방출된다.

후기 단계의 유충은 반드시 적합한 숙주를 찾아야 한다.

초기 단계의 유충은 독립생활을 한다.

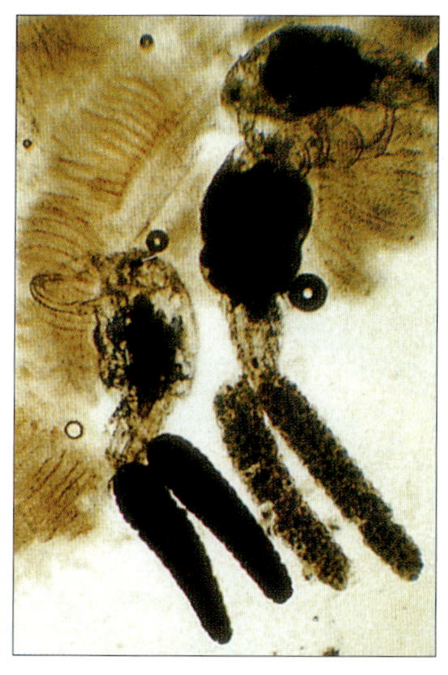

위 저출력 현미경으로 관찰되는 에르가실루스(*Ergasilus*)의 더듬이는 물고기의 새엽(gill filament)에 부착할 수 있도록 움켜잡을 수 있는 '턱' 모양으로 변형되어 있다.

치료와 관리

유생 및 성체단계의 물이(*Argulus*), 에르가실루스(*Ergasilus*), 그리고 다른 갑각성 기생충들은 메트리포네이트(metrifonate)**와 같은 유기인산계 살충제에 감수성이 있다(7장 참조). 여러 나라에서는 유기인산계 살충제의 사용이 금지되어 있지만 북미와 일부 국가에서는 여전히 사용가능하다. 유기인계 살충제는 감염된 연못 또는 수족관에 적용할 수 있는데, 1~2회의 치료로 충분할 것이다. 오르페(orfe), rudd, 피라냐, 메기와 해수 무척추동물 같은 여러 종들은 이 종류의 화학물질에 민감하다. 적당한 수용 탱크로 물고기를 옮겨놓고 연못 또는 수족관을 처리한 후 다시 넣기 전에 충분한 시간 동안 그 화학성분이 사라지게 둔다. 이렇게 살충제가 제거되는 과정은 알칼리수에서 1~2주 정도 소요되지만 차가운 산성수에서는 더 오래 걸린다. 물이에 감염된 민감한 어종은 격리시켜 과망간산칼륨**으로 30분간 약욕 처리한다.

갑각성 기생충 치료에 멕틴솔**이 처방되어 왔으며 유기인계 화합물 사용이 금지되어 있는 여러 국가에서 시판되고 있다. 오르페(orfe), rudd, 피라냐 및 해수 무척추동물과 같은 어종은 유기인산계 살충제와 같이 멕틴솔에도 민감하기 때문에 상기 서술한대로 격리시켜 처리해야 한다.

갑각류란 무엇인가?

갑각류는 절지동물문에 속하며, 단단한 외피나 외골격으로 이뤄져 있고 많은 수의 관절로 형성된 사지를 가진 무척추동물이다. 약 100만 종의 절지동물이 알려져 있으며 이는 모든 동물종의 대략 75%를 차지한다..

35,000종 이상의 갑각류(갑각강)가 알려져 있으며, 이들 중 많은 종류는 아가미로 호흡하는 수중 부유 생물이다. 수컷 갑각류는 정자를 암컷에 전달하며, 암컷은 알이 부화할 때까지 가지고 다닌다. 유충은 성체가 되기까지 여러 유생 단계를 거쳐야 하는 자유 유영 생활을 하는 플랑크톤이다.

게, 랍스타, 가재류, 새우, 물벼룩(예: *Daphnia*와 *Cyclops*)은 모두 갑각류이다. 요각류와 새미류 또한 어류에 질병을 일으키는 병원체로서 중요하다.

오른쪽 이 사진은 물이가 숙주에 부착하는데 사용하는 2개의 둥근 모양 흡반을 가지고 있는 것이 관찰된다

● 요각류(Copepoda)
요각류는 담수와 해수에서 전형적으로 독립생활을 하는 대략 4,500종의 플랑크톤을 포함한다. 담수 물벼룩인 검물벼룩(*Cyclops*)이 이 그룹에 속한다. 그러나 몇 종은 여러 수산동물(특히 어류)에 기생하게 되었다. 이런 기생충(예: *Ergailus*와 *Lernaea*)은 플랑크톤으로 살아가는 유생 단계를 거치는 상당히 복잡한 생활사를 가진다. 일부 요각류의 성체 단계(특히 닻벌레)는 기생생활에 아주 많이 적응되어 요각류나 갑각류로 거의 인식되지 않는다.

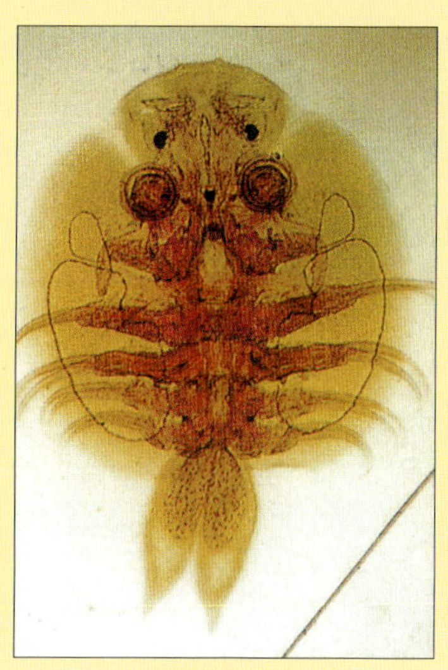

● 새미류(Branchiura)
75종의 갑각충을 포함하고 있다. 물이는 전형적인 새미류의 특징인 편평한 몸체를 가지고 있으며 기생생활에 필요한 물고 흡입할 수 있는 특화된 구기를 가지고 있다.

아주 가끔씩 질병을 일으키는 기생충에는 등각류(isopod)인 *Livoneca*가 있는데 해수 어류 기생충으로 흔한 쥐며느리(woodlouse)와 가까운 종이다. 또 다른 해수 어류 기생충인 이각류(amphipod)의 일종인 *Laphystius*(담수 새우와 가까운 종)도 있다.

잉어의 유두종(Fish pox)

원인

바이러스 감염.

증상

회백색 또는 분홍색의 유두종(pox)이 피부와 지느러미에 나타날 수 있다. 감염된 물고기는 마치 몸에 촛농을 떨어뜨린 것처럼 보인다. 유두종은 경우에 따라서 매우 두드러져 보이고 주변 체표와 유사한 색으로 나타나기도 한다.

질병의 발생

이 질병은 차가운 연못 또는 수족관에서 사육되는 어류 중에서도 특히 비단잉어에 자주 발생한다. 유두종이 나타나면 어느 정도 자라다가 가라앉은 후 사라지지만, 때로는 며칠 후 재발하기도 한다. 이 질병은 전염성이 그렇게 강하지 않아 수족관 내의 다른 개체에 영향을 미치지 않을 수 있다. 이 질병에 의해 폐사가 일어나는 일은 드물다.

치료와 관리

수온을 약 5~10℃ 정도 올려주게 되면 일시적으로 문제를 해결할 수 있지만 아직까지 완전한 치료법은 없다. 유두종이 심하게 형성된 물고기도 그다지 큰 고통을 받지는 않아 보이며 전염성도 강하지 않기 때문에 큰 문제는 아니다. 따라서 위험하기보다는 외관상 좋지 않기 때문에 감염된 개체는 구입하지 않도록 한다.

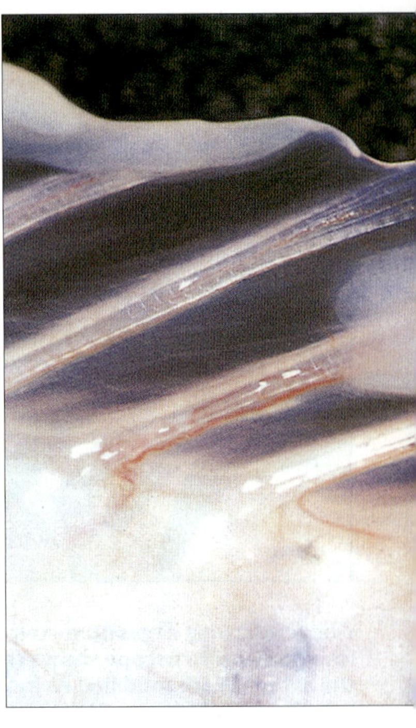

아래 옅은 색의 왁스 같은 종양은 금붕어 또는 비단잉어의 전형적인 유두종 증상이다. 종종 넙치의 림포시스티스병(lymphocystis)과 혼동이 되는데 그 종양은 좀 더 울퉁불퉁한 산딸기 모양과 같다.

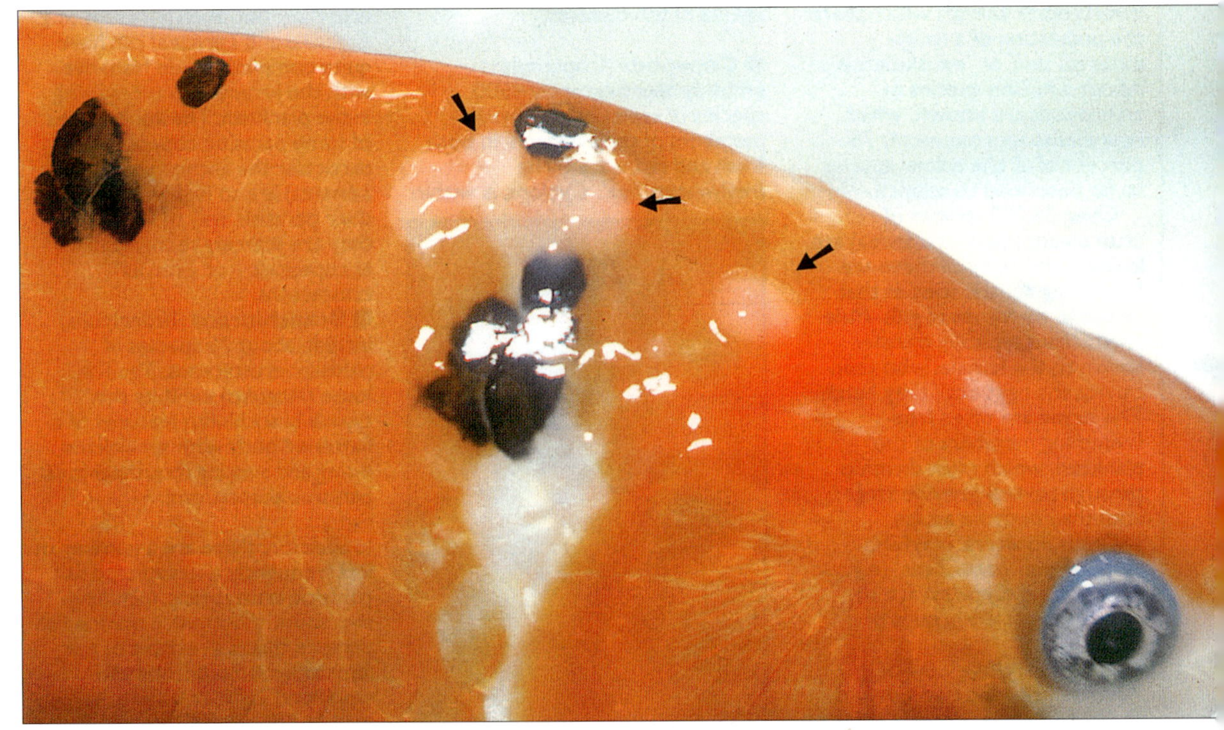

위 이 매끄럽게 생긴 유두종은 보기에 안 좋다. 이 바이러스성 질병에 대한 완전한 치료법이 없지만 다행히도 치사성이 없어 위험하지는 않다.

위 유두종의 심한 예를 보여주고 있다. 종양 주변의 조직 색상이 변한 것을 나타내고 있다. 이 심한 감염 개체는 정상적으로 먹이를 섭취하고 행동하였다.

바이러스란 무엇인가?

바이러스는 매우 작고 간단한 생물체이다. 바이러스의 구조는 너무 간단해서 종종 생물과 무생물의 중간 정도에 있는 것으로 간주된다.

바이러스는 너무 작아서(세균보다 작음) 일반적인 광학 현미경으로는 볼 수 없다. 바이러스 관찰을 위해서는 전자현미경이 필요하며, 일반적인 바이러스의 크기는 10~500nm(100만분의 1밀리미터)이다.

모든 바이러스는 기생체이며 오직 살아 있는 세포 안에서만 살고 증식할 수 있다. 그 결과로 다양한 질병을 일으킨다. 사람에게는 홍역, 독감(인플루엔자), 광견병, 소아마비와 같은 질병이 있다. 흔한 질병인 감기도 바이러스성 감염이다. 어류의 바이러스성 질병은 잉어의 유두종(fish pox), 림포시스티스 및 몇몇의 종양이 포함된다.

바이러스는 동물 또는 식물의 세포 안에서 살기 때문에 바이러스를 제거하기 위해서는 숙주 세포를 죽여야 하므로 보통 화학요법으로는 문제를 해결할 수 없다. 어떤 약제들이 증상을 완화시킬 수는 있지만 바이러스 감염을 치료하는 유일한 효과적인 방법은 더 이상의 바이러스와의 접촉을 차단하기 위해 감염 개체를 격리시키는 것과 자신의 면역시스템으로 바이러스를 이겨내는 것이다. 천연두나 소아마비와 같은 사람의 바이러스성 질병은 백신(특정 바이러스로부터 보호하기 위해 면역반응을 자극하는 것)으로 예방할 수 있다. 안타깝게도 많은 종류의 바이러스가 숙주 바깥에서 꽤 오랜 시간 동안 살 수 있으며, 일부 바이러스는 냉동이나 건조 조건에서도 생존할 수 있다.

전형적인 바이러스 형태

소아마비
바이러스
(Polio)

허피스바이러스
(Herpes)

광견병
바이러스
(Rbies)

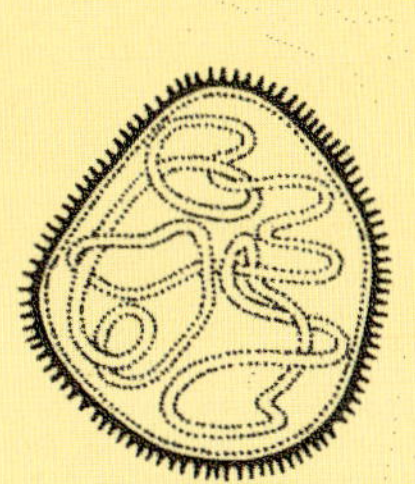

인플루엔자 바이러스
(Influenza)

이 그림은 다양한 바이러스 입자의 형태를 나타내고 있다. 크기는 표시하지 않았다.

아가미병(Gill disease)

원인

아기미병은 나쁜 수질(암모니아 또는 염소 성분) 및/또는 특정 곰팡이(예: *Branchiomyces*), 세균, 원충류 및 단생 흡충류(예: 닥틸로자이루스(*Dactylogyrus*))의 감염에 의해 발생한다.

증상

확실한 증상은 아가미의 움직임이 빨라지고 부으며 과도한 점액분비와 함께 퇴색된 아가미가 관찰된다. 먹이 섭취를 하지 않으며 움직임이 둔해지고 물 표면에서 입올림을 한다.

질병의 발생

이 질병은 좋지 못한 환경이나 제대로 관리가 안 된 수족관/연못에서 사육하던 물고기를 입식할 때 주로 발생한다. 부실한 여과 및/또는 산소 공급, 밀식, 물갈이 불량 등의 조건은 이 질병에 대한 감수성을 높인다. 완전 물갈이(부분 물갈이가 아닌)와 처리되지 않은 수돗물의 사용으로도 약한 아가미막이 손상되어 감염에 좀 더 취약해진다.

치료와 관리

먼저 수질문제(예: 암모니아의 독성 농도)가 원인인지 확인해야 한다. 이 경우 사육수의 25~50%를 제대로 처리한 물로 신속히 물갈이하는 것이 좋은 초기 처리방법이다. 만약 필요하다면, 이미 세팅된 담수 수족관에는 항생제를 처리하며; 이미 사육 중이던 연못이나 해수어류는 격리(치료)수조로 옮겨 치료한다.

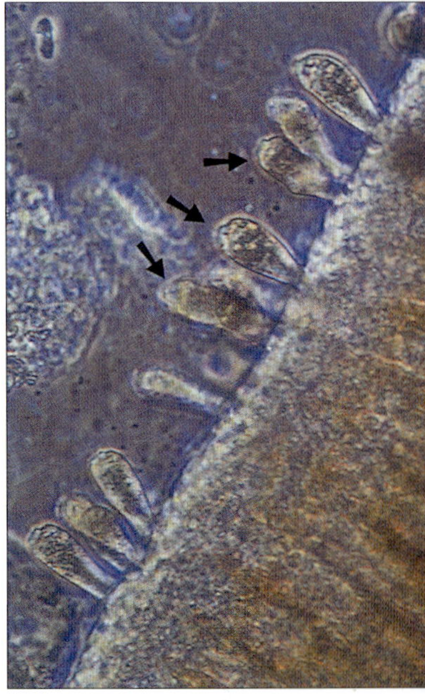

위 아가미에 부착하고 있는 섬모충인 *Apiosoma* sp. 이 기생충의 수가 많으면 아가미 표면을 완전히 덮을 수 있다. 크기는 최대 50 마이크론(μm)까지 자란다.

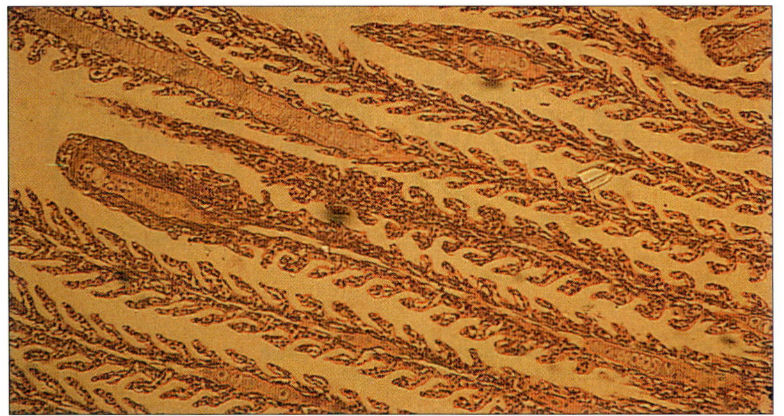

왼쪽 건강한 아가미 조직 절편. 하나의 1차 새변(gill filament)[3]에 다수의 2차 새변[4]이 연결되어 있어 효율적인 가스교환을 위한 상당히 넓은 표면적이 형성되어 있다.

아래 왼쪽 감염 및/또는 나쁜 수질 때문에 아가미는 붓고 곤봉모양으로 변해 표면적이 줄어들어 문제를 일으키게 된다.

3) 새엽(鰓葉)이라고도 함.
4) 새박판(鰓薄板)이라고도 함.

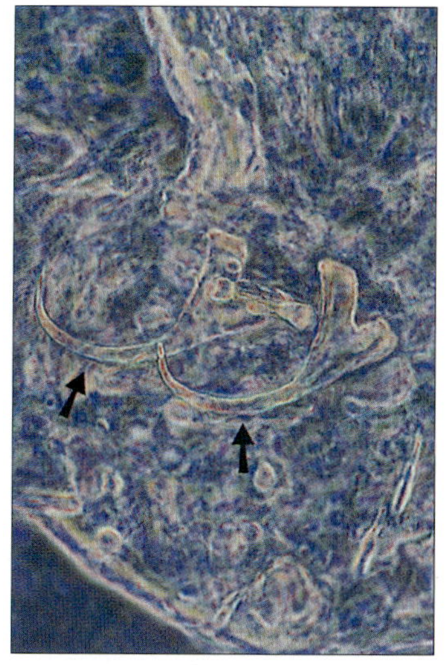

위 닥틸로자이루스(*Dactylogyrus*)가 갈고리 모양의 부속물을 이용하여 아가미에 부착한 모습을 보여주고 있다.

위 오른쪽 해부한 아가미 일부로서 흡충인 닥틸로자이루스가 아가미에 부착된 모습을 보여주고 있다. 이 흡충은 약 1~2mm 크기로 자란다.

만약 상기의 조치로 효과가 없거나 치료 후에 아가미 기생충이 발생하면 메트리포네이트(metrifonate)**와 같은 유기인계 살충제, 포르말린 또는 황동으로 치료할 수 있다. 그러나 이 치료제들은 무척추동물 및 또는 일부 어류에는 독성이 있다. *Branchiomyces*에 의한 아가미 곰팡이병은 치료하기 매우 힘들다. 물 상태를 주의 깊게 모니터링하고, 정기적으로 부분 물갈이하여 이 문제를 예방하는 것이 좋다.

아가미 흡충(*Dactylogyrus*)의 생활사

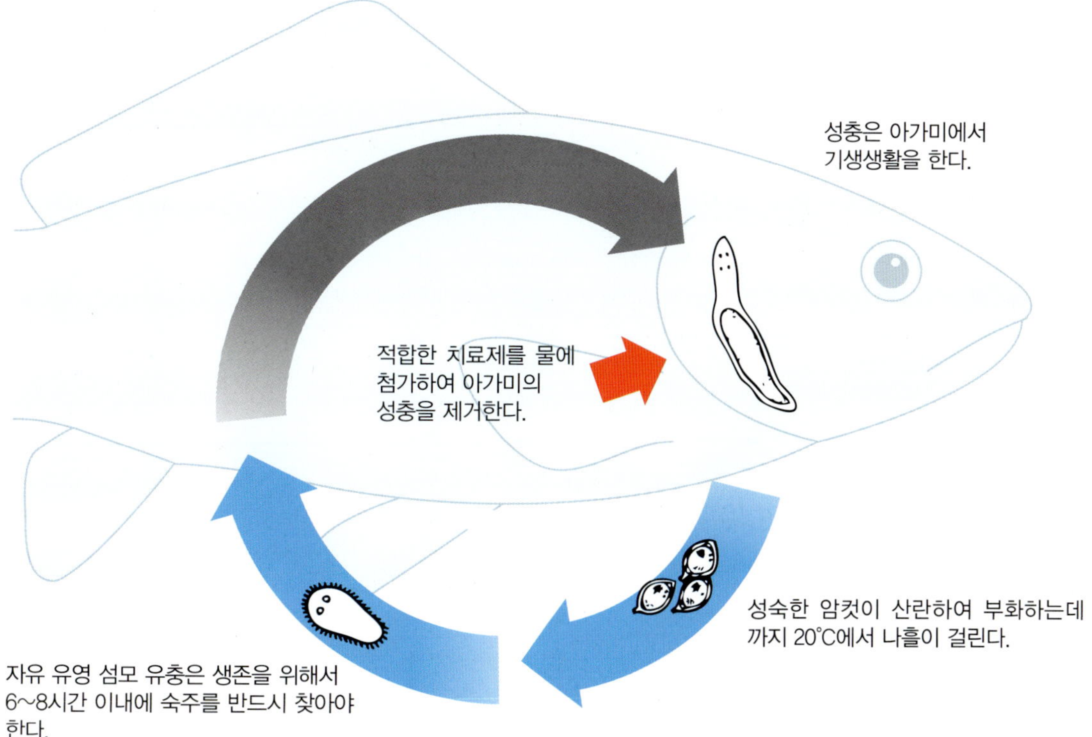

담수패류 유생에 의한 감염(Glochidial infestation)

원인

담수에 서식하는 패류의 유생 단계(예: *Unio*와 *Anodonta*).

증상

주로 아가미 및/또는 지느러미 끝 부분이 회색으로 보이는 것이 가장 뚜렷한 증상이며, 중증 감염어의 두드러진 증상이라 할 수 있다. 면밀한 조사를 통해 매우 작은 담수패류 유생(glochidia)을 관찰할 수 있으며, 그 크기는 1mm 미만이다.

질병의 발생

이 질병은 담수패류와 함께 사육하던 담수어류에서 발생할 수 있다. 냉수성 관상어에도 발생할 수 있으나 주로 연못 어류(특히 봄과 여름철)에 국한되어 피해가 일어날 수 있다. 성숙한 패류로부터 방출된 작은 유생은 성장을 위해 반드시 어류 숙주를 찾아야 한다. 유충은 피부, 지느러미 아가미에 침입하여 수 개월간 기생 생활을 한다. 성체의 형태로 발달한 패류는 숙주 몸 밖으로 나와 독립생활을 시작한다. 어류에 기생하는 동안에 많은 수로 존재하지 않는다면 숙주에 큰 해가 되지는 않는다.

치료와 관리

패류 유생이 어류에 부착하고 있는 동안에는 유효한 치료 방법이 없다. 대개 이런 조건에서는 치료가 잘 되지 않는다. 가장 확실한 예방법은 산란을 하는 시기인 여름철에 패류를 다른 곳으로 옮겨 놓는 것이다.

아래 두 개의 담수패류 유생(glochida)의 확대 사진. 여름철 동안 어류에 기생하면서 성체와 똑같은 모습으로 발달한다.

아래 어류의 아가미에 박혀 있는 담수패류 유생. 중감염은 아가미병 증상을 일으킬 수도 있다.

담수패류 유생은 무엇인가?

글로키디움(glochidium, 복수로 글로키디아(glochidia))는 담수 이매패류의 유생 단계를 말한다. 연체동물은 10만 종 이상을 포함하는 매우 큰 분류군이며, 육상, 담수 및 해수 환경에서 서식한다. 민달팽이, 달팽이, 삿갓조개류(limpet), 문어 및 오징어는 모두 연체류에 속하며, 연체동물문의 이매패강에 속하는 판새류(板鰓類, Lamellibranchia)에 이 담수 패류가 포함된다.

이매패류(약 8천 종 이상의 담수 및 해수종)는 한 곳에 머무르거나 느리게 움직이는 수생의 연체동물로서 힌지(hinge)에 의해 연결되어 있는 두 개의 조가비를 가지고 있다. 조가비 안에 큰 아가미를 가지고 있으며, 섬모를 이용해서 입수관(inhalant siphon)을 통해 물을 몸 안으로 들이마신다. 이때 들어온 물이 다시 출수관(exhalant siphon)을 통해 밖으로 나가기 전에 물속의 작은 입자를 걸러내어 먹이로 섭취한다.

이매패류는 자웅동체이거나 자웅이체이다. 한 개체로부터 나온 정자는 다른 성숙한 개체의 입수관을 통해 흡입되어 체내에서 수정된다. 수정된 난이 발달하는 데에는 수개월이 소요될 수 있으며, 이후 많은 수의 작은 유생이 방출된다. *Unio*와 *Anodonta*의 글로키디아는 완전한 성장을 위해 체외기생충으로서 기생할 숙주(어류)를 찾아야 한다.

반대의 예로서 잉어과 민물어류인 *Rhodeus*는 담수패류 체내에 알을 낳으며, 알은 그 속에서 발달 과정을 거치므로 포식자로부터 완벽히 보호될 수 있다.

담수 패류 유생(glochidia)의 생활사

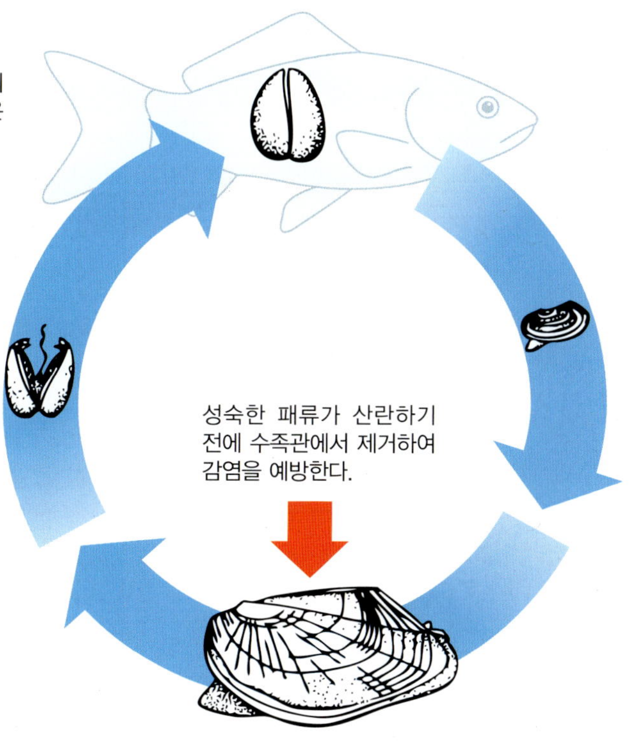

두부천공병(Hole-in-the-head disease)

원인

편모충류(*Hexamita* 또는 *Spironucleus*)가 연관된 경우가 있었으나 근본적인 원인은 명확하지 않다. 영양부족, 세균 감염 또는 수질의 악화 등 다양한 요인이 이 질병과 관련되어 있을 수 있다.

증상

작은 구멍들이 몸, 특히 두부에 나타나며 점점 관 모양의 발진으로 발달한다. 아주 흔히 병소로부터 실처럼 보이는 노란 점액이 나와서 기생충 감염을 의심할 수 있다. 병어는 먹이 섭취를 하지 않아 종종 복부가 비어있는 것처럼 보이며 엷은 실 같은 변을 달고 있다. 병소는 지느러미 기저부와 측선 부근에 형성될 수도 있다. 해수 어류(특히, 쥐돔류(surgeonfishes)(Acanthuridae)와 해수 에이절피시(marine angelfishes)(Poma-canthidae))의 '두부/측선부식병(HLLE(Head and Lateral Line Erosion))'으로 알려진 질병에 나타나는 증상과 다소 유사하다.

질병의 발생

헥사미타(*Hexamita*)는 다양한 냉수어류와 열대어류, 특히 시클리드(예: 디스커스, 에인절피시 및 오스카(oscars))와 구라미의 장관에 적은 수로 존재한다(경감염). 이 경우에는 거의 해를 입히지 않는다. 그러나 밀식, 용존산소 부족, 비위생적 환경, 수온의 변화 및 부실한 먹이 등과 같은 다양한 인자는 기생충 증식의 원인이 되고 위에 서술한 급성 증상을 일으킨다. HLLE는 부실한 먹이(비타민 C 부족)와 여러 환경 인자와 관련된 복합질병이다.

오른쪽 두부천공병이 많이 진행된 경우. 이 디스커스는 포르말린에 보존된 채로 실험실 검사용으로 제출되었다.

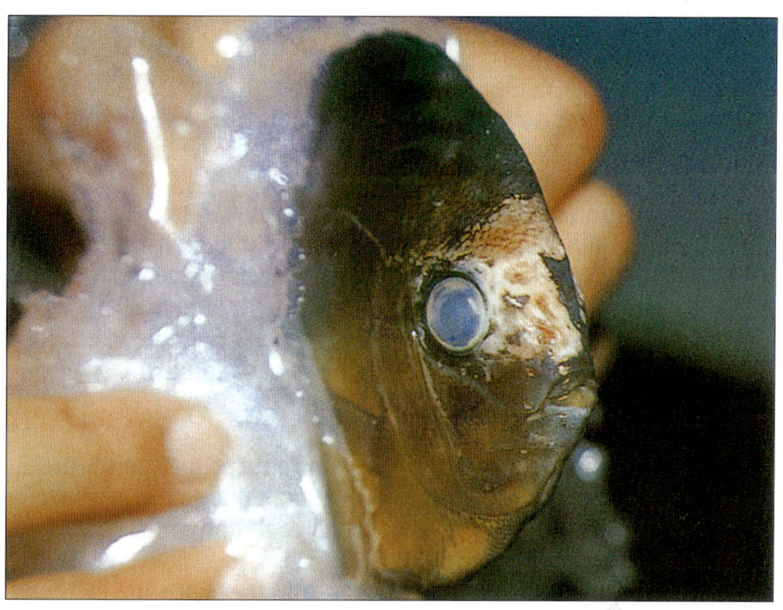

위 이 디스커스에서 볼 수 있는 것처럼 두부천공병의 초기 단계는 어류의 두부와 측면에 작고 얇은 병소가 나타나는 것이다.

왼쪽 시클리드(여기서 보는 것처럼)와 구라미가 이 질병에 가장 빈번히 영향을 받지만 다른 여러 어종에도 발생할 수 있다.

치료와 관리

두부천공병의 가장 좋은 치료법은 약품 첨가 사료를 투여하는 것이다. 하지만 병어는 먹이를 잘 먹지 않을 뿐더러 소량의 사료에 약품을 섞어 만드는 것도 쉬운 일이 아니다. 다른 방법으로 메트로니다졸(metronidazol)**과 같은 약품(처방전 필수 약품–북미)으로 약욕을 할 수 있다. 디메트리다졸(dimetridazole)**의 경우 예전에는 쉽게 사용할 수 있었으나 일부 국가에서는 제한된다.

장기적인 예방을 위해서는 새로 입식하는 모든 물고기를 사전에 검사하고, 적절한 예방적 조치를 취해서 질병의 원인이 될 수 있는 인자를 제거하는 것이 중요하다.

해수어의 HLLE의 경우, 비타민 C 첨가 사료의 투여와 환경적 스트레스 요인을 제거하는 것이 효과가 있다는 보고가 있다. 수족관 내의 누전(접지되지 않은 전기장치에 의한) 역시 잠재적인 원인이 될 수 있다.

잠복 감염 (Latent infection)

일반적으로(대부분) 건강하게 보이는 어류가 많은 종류의 잠재적 병원체를 보균하고 있을 것이라고는 생각하지 않는다. 이처럼 '잠복감염'은 어류에게는 아마도 해가 안되겠지만 사육자에게는 그 중요성을 아무리 강조해도 지나치지 않다. 가장 최상의 상태인 수족관/연못이라 하더라도 사육자가 잠시 방심하는 순간을 기다리고 있는 병원체는 늘 존재한다.

대부분의 경우 물고기를 제대로 관리하고 정확한 환경조건을 갖추면 선천성 면역은 이러한 병원체를 이겨낼 수 있다. 그러나 만약 환경조건이 악화되면 어류의 저항력은 약화되고, 그 결과 질병이 발생하게 된다. 안타깝게도 질병을 성공적으로 치료한 경우라도 생존한 어류에 다시 잠복 감염될 수 있으며 환경조건이 악화되면 재발할 수 있다.

거머리 감염(Leech infestation)

원인

Piscicola geometra 및 다른 여러 종의 거머리.

증상

대형 거머리류(길이는 최대 5cm)는 몸체, 지느러미 및 아가미에 단단히 부착한다. 중증의 어류는 무기력해 보이고 야위었으며, 경우에 따라 불안정한 행동을 나타낸다. 몸체의 붉은 증상은 이전의 부착부위를 나타내며 이 부위에 곰팡이 감염이 발생할 수 있다. 거머리는 흡혈 습성 때문에 어체 간 감염성 질병을 전염시킬 수 있다.

질병의 발생

거머리류와 다른 편형동물은 주로 새로 입식한 어류와 식물(특히 강이나 호수에서 채취한) 또는 먹이생물을 통해서 연못이나 수족관(다소 드묾)으로 들어오게 된다. 그러나 모든 편형동물이 기생성은 아니며 일부는 단순히 죽은 동물을 먹는 사체 처리(scavenger)를 한다.

거머리류는 난생이며, 봄에서 가을 사이에 온대지역의 못에 알을 낳는다. 이 알은 치료제에 저항성이 강하며, 부화하면 그 기생충은 어류 숙주 없이 일정 시간 생존할 수 있다.

치료와 관리

거머리류는 수족관에서보다는 야외 연못에서 좀 더 자주 문제를 일으킨다. 북미와 다른 몇몇 국가에서는 메트리포네이트(metrifonate)**와 같은 유기인산계 살충제를 치료제로 사용할 수 있다. 그러나 알은 이러한 화학약품에 저항성이 있기 때문에 한 번 이상의 치료가 필요하다. 몇몇 종(오르페(orfe)와 rudd)은 유기인산계 살충제에 민감하다. 또한 이 약품은 수생 무척추동물에 치사성이 있다. 감염된 담수어류를 2~3%의 소금물에 15~30분 정도 염수욕을 시키면 거머리류를 제거할 수 있다.

유기인산계 살충제가 금지된 국가에서 가장 좋은 방법은 연못의 물을 완전히 제거한 후 며칠 동안 건조시키고 식물은 버리는 것이다. 새로 넣으려는 식물은 과망간산칼륨(1mg/물 1리터) 용액에 약 30초간 담가 거머리 유생 또는 물이를 제거한다.

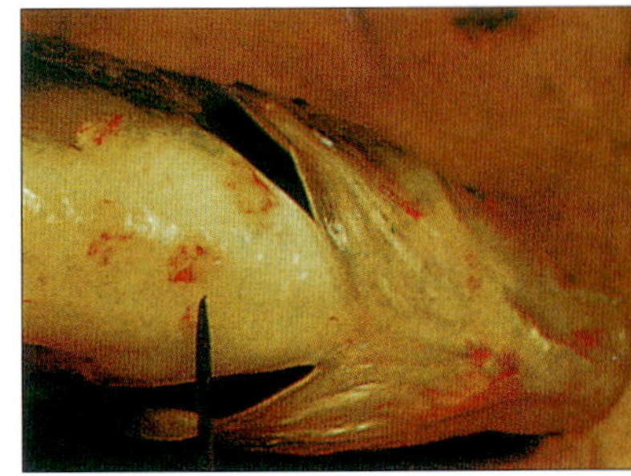

위 거머리의 흡혈 먹이습관에 의한 물고기의 전형적인 피부 손상. 이러한 병변으로 다른 병원체에 의해 감염될 수 있다.

아래 정원 연못의 금붕어는 거머리가 겨울잠에서 깨게 되면 많은 수로 늘어나 중감염되어 고통을 받을 수 있다.

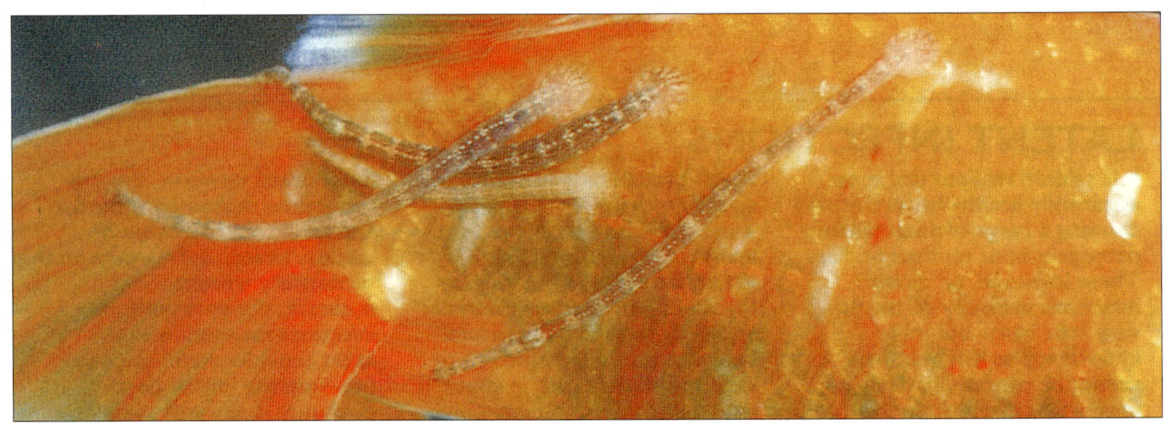

어류 거머리(*Piscicola geometra*)의 생활사

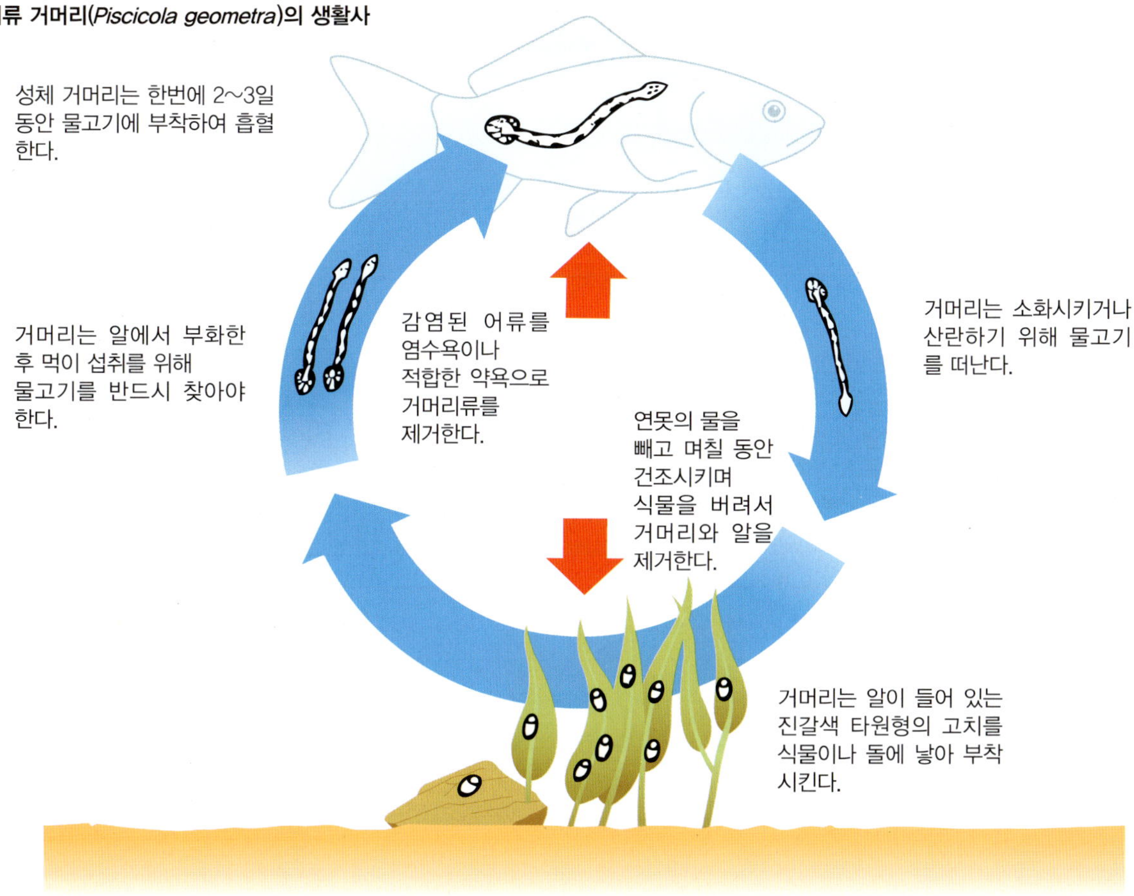

성체 거머리는 한번에 2~3일 동안 물고기에 부착하여 흡혈한다.

거머리는 소화시키거나 산란하기 위해 물고기를 떠난다.

거머리는 알이 들어 있는 진갈색 타원형의 고치를 식물이나 돌에 낳아 부착시킨다.

거머리는 알에서 부화한 후 먹이 섭취를 위해 물고기를 반드시 찾아야 한다.

감염된 어류를 염수욕이나 적합한 약욕으로 거머리류를 제거한다.

연못의 물을 빼고 며칠 동안 건조시키며 식물을 버려서 거머리와 알을 제거한다.

거머리란 무엇인가?

거머리는 지렁이, 다모류 등과 같은 '지렁이류'와 함께 환형동물문에 속한다. 환형동물은 주로 잘 발달된 신경과 소화관을 지니며 근육질의 조화로운 몸체로 구성되어 있다.

거머리는 환형동물문 거머리강에 속하며 약 300종 이상이 존재한다. 대부분 담수에 살지만 일부는 육상이나 해수에 산다. 거머리는 보통 몸체의 양쪽 끝에 강력한 부착 능력이 있는 흡착반을 가지고 있다. 대부분의 거머리류 길이는 수 센티미터이며 일부는 상당히 길다.

몇몇 거머리류는 포식성이어서 작은 무척추동물을 잡아먹지만 대부분은 기생성이라 무척추동물, 어류, 양서류 및 척추동물의 혈액과 체액을 섭취하며 산다. 흡혈성 거머리는 날카로운 구기를 가지고 있으며 혈액의 응고를 막는 항응고물질을 분비한다. 한 마리의 거머리는 한번에 섭취할 수 있는 혈액량이 자신 체중의 10배 정도 되며 몇 달 동안 단식할 수 있다.

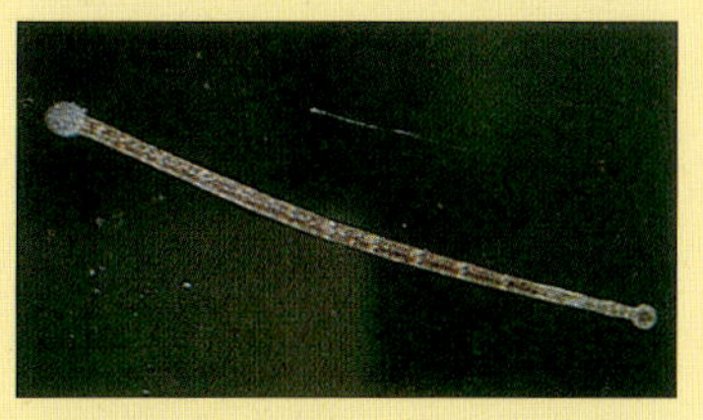

위 흡혈 후 혈액으로 차 있는 어류 감염 거머리(*Piscicola geometra*).

거머리류는 가끔씩 편형동물의 와충류(turbellarian)와 혼동되지만 와충류는 일반적으로 더 작고 흡착반이 없으며 부드러운 활주운동을 하며 움직인다. 거머리류는 자웅동체이지만 스스로 수정을 할 수 없으며 타가수정이 필요하다. 거머리류는 알을 물 바깥의 고치 안에 낳을 수 있다. 알은 많은 화학약품에 저항성이 있지만 보통 완전한 건조에는 약하다.

네온테트라병(Neon tertra disease)

원인

미포자충인 플레이스토포라(*Pleistophora*)에 의한 감염.

증상

경감염된 어류는 어떤 증상도 나타나지 않을 수 있다. 그러나 중감염된 어류는 체색이 퇴색되고(특히, 네온테트라의 붉은 띠), 이상 유영, 척추 만곡, 여윔 및 지느러미 부식 증상을 나타낸다. 다양한 어종은 이 질병에 감수성이 있지만 특히 테트라류가 더 약한 것으로 보인다. 제브라피시와 바브 또한 유사한 질병에 영향을 받는다.

질병의 발생

기생충은 개체 간에 전염되지만 포자는 단기간 동안 숙주인 물고기를 떠나서 살 수 있다. 환경조건이 나빠지게 되면 질병이 발생하는 중요한 원인이 된다. 세균에 의한 2차 감염도 흔하다. 콕시듐 구충제인 톨트라주릴(toltrazuril)에 대하여 실험적으로 성공하였으며 푸라졸리돈(furazolidone)은 플레이스토포라에 직접 작용하기보다는 2차 세균 감염에 효과가 있는 것으로 보인다. 질병 증상을 보이는 개체를 항상 격리해서 치료하도록 한다. 치료 후 회복한 개체라도 여전히 기생충에 감염되어 있을 수 있다. 치료 효과가 없는 감염어는 안락사를 시켜서 동족포식을 막는 것이 중요하다.

건강하게 보이는 개체라도 감염되어 있을 수 있기 때문에 발병으로 문제가 생기는 것을 예방하기 위해 최적의 환경 조건을 유지시키는 것이 매우 중요하다. 이 질병이 심하게 발생한 수족관은 철저히 소독하고 세척한 후 건조시킨다. 그 후 새로 물고기와 장식품을 구입하여 수족관을 꾸미도록 한다.

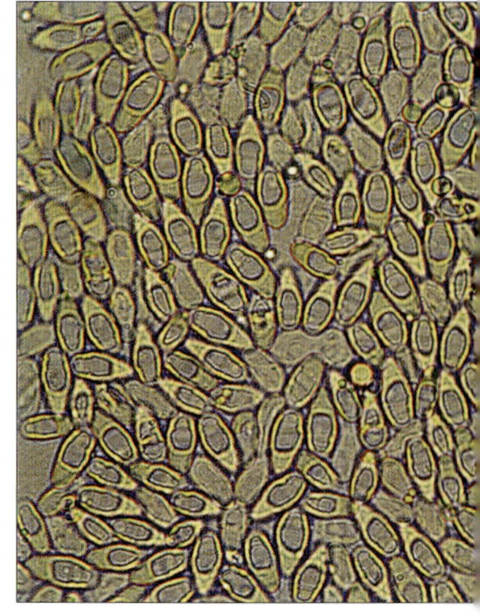

위 감염된 조직의 플레이스토포라 시스트로부터 나온 포자를 보여주고 있다. 한 개의 시스트에는 수천 개의 포자가 들어 있으며 포자의 직경은 약 5마이크론이다.

치료와 관리

다양한 약품을 사용할 수 있지만 완벽하게 처리할 수 있는 것은 없다. 실험상으로는 톨트라주릴**, 항코시듐류 제제가 효과를 보인다고 한다. 후라졸리돈**은 *Pleistophora*(네온테트라병)로 인해 2차 감염('거짓 네온병(false neon disease)'이라 불리는)이 나타나는 경우 효과가 있다. 증상이 보이는 개체는 분리, 치료하도록 한다. 치료에 의해 병어가 회복이 된 후에도, 잠재 기생충까지 제거되도록 치료를 실시한다. 상태가 악화되어 움

아래 네온테트라병의 전형적인 증상으로 특히 선명한 색의 네온테트라가 고유의 체색을 잃은 모습이다. 이 물고기는 야위었으며 지느러미 부식 증상을 보이고 있다.

네온테트라병의 원인 기생충인 플레이스토포라의 생활사

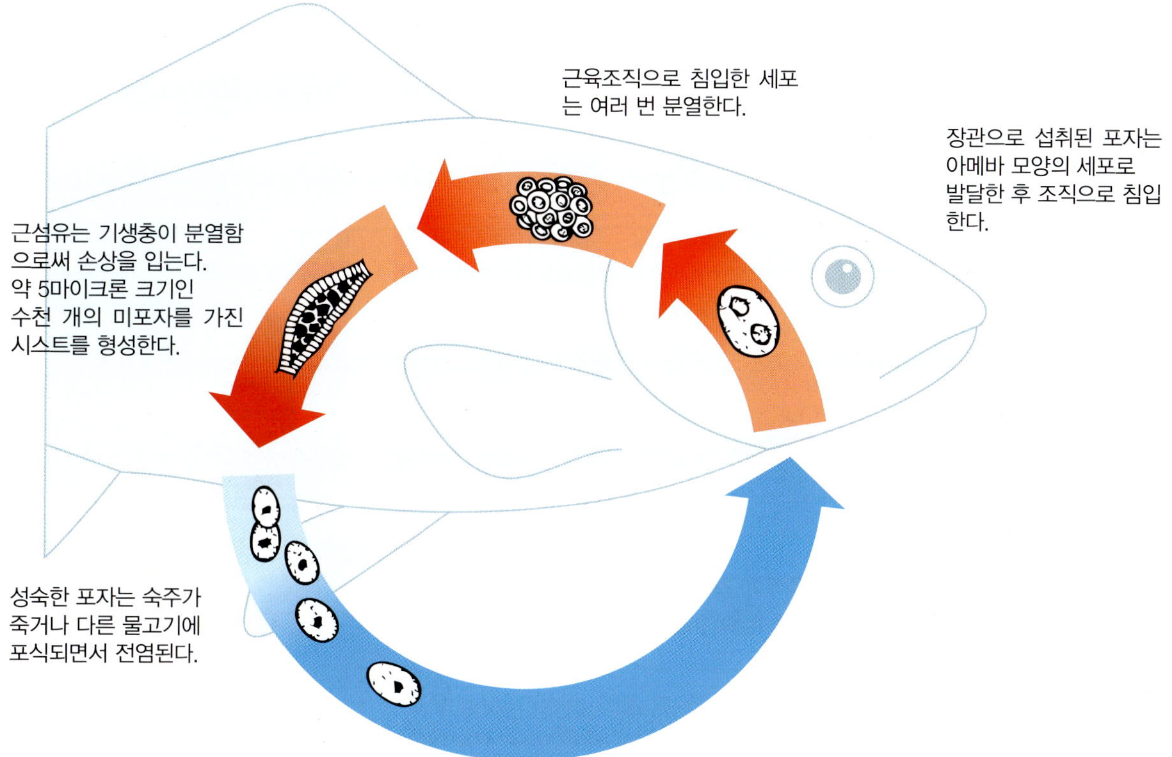

직이지 못하는 감염어의 경우, 안락사를 시켜 죽거나 빈사 상태의 어류의 동종포식(cannibalism)을 막는 것이 중요하다.

건강한 개체가 감염의 증세를 보이기 시작할 때 우선적으로 수족관의 상황을 점검하여 문제점을 파악하고 질병에 의한 문제를 예방하도록 한다. 발병한 수족관은 깨끗이 세척하고 건조시키며 수족관을 다시 꾸밀 때, 개체의 스트레스를 줄여줄 만한 환경을 조성할 수 있도록 한다.

기생충의 생활사와 숙주 특이성

어떤 기생충은 오로지 하나의 숙주를 필요로 하는 매우 단순한(직접적인) 생활사를 가지는데, 백점충(*Ichthyophthirius*)에 의한 백점병이 그 좋은 예이다. 또 어떤 기생충은 복잡한(간접적인) 생활사를 가지는데 이때 관여하는 숙주는 2종류 이상이다. 많은 종류의 내부기생성 연충류(internal helminth)(예: *Camallanus*)는 간접적인 생활사를 지닌다. 기생충이 완전히 성숙하게 되는 숙주를 종숙주라 하며 그 외 다른 숙주는 중간숙주라 한다. 중간숙주는 기생충이 발달 또는 증식하고 또 종숙주로 전염되는데 매우 중요할 수 있다. 중간숙주 없이는 자신의 생활사를 완성할 수 없다.

직접적인 생활사를 가진 기생충은 밀식된 수족관이나 연못에서 사육되는 개체 간에 매우 쉽게 전염될 수 있다. 이로써 백점충과 같은 기생충이 왜 큰 피해를 입히는지를 알 수 있다. 간접적인 생활사를 지닌 기생충은 수족관이나 연못에 자신이 필요로 하는 모든 중간숙주가 존재하지는 않기 때문에 큰 문제를 일으키지는 않는다. 어떤 기생충은 다양한 종류의 숙주에 감염될 수 있어서 낮은 숙주 특이성을 지닌다. 백점충, *Piscinoodinium*(벨벳병 기생충; velvet disease)과 닻벌레(*Lernaea*)는 이런 타입의 기생충에 속한다. 단순한 생활사와 낮은 숙주 특이성을 가지는 기생충은 다양한 어종에 질병을 일으키며 발병하게 되면 급속도로 많은 개체에 퍼지기 때문에 가장 문제시된다.

어떤 기생충은 자신의 종숙주 또는 중간숙주인 소수의 어종에만 감염시킬 수 있다. 이런 기생충을 숙주 특이성이 매우 높다고 표현한다. 높은 숙주 특이성을 갖는 기생충은 일반적으로 자신이 좋아하는 숙주의 환경에 매우 잘 적응해 있다. 이런 종류의 기생충은 설령 다른 어종에 기생한다 하더라도 완전히 성숙해서 생식을 할 수는 없다. 장관에 서식하는 많은 이생흡충류와 네온테트라병의 기생충은 매우 숙주 특이적이다. 간접적인 생활사와 높은 숙주 특이성을 지닌 기생충은 매우 제한적인 어종에 감염할 수 있고 생활사를 완성하기 위한 숙주가 모두 존재할 가능성은 희박하기 때문에 일반적으로 어류 사육자에게는 큰 문제가 되지 않는다.

여러 종류의 결절증(Nodular diseases)

원인

Ichthyosporidium, *Nosema*, *Myxobolus*, *Henneguya* 및 *Dermocystidium* 등의 다양한 미포자충 또는 점액포자충에 의함.

증상

작거나 큰 황백색의 부드럽게 생긴 시스트가 피부, 지느러미, 아가미, 근육 및 내부 장기에 나타난다. 시스트의 크기는 수 mm에서 1cm 까지 되기도 한다. 시스트는 구형 또는 난원형이지만 어떤 것은 길거나 불규칙한 형태이기도 하다. 각 시스트에는 수 천 개의 작은 기생 포자가 들어 있다. 이 포자는 너무 작아 핀의 머리 크기를 채우는 데에 적어도 15,000개 정도가 필요하다.

질병의 발생

이 기생충은 네온테트라병을 일으키는 기생충과 유사하다. 내부 장기에 경감염된 어류는 특별한 증상이 없기 때문에 알아차리기 힘들지만 피부와 지느러미의 감염은 좀 더 쉽게 관찰된다. 포자는 어체 간에 전파가 되지만 이 기생충류의 대부분의 생활사는 아직 잘 밝혀져 있지 않다. 경감염된 어류에는 해가 거의 없지만 특히 아가미 또는 작은 어류에 매우 심하게 감염된 경우에는 개체를 약화시킨다. 각각의 결절증은 하나 또는 소수 어종에 특이적이므로 교차 감염은 드물다.

위 결절증의 시스트는 내부 장기에 손상을 줄 수 있다. 물고기(angler fish)의 척추에 발생해서 외부에서도 알아볼 수 있는 부종을 일으키고 있다.

치료와 관리

이 질병에 대한 효과적인 치료법은 없다. 감염된 개체를 격리시키고 상황이 악화되면 안락사시킨다. 수족관과 관련 도구들을 모두 소독한다. 증상이 관찰되는 감염된 개체는 구입하지 않는다.

아래 여기 큰가시고기와 같이 피부 또는 지느러미에 백색 또는 황백색의 시스트가 형성되며 결절증의 확실한 증상을 나타내고 있다.

몇몇 결절증의 가능한 감염주기

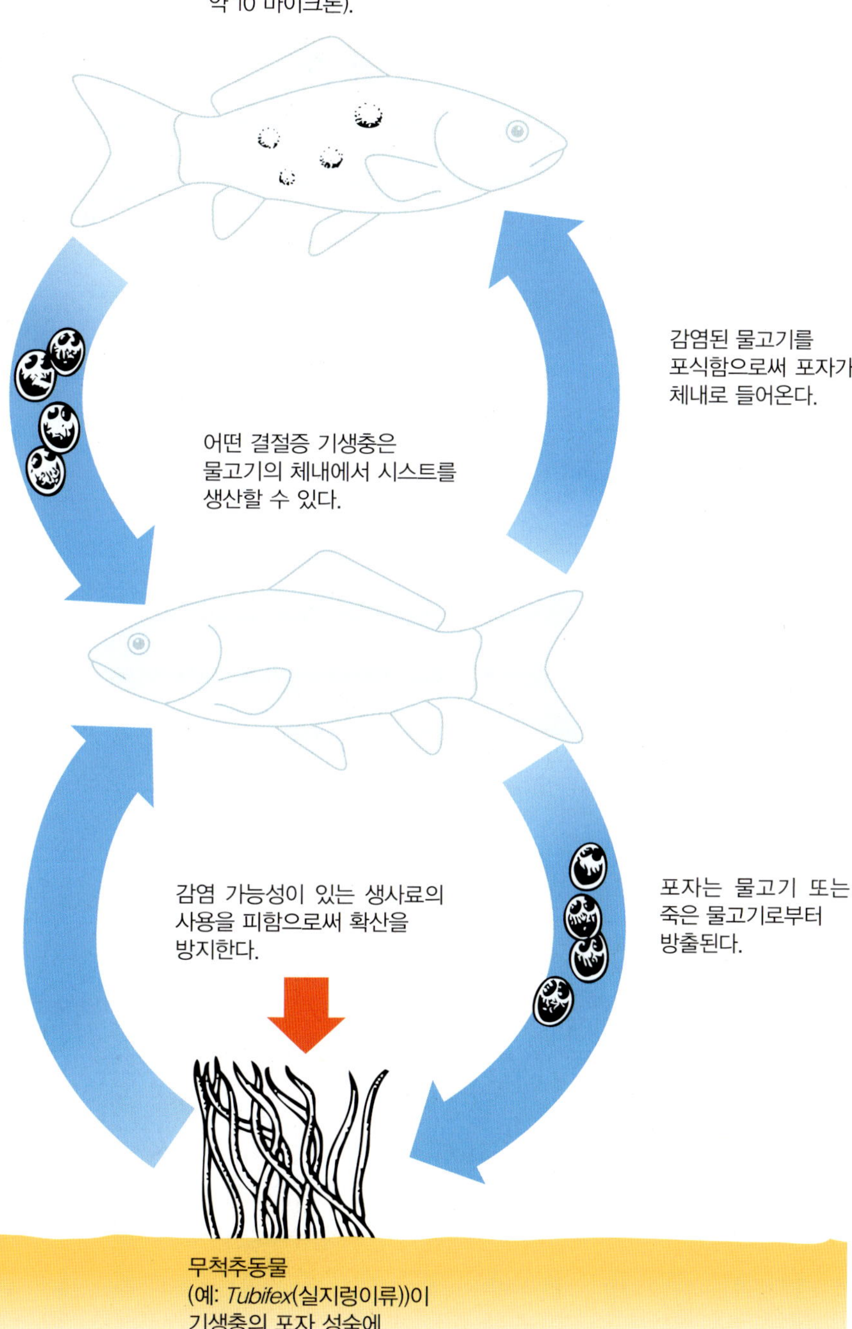

영양성 질병(Nutritional problems)

원인

부적절한 먹이.

증상

증상은 문제의 본질에 따라 매우 다양할 수 있다. 예를 들어 단백질이 부족한 먹이는 성장률 감소와 척추 만곡을 초래할 수 있다. 탄수화물과 지방(지질)이 과다 함유된 먹이는 다양한 증상(간질환, 빈혈과 감염성 질병에 대한 감수성의 증가)을 일으킨다. 비타민 부족 또한 문제를 일으킨다. 예를 들어 비타민 A 결핍은 성장률의 저하를 초래하고 시력저하 및 지느러미 기저부에 출혈을 유발한다. 비타민 B 결핍 증상으로는 비정상적인 체색과 산발적으로 마비증상을 나타내면서 극도의 흥분 상태로 이상유영을 하기도 한다. 비타민 C 결핍으로 피부 병소와 두부 및 측선부식(HLLE; head and lateral line erosion) 증상이 나타날 수 있다. 어류의 무기질(미네랄) 요구량에 관해서는 비교적 정보가 많지 않지만 칼슘, 마그네슘 및 칼륨이 먹이에 부적절하게 함유된 경우 신장과 장관에 문제가 발생한다. 비타민 결핍증의 추가 증상을 다음 표에 정리하였다. 표의 내용은 결핍증의 대표적인 증상의 예를 나타내고 있으나 어종에 따라 상당히 차이날 수 있으므로 주의해야 한다.

위 여기 보이는 팡가시우스종(*Pangasius sutchi*)의 안구혼탁은 영양성 질병, 기생충 감염 또는 물리적 손상 등이 원인이 될 수 있다.

아래 비타민 C 결핍으로 나타난 비정상 체형의 송어.

질병의 발생

영양성 질병은 야생어류나 펠릿이나 플레이크와 같이 영양의 균형이 잘 잡힌 배합사료가 제공되는 수족관 또는 연못의 어류에서는 거의 발생하지 않는다.

치료와 관리

분명한 것은 양질의 먹이를 공급한 어류에게는 영양성 질병이 발생하지 않는다는 것이다. 예를 들어, 주 사료인 플레이크에 첨가할 수 있는 동결건조된 식물성 사료와 감마선 조사 냉동 사료 등이 시판되어 있으며 필요에 따라서는 안전한 먹이생물도 사용할 수 있다.

플레이크 또는 펠릿과 같은 사료는 항상 개봉 후 서늘하고 건조한 환경에 보관해야 하며, 이렇게 해야 영양 성분을 잘 보존할 수 있다.

물론 이렇게 영양분이 농축된 건조 사료를 과잉 투여하는 것은 피하는 것이 중요하다. 연못과 수족관에 이런 사료가 축적되면 수질에 급격한 악영향을 초래하며 심지어 폐사를 일으킬 수 있다.

알려진 어류의 비타민 결핍 문제

비타민	결핍 증상
비타민 A	성장부진, 식욕상실, 안구 문제, 수증, 아가미 문제, 꼬리지느러미의 출혈
비타민 B	
티아민 (B_1)	식욕감퇴, 근육쇠약, 경련, 평형감각 상실, 세포내 체액 축적(부종), 성장부진
리보플라빈 (B_2)	안구혼탁, 안구충혈, 시력감퇴, 빛에 대한 회피 반응, 체색흑화, 식욕감퇴, 성장부진, 빈혈
피리독신 (B_6)	극도로 흥분하거나 경련하는 것과 같은 신경쇠약, 식욕상실, 빈혈, 체강 내 체액의 축적, 숨가쁨, 아가미 덮개의 너풀거림
코발라민 (B_{12})	식욕감퇴, 빈혈, 성장부진
번호가 붙지 않은 비타민 B	
비오틴	식욕상실, 근육쇠약, 경련, 피부와 소화관 병변, 성장부진
콜린	성장부진, 내장출혈
폴산	성장부진, 무기력, 지느러미 손상, 체색흑화, 빈혈
이노시톨	성장부진, 수증, 피부병변
판토텐산	아가미와 피부 문제, 식욕상실, 성장부진, 무기력
비타민 C	체색흑화, 피부 문제, 안구 질병, 척추변형

유해생물 1 : 조류 문제

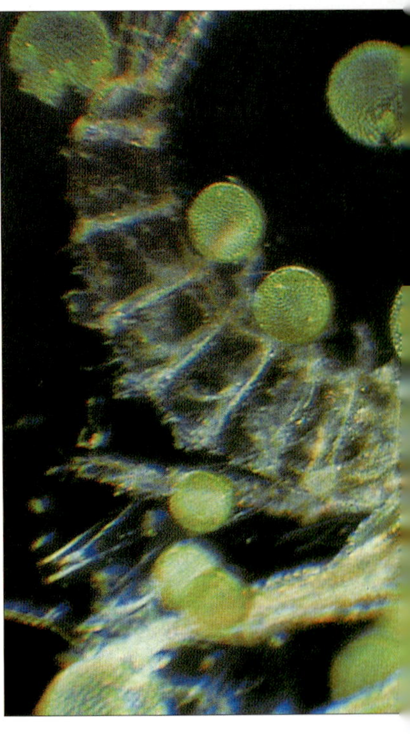

원인

다양한 담수 및 해수 조류(규조류 포함).

증상

담수에서는 *Chlamydomonas*, *Chlorella*, *Volvox* 및 *Scenedesmus*와 같은 단세포 또는 군체를 이루는 조류가 흔히 녹조로 알려진 조건을 형성하는 반면에, *Cladiphora*, *Oedogonium*, *Vaucheria* 및 *Spirogyra*는 식물, 돌 또는 장식재 등에 붙어 실타래 모양을 형성하는 실모양의 조류로, 잘 알려진 실이끼(balnket weed)가 이에 포함된다. 담수와 해수 모두에서 관찰되는 갈색 또는 황갈색의 얇은 막과 같은 형성물은 규산질의 세포벽을 가진 단일 세포로 구성된 다양한 규조류에 의한 것이며 식물성 플랑크톤에 속한다. 큰 장식 돌이나 바닥의 자갈에 형성된 진녹색(심지어 검은색)의 점액질 층과 표층에 기름기 있는 찌꺼기가 관찰되면 *Anabaena*, *Oscillatoria*, *Rivularia* 와 같은 남조류(cyanobacteria)가 존재함을 의미한다. 해수 수족관의 돌과 자갈바닥에 얇은 막을 형성하는 다양한 홍조류(red algae)가 좀 더 많은 문제를 일으킨다.

조류가 과다증식하게 되면 높은 pH나 급격한 pH 변동, 용존산소 저하와 같은 수질문제와 아가미 이상 또는 심하면 중독 증상이 나타날 수 있다.

위 자유 유영하는 조류 군체(구형의 *Volvox*)는 수족관이나 연못에서 발생하는 녹조의 한 원인이다. 각 군체의 직경은 최대 1mm 정도 된다.

위 오른쪽 수족관의 식물을 완전히 질식시키는 조류. 가장 좋은 방법은 조류가 과다증식하기 훨씬 전에 문제 발생의 원인을 제거하도록 한다.

왼쪽 실모양의 녹조류는 여기 보이는 것과 같이 수족관의 식물, 자갈 및 장식물을 덮을 수 있다. 이런 현상은 수족관에 너무 많은 빛이 들어오거나 식물이 너무 적기 때문에 생길 수 있다.

문제의 발생

물론 소량의 조류가 수족관이나 연못에 있는 것은 정상이며 어류에게 유익하다. 새로(때로는 오래된) 세팅된 수족관이나 연못에서 조류가 일시적으로 과다증식 할 수 있지만 곧 안정된다. 문제는 조류의 과다증식이 지속적이거나 재발하는 것이며, 이로 인해 수질과 물고기에 해가 되는 것이다.

특정 조류의 과다증식 원인은 아주 다양하다. 녹조 현상 또는 실이끼류에 의한 녹조류의 과다증식은 보통 너무 많은 양의 빛(가시광선 또는 전구의 불빛) 및/또는 식물이 너무 적기 때문에 일어난다. 정원에서 연못으로 흘러든 영양분이 많이 함유된 물도 조류 과다증식의 한 원인이 될 수 있다. 식물은 이용 가능한 빛 에너지와 영양분을 조류와 경쟁하기 때문에 조류의 과다증식 제어에 도움이 된다. 규조류에 의한 갈색의 얇은 막과 같은 형성물은 비교적 빛이 어두운 조건에서 잘 발생하며, 남조류의 증식은 일반적으로 수질이 좋지 않고(영양분의 농도가 높고 비정기적인 물갈이) 빛의 양이 많다는 것을 나타낸다. 해수 수족관에서 홍조류의 과다증식 원인은 아직 명확히 밝혀져 있지 않지만 불충분한 빛, 저수온 및 비정기적인 물갈이가 원인일 수 있다.

연못과 수족관의 조류 과다증식의 원인은 많고 다양하다. 그러나 이런 문제는 언제나 사육되는 환경 조건과 일반적인 관리 방법에 이상이 있다는 것을 의미한다.

● 우선 가능한 많은 조류를 긁개(scraper)와 사이폰을 이용하여 최대한 제거한다. 연못의 실이끼류는 정원용 갈퀴로 제거할 수 있다. 가능하면, 돌과 장식물 및 식물을 들어내어 깨끗이 씻는다. 단단한 표면에 붙어 있는 조류는 뜨거운 물과 솔로 없앤다. 연못의 녹조류는 대량 물갈이로 제거할 수 있다. 그러나 이것은 일시적으로 효과가 있으며 곧 다시 생기게 된다. 좀 더 효과적인 방법은 여과기로부터 배출되는 물을 소독하기 위해 자외선(UV) 살균기를 설치하는 것이다. 물속의 조류는 UV 장치를 지날 때 죽어서 서로 뭉쳐지게 된다. 보릿짚은 물이끼류 제어에 효과가 있으며, 살충제로 처리하지 않은 연못용 보릿짚 다발이 시판되어 있다.

● 많은 양의 조류를 제거한 이후, 시판된 살조제(algicide**; 조류를 죽이는 물질)를 이용해서 안전하고 효과적으로 실이끼류와 녹조류를 제거하는 것이 가능하다. 안전하고 효과적인 사용을 위해서는 제조사의 용법 용량을 반드시 엄수하도록 한다.

● 수족관 또는 연못의 상태를 확인한다.
식물은 충분한가? 길이 1m의 수족관은 권장되는 양의 빛이 들어오는 경우 적어도 수십 개의 식물이 필요하다. 만약 정원의 연못이 과도한 양의 햇빛을 받는다면 연못 표면의 60% 이상을 수련의 잎(또는 유사한 것)으로 덮어 그늘지게 해야 한다. 식물과 그늘은 조류가 이용할 수 있는 영양분과 빛의 양을 줄이는 데 도움이 된다.

빛의 양이 너무 많거나 적은가? 식물이 많이 없는 환경에서 과도한 양의 빛(특히 가시광선과 백열등 불빛)이 들어오게 되면 조류 문제가 발생한다. 반면에 빛이 어두운 경우 규조류와 홍조류에 의한 문제가 발생할 수 있다.

수질 상태는 어떤가? 물속의 영양분 증가, 물갈이 부족 및 다른 관련 요인들 때문에 조류의 과다증식이 발생할 수 있다.

● 어류와 일부 무척추동물이 조류 관리에 사용될 수 있다. 담수 열대어 수족관의 어류(예를 들어, 몰리(*Poecilia* spp.), 일부 라베오(*Labeo*) 상어류, sucking loach(*Gyrinocheilus aymonieri*) 및 일부 sucker-mouth catfish(예: *Otocinclus*))는 조류를 섭취한다. 어떤 메기류(plec catfish(*Hypostomus plecostomus*))는 효율적으로 조류를 섭취하는 어종이지만, 0.3m 이상으로 큰다는 단점이 있다. 담수의 조류를 섭취하는 새우 역시 존재한다. 연못용으로 초어(*Ctenopharyngodon idella*)가 때때로 조류 제어를 위해 판매되지만, 이 어류는 크고 관상용으로는 적당하지 않다.

● 최후의 수단으로써 수족관과 연못의 실이끼류와 녹조류 제거에 사용될 수 있는 살조제(algicide)**가 시판되어 있다. 안전하고 효율적인 사용

위 달팽이류는 조류의 증식을 조절하는데 유용하지만 달팽이가 많이 증식하게 되면 문제가 된다.

아래 여기 *Otocinclus*와 같은 메기류는 매우 효율적으로 조류를 섭취하는 어종이다. 식물성 플레이크를 추가로 줄 필요가 있다.

을 위해서는 제조사에서 제공하는 용법용량을 따라야 한다.

대량으로 증식한 조류는 한 예로 영양분 공급이 끝나게 되면 갑자기 죽을 수 있다는 사실은 중요하다. 그런 자연적인 소멸이거나 살조제를 이용한 제거로 인해 대량의 죽은 조류가 생성되면 수질에 악영향을 미친다.

조류란?

조류(algae; 단수형은 alga)는 원시 식물로서 세균과 매우 가깝다. 조류는 육안으로는 잘 볼 수 없는 단일 세포 크기(micro-algae; 미세조류)에서 50m 이상 성장할 수 있는 갈조류(macro-algae; 거대조류)에 이르기까지 다양하다. 대략 25,000종의 조류가 알려져 있다.

일부 조류는 단일 세포이며, 어떤 것은 실뭉치 모양이거나 매우 복잡한 다세포 군체를 형성하는 것도 있다. 그러나 조류는 고등식물에서 관찰되는 뿌리, 줄기와 잎 등으로 구분되어 있지 않다.

조류는 다음과 같은 5가지의 그룹으로 구성되어 있다.

- **녹조류**(Chlorophyta) – 녹조를 일으키는 단일 세포 또는 조류 군체와 많은 종류의 실모양 녹조류와 파래(*Ulva*)와 같은 녹색 해조류를 포함한다.
- **황록조류와 규조류**(Chrysophyta) – 수족관의 식물 위에 생기는 어두운 색의 머리카락 모양의 형성물로서 바우체리아(*Vaucheria*)와 규조류를 포함한다.
- **남조류** – 실제로 조류는 아니지만 시안세균이라고 알려진 원시 미생물 그룹이다. 야생에서 일부 시안세균은 어류에 독성이 있는 독소를 생산할 수 있다.
- **홍조류**(Rhodophyta) – 주로 해조류의 한 그룹으로서 작은 단일 세포 또는 실모양의 종류에서 분지 또는 막 모양으로 다양하다.
- **갈조류**(Phaeophyta) – 다시마와 같은 거대조류가 포함된다. 주로 해양에 서식하며 특히 차가운 물에서 흔히 관찰된다.

모든 조류는 엽록소를 가지고 있는데, 이 녹색 색소는 일부 조류에서 갈색, 붉은색 또는 노란색 색소에 가려질 수 있다. 엽록소는 조류와 다른 식물이 광합성이라는 과정을 통해서 이산화탄소와 물을 탄수화물과 산소로 전환할 수 있게 한다. 식물과 조류에 의한 이산화탄소의 이용 때문에 하루 동안 꽤 심한 pH와 산소량의 변동이 일어날 수 있다.

위 일부 해수 조류는 매우 아름다우며 수족관에서 기르는 것이 권장된다. 이 붉은색의 조류는 희귀한 종류 중의 하나이다.

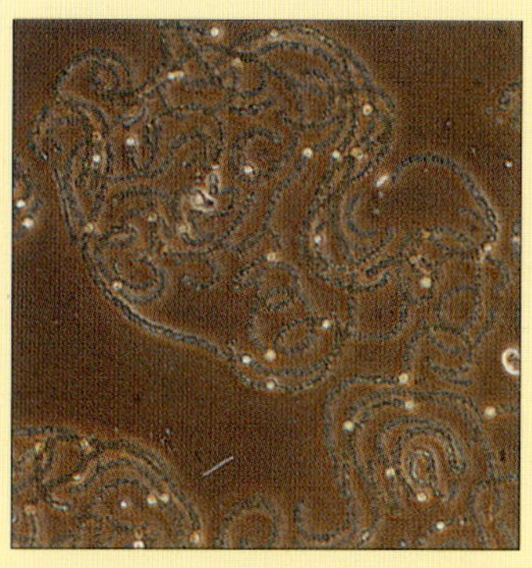

위 가정의 연못에서 흔히 대량 증식을 유발하는 남조류의 일종(*Anabaena*). 여러 가닥 뭉치의 크기는 최대 30마이크로(μm)정도이다.

조류의 생식은 단순한 세포분열에서 복잡한 유성생식까지 다양하다. 조류의 포자는 바람에 의해 수 km나 이동할 수 있다.

조류의 집단은 매우 중요한 1차 생산자이며 다양한 동물의 먹이가 된다.

유해생물 2: 편형동물류, 다모류, 오스트라코다류, 요각류 및 진드기류

원인

플라나리아(편형동물류), 다모류(환형동물류), 오스트라코다류, 요각류와 진드기류 같은 독립생활을 하는 다양한 동물들.

증상

이 동물들은 수족관에 갑자기 나타나 증식한다. 흰색, 크림색, 붉은색 또는 오렌지색의 작은 편형동물류는 보통 부드러운 활주운동으로 움직인다. 일반적으로 크기는 수 밀리미터에서 1센티미터 가량 된다. 다모류는 이것보다는 좀 더 길며 바닥의 자갈에 얇은 실지렁이와 유사한 형태의 벌레이다. 오스트라코다류는 작은(~ 3mm) 콩모양의 갑각류이며 전형적으로 노랑 또는 진갈색으로 수족관 표면을 종종걸음 친다. 육안으로 간신히 볼 수 있는 작은 요각류는 많은 수로 존재할 때 뭉쳐서 마치 구름처럼 보인다. 아주 작은 진드기(1mm 이하)가 가끔씩 나타날 수 있으며 주로 물 표면과 유리 뚜껑 사이의 축축한 곳에 생긴다.

문제의 발생

이 동물들은 적은 수로 있을 경우 해를 끼치지 않고, 심지어 많은 수로 존재할 때에도 위험하기보다는 외관상 좋지 않다. 이런 동물들은 먹이생물, 살아 있는 식물 및 돌과 함께 유입된다. 이런 해충은 특히 자갈에 많은 양의 유기물이 있는 수족관에서 좀 더 많이 발생하지만 진드기의 경우 이와는 무관하게 발생할 수 있다. 이들은 빈번히 대량으로 증식했다가 저절로 사라진다.

위 담수 열대 수족관의 앞쪽 유리에 붙은 편형동물류. 화살 모양의 '머리'를 가졌고, 미끄러지듯 움직인다(활주운동). 길이는 약 1cm이다.

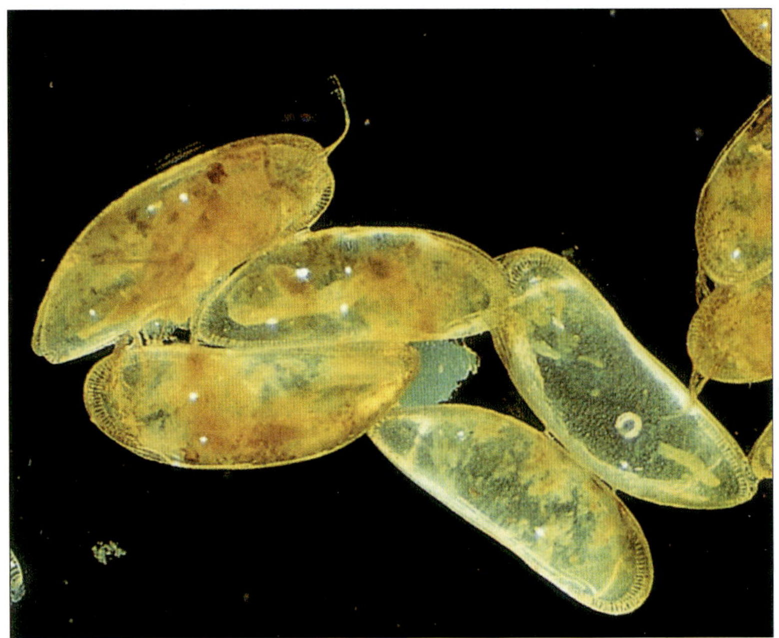

왼쪽 현미경으로 관찰된 콩모양의 오스트라코드류. 여기에 속하는 일부 종은 활발히 유영한다.

오른쪽 진드기는 흔히 몸 전체에 작은 털(섬모)을 가지는데 어떤 사람들에게는 피부발진을 유발할 수 있다. 이 작은 생물은 길이가 최대 1mm이다.

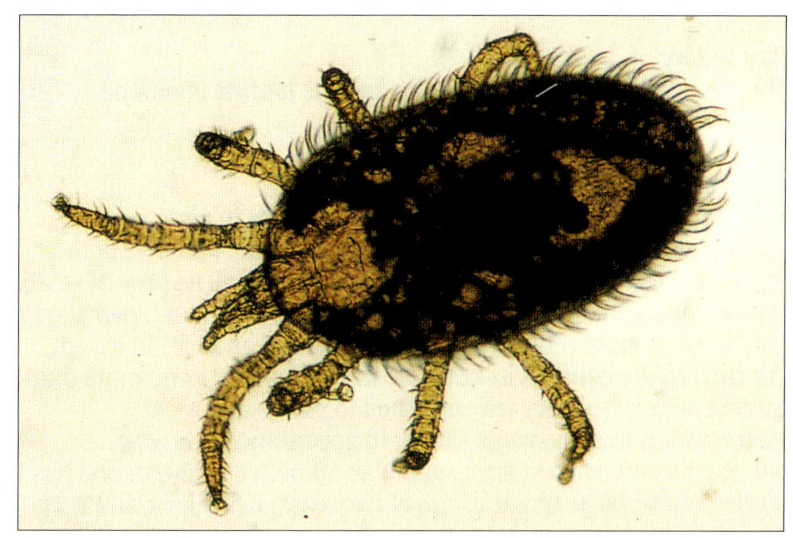

치료와 관리

앞서 서술한 바와 같이 먹이의 과다 공급을 피하고, 수족관 바닥과 여과기를 정기적으로 청소하면 이러한 유충의 피해를 예방하고 제어하는 데 확실히 도움이 된다. 또한 베타(*Betta*), 일부 구라미와 크리벤시스(*Pelvicachromis pulcher*)와 같은 어종은 편형동물을 먹는다. 수족관 내의 물고기를 모두 옮긴 후, 수 시간 동안 물을 35℃로 올려 편형동물류를 제거할 수 있다. 젖은 천을 이용하여 수족관 상 단의 진드기를 제거할 수 있다.

이런 해충에 의한 문제는 드물지만 확실한 치료 방법은 수족관, 장식물 및 사용한 장비들을 희석한 표백제를 이용해 깨끗이 세척한 후 새로운 식물과 깨끗한 사육수로 다시 세팅하는 것이다. 그러나 나중의 어느 시점에서 이런 해충이 유입되는 것을 막는 것은 어려우므로 항상 주의 깊은 관리가 문제 해결의 가장 좋은 방법이다.

편형동물이란?

편형동물류(flatworms 또는 platy-helminthes)는 나뭇잎 모양의 납작한 형태가 특징이다. 이 동물류는 4가지의 주요 그룹으로 나뉜다:

- **와충강류(Turbellaria)** – 주로 독립생활을 하는 편형동물로서, 그 중 일부가 플라나리아로 알려져 있다.
- **단생류(Monogenea)** – 단생(하나의 숙주) 흡충류
- **이생류(Digenea)** – 이생(두 개 이상의 숙주) 흡충류
- **촌충류(Cestoda)** – 기생성 촌충류 또는 조충류(tapeworm)

여기서는 독립생활을 하는 와충강류에 대해 설명한다; 기생성 편형동물류의 특징은 이 장의 후반부에 소개되어 있다.

1,600종의 와충강류가 존재한다. 담수와 해수 모두에 존재하는 수생생물이다. 흔히 연못, 개울 및 해안가의 돌 밑부분에서 발견된다.

와충강류는 보통 1cm 정도의 크기이다. 몸 표면이 섬모로 덮여 있어 활주운동을 한다. 이런 편형동물류는 일반적으로 육식성이며 살아 있거나 죽은 작은 곤충과 갑각류를 먹이로 한다.

다른 대부분의 편형동물처럼 와충강류는 자웅동체(각각의 개체는 암컷과 수컷의 생식기를 모두 가진다.)이며 유성생식을 할 수 있고, 작은 고치에 알을 낳는다. 아주 뛰어난 재생능력을 가지고 있다. 예를 들어, 여러 조각으로 잘렸다 하더라도 각각의 조각은 완전히 새로운 생명체로 다시 자라나게 된다. *Dendrocoelum*과 *Polycelis*는 중 · 고등 학교나 대학에서 흔히 실습 재료로 사용하는 와충강류이다. 와충강류 중 적어도 한 종은 해수 어류의 피부병과 관련이 있다.(점액과다분비증 참조)

유해생물 3: 히드라와 에입타시아(Aiptasia)

원인

담수에 서식하는 강장동물에 속하는 히드라와 해수에 서식하는 말미잘류인 에입타시아(aiptasia; 산호충강 자포동물문의 한 속(genus))

증상

히드라는 작고 줄기 같이 긴 몸체와 가는 촉수를 가지고 있다. 이 촉수에 수많은 작고 톡 쏘는 세포가 많이 모여 있는데, 히드라는 이것으로 작은 갑각류나 여러 무척추동물 또는 심지어 작은 물고기를 죽이는 데 사용한다. 히드라는 2cm 이상 자라지만 재빨리 수축할 수 있어서 식물이나 큰 돌에 붙어 있는 아주 작은 고무 젤리 조각처럼 보인다.

에입타시아는 어떤 면에서는 히드라와 유사한 형태를 지니지만 길이가 최소한 수 cm에 달하고 좀 더 많은 촉수가 있다. 촉수는 길고 뚜렷이 보이는 것 몇 개와 아주 많지만 작아서 명확하지 않은 것의 두 가지로 구성되어 있다. 히드라처럼 이 말미잘류의 촉수도 먹이를 포획하는데 사용되는 쏘는 세포로 구성되어 있고 자극을 받았을 때 꽤 빨리 수축할 수 있다. 이것은 해수 수족관의 어류에는 해를 입히지 않지만, 많은 수로 존재하게 되면 산호에 부정적인 영향을 줄 수 있다.

문제의 발생

히드라는 일반적으로 식물이나 먹이생물과 함께 담수 수족관이나 연못으로 유입된다. 히드라는 급속도로 증식할 수 있으며 그렇게 되면 물속 바닥에 많은 수로 뒤덮여 보이게 된다. 히드라는 작은 치어나 촉수에 가까이 다가온 작은 물고기를 잡아먹을 수 있는 작은 수족관에서 흔히 문제가 된다.

에입타시아는 보통 산호와 함께 해수 수족관으로 유입된다. 이 말미잘류는 물고기만 기르는 어항에서는 거의 문제가 되지 않지만, 무척추동물이 있는 시스템에서는 많은 수로 증식하게 되면 여린 산호를 뒤덮어 문제가 될 수 있다.

치료와 관리

위생을 개선하고, 과다 급여를 피하고 정기적으로 수족관을 관리하면 유해 생물의 증식을 완화할 수 있다. 아주 적은 수로 존재할 때에는 서식할 수 있는 장식물을 꺼내어 흐르는 물에 깨끗이 세척하는 것으로도 제어할 수 있을 것이다. 그러나 많이 있다면 좀 더 확실한 조치가 필요하다.

담수 수족관에서 구라미(three-spot gourami; *Trichogaster trichopterus*)와 패러다이스피시(paradise fish; *Macropodus opercularis*)와 같은 어류는 많은 양의 히드라를 먹는다. 해수 수족관에서는 일부 나비고기종(예: four-eyed butterflyfish; *Chaetodon capistratus*)이 산호에 해를 끼치지 않고 에입타시아를 섭취한다.

모든 물고기를 다른 수족관으로 옮긴 후, 수온을 약 40℃로 올린 후 수시간 동안 두면 히드라를 제거할 수 있다. 대부분의 식물은 이 수온을 견딜 수 있다. 그 후 많은 양의 물을 갈아주고 사이폰으로 바닥의 찌꺼기

위 다양한 구라미(three-spot gourami; *Trichogaster trichopterus*)는 히드라를 먹는 여러 담수 어종 중의 하나이다. 이상적인 생물학적 방제 방법 중의 하나이다.

아래 에입타시아는 열대 및 온대 해역에 흔하며, 몇몇 종은 열대 해수 무척추동물 수족관에서는 유해 생물로 간주될 수 있다.

를 세심히 제거한 후 수온을 맞춘 처리된 수돗물을 채우고, 다시 물고기를 넣는다.

히드라는 염분에 꽤 민감해서 0.3~0.5%의 염수에 5~7일간 노출시키면 문제를 해결할 수 있다. 심지어 많은 연수(softwater) 어종도 며칠 동안은 이 염분농도에 내성이 있을 테지만, 이 기간 후에는 많은 양의 물을 교환하여 정상적인 물 상태로 돌려주어야 한다.

에입타시아는 영향을 받은 장식물을 꺼내어 며칠 동안 담수욕을 시키면 제거될 수 있지만 그 장식물에 살던 해양생물도 죽게 된다. 그 후 돌이나 산호를 흐르는 물로 세척한 후 수족관에 다시 넣는다. 다른 방법으로는 에입타시아의 줄기 기저부 쪽에 가는 바늘이 달린 주사기를 이용하여 강알칼리인 수산화나트륨 용액을 한두 방울 떨어뜨린다. 조심스럽게 잘 한다면, 수질이나 다른 생물에 해를 끼치지 않고 유해생물을 죽일 수 있다.

히드라와 에입타시아의 효과적인 관리는 어렵기 때문에 이 유해생물이 우연히 유입되지 않도록 하는 것이 중요하다. 야생의 담수 연못이나 개울에서 채취한 먹이생물의 사용은 피해야 하며, 돌, 산호, 식물과 같은 것들을 수족관이나 연못에 넣기 전에 면밀히 살펴야 한다(수족관이나 연못의 물을 소량 사용해서 잠기게 한 후 관찰한다).

강동물이란?

동물(강장동물문 또는 자포동물은 9,000여 종의 해양 무척추동 대부분이며 한두 가지의 담수도 포함된다. 강장동물은 다음과 3가지의 주요 그룹으로 나뉜다.

히드라충강(Hydrozoa) – 해수의 의혈산호(擬穴珊瑚; 구멍이 많 산호)와 담수의 히드라를 포함한

해파리강(Scyphozoa) – 우리에 익숙한 해파리를 포함한다.

산호충강(Anthozoa) – 바닷물속 말미잘과 군체 경산호 및 연산호 포함한다.

단순한 다세포 동물은 두 가지 형태인 고착형의 '폴립(polyp)' 히드라) 또는 자유유영의 '메두nedusae)'(예: 해파리)로 존재할 있다. 대부분은 쏘는 촉수로 둘러 입이 있어 방어 및/또는 먹이를 하는 데 이용된다.

강장동물의 생식은 일반적으로 복잡한데 유성생식과 무성생식 두 할 수 있다. 유성생식 동안에는 플라눌라(planula)라 불리는 섬모가 형성된 유생이 방출되며 이는 바윗돌에 붙어 전형적인 폴립을 형성한다. 폴립은 무성생식 방법 중 출아법에 의하거나 유성생식으로 플라눌라를 더 낳아 수를 증가시킨다. 이 유생은 해류에 의한 강장동물류의 확산에 매우 중요하다.

히드라와 같은 일부 강장동물이 꽤 뛰어난 재생 능력을 가지고 있는 것은 흥미롭다. 만약 여러 조각으로 잘린다면 각 조각은 새로운 개체로 재생될 수 있다.

일부 해파리류와 열대 산호 및 말미잘의 촉수는 사람에게 큰 고통을 안겨주지만 히드라와 에입타시아와 같은 좀 더 작은 강장동물은 위험하지 않다.

아래 이 우아한 히드라 폴립은 해양생물인 말미잘 및 산호와 가까운 담수생물이다.

유해생물 4 : 달팽이, 딱정벌레 및 잠자리

원인

다양한 민물 달팽이, 딱정벌레와 일부 잠자리류의 유충. 물벌레(예: *Notonecta*)는 또 다른 육식성 수생곤충이다.

증상

달팽이는 많은 수로 증식할 수 있고, 일부 종은 주로 밤에 활동적이며 이에 따라 식물에 피해를 입힐 수 있다. 일부 담수 딱정벌레의 성체와 유생은 자신의 크기만 한 물고기를 죽일 수 있다. 그들은 체액을 빨아 먹은 후 작은 구멍난 상처를 제외한 뚜렷한 징후를 남기지 않고 죽은 물고기를 떠난다. 일부 잠자리 유충은 담수 어류를 포식한다.

문제의 발생

달팽이는 수족관 또는 연못의 성공적인 관리를 위한 필수적인 생물은 절대 아니다. 특히 흔한 연못 달팽이인 *Lymnaea*와 고깔 모양의 말레이 태생 달팽이인 *Melanoides*와 같은 일부 종들은 단시간에 많은 수로 증식할 수 있다. 딱정벌레, 잠자리와 달팽이는 먹이생물 및/또는 식물과 함께 시스템으로 유입될 수 있지만 날개가 달린 성체잠자리는 연못의 물 표면에 알을 낳을 수도 있다.

왼쪽 길이가 약 4cm인 다소 무섭게 생긴 잠자리 유충(*Aeshna* sp.)은 동작이 빠른 포식자로 근처에 있는 작은 물고기에 위협이 된다.

오른쪽 길이 약 3cm의 물방개붙이(great diving beetle; *Dytiscus marginalis*) 성충. 상대적으로 큰 물방개류는 연못이나 수족관의 물고기에게 위험하다.

아래 오른쪽 물방개붙이 유충의 굽은 턱은 최대 5cm 크기의 먹이를 자를 수 있다. 턱 속의 관을 통해 소화액을 먹이에게 주입한 후 소화된 먹이를 빨아먹고 껍질은 버린다.

오른쪽 달팽이를 노려보고 있는 수족관의 담수 복어(*Tetraodon* sp.). 이 부푼 모습의 복어는 강한 턱을 가지고 있어 달팽이 껍질을 처리할 수 있다.

아래 이 연약하고 화려한 색의 뿔이 달린 달팽이(ram's horn snail; *Planobis* sp.)는 다른 종류와 달리 거의 문제가 없으며, 사실 수족관에서는 매력적인 달팽이다.

치료와 관리

딱정벌레, 잠자리 및 물벌레는 수족관과 연못에서는 비교적 드문 유해생물이다. 만약 이런 동물에 의해 문제가 발생하면 철저히 청소한 후 새로 세팅하는 것이 가장 확실한 해결책이다. 새로 사용하려는 식물을 흐르는 물에 세척하고 의심스러운 먹이생물의 사용을 피하는 것이 이런 곤충의 유입을 막는데 도움이 될 것이다.

달팽이는 때때로 수족관에 많은 수로 증식해서 문제를 일으키지만, 어류나 식물에 해를 입히기보다는 미관상 좋지 않다. 관리 방법은 달팽이를 잡아먹는 클라운로치(clown loach; *Botia macracantha*), 시클리드류(특히, convict cichlids; *Cichlasoma nigrofasciatum*) 및 복어류(*Tetraodon* spp.) 같은 어종을 함께 사육하는 것이다. 다른 방법으로는 수족관 바닥에 받침 접시를 뒤집어 놓은 후 위에 물고기 사료 펠릿 1~2개를 올려놓는다. 다음날 아침 접시 위에 모여 있는 달팽이를 제거한다. 효과가 있을 때까지 이것을 반복할 필요가 있으며 먹지 않은 사료가 수질을 악화시키지 않도록 주의한다. 달팽이 제거제가 있지만 갑자기 많은 수의 달팽이가 죽게 되면 수질에 문제가 되기 때문에 사용 시에 주의해야 한다. 만약 달팽이 문제를 완전히 해결하고자 한다면 수족관을 비운 후 희석 표백제로 모든 것을 깔끔히 세척한 후 새로운 식물과 깨끗한 사육수를 사용하여 수족관을 다시 준비한다. 흐르는 물로 여러 번 세척해서 표백제가 남아 있지 않도록 한다.

달팽이는 많은 어류 기생충의 중간숙주 역할을 할 수 있다. 그러나 단순한 환경인 수족관과 연못에서는 기생충의 생활사 완성에 필요한 모든 숙주가 거의 존재하지 않는다. 그러나 열대 지역에서 온 달팽이는 사람이나 어류를 감염시킬 수 있는 다양한 기생충을 가지고 있을 수 있다는 것을 명심해야 하며, 새로 입식하는 동물을 다룰 때에는 세심한 주의를 요한다.

물리적 손상(Physical damage)

원인

물리적 손상은 거친 핸들링, 개체 간 싸움, 입식 및 기생충 감염과 같은 다양한 원인의 결과로 발생할 수 있다.

증상

가장 명백한 증상은 비늘 탈락, 체색 변화, 지느러미의 파열 또는 해어짐과 몸체 또는 입부분의 손상이다. 심하게 상처를 입은 어류는 무기력하며 수족관이나 연못의 한쪽 구석에 머무른다. 만약 치료하지 않고 둔다면 손상부위는 세균, 기생충 및 곰팡이에 감염될 수 있다.

치료와 관리

손상의 잠재적 원인을 찾고 제거하는 것이 중요하다. 물고기를 주의해서 다루거나(예로 뜰채에 지느러미가 걸리지 않도록 하는 것) 공격적인 어종은 따로 사육하거나 피신할 수 있는 공간을 좀 더 제공한다.

경미한 손상을 입은 담수 관상어는 알맞은 항생제로 치료한다. 연못의 어류와 심하게 손상된 수족관 어류는 격리수조에 따로 수용하여 항생제와 호환 가능한 수돗물 컨디셔너 또는 항생제와 적은 양의 소금을 사용하여 치료한다.

해수 어류는 격리(치료)수조로 옮겨 알맞은 항생제로 치료하는 것이 최선이며 증상이 심해지는지 면밀히 살펴야 한다. 왜냐하면 증상의 발달은 세균 또는 기생충에 의한 전신 감염 여부를 알 수 있는 지표가 될 수 있으며, 이 경우 다른 항생제로 다시 치료해야 할 필요가 있다.

국소의 깊은 상처를 치료하기 위해서는 부드러운 젖은 천으로 물고기를 조심스럽게 잡은 후 알맞은 소독약(예: 머큐로크롬)으로 환부를 가볍게 두드린다.

아래 사진 속의 카디널테트라와 같이 싸움이나 다른 개체에 의한 포식 시도의 결과로 종종 눈을 잃을 수도 있다. 눈은 공격에서 쉽고 흔한 목표물이다.

오른쪽 피라냐(*Serrasalmus* sp.)와 같은 어류는 먹이 공급 시에 서로 물어 뜯기도 한다. 이 피라냐의 상처는 치료 없이 회복되었다.

아래 거친 핸들링이나 비늘 손실에 의한 상처는 단시간 내에 세균이나 곰팡이에 의해 2차 감염될 수 있다. 즉각적인 치료가 필요하다.

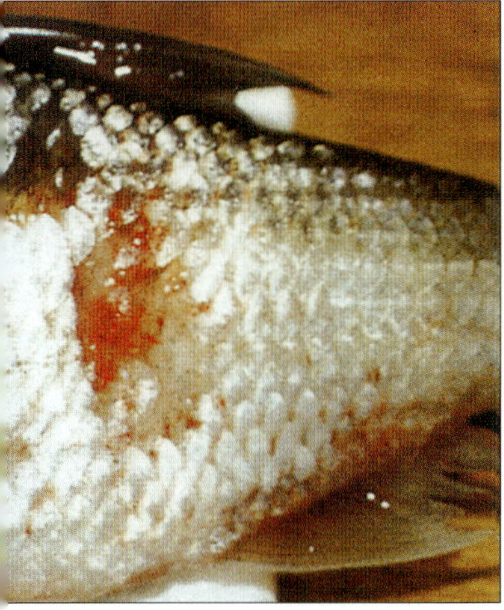

오른쪽 이 금붕어의 뒷지느러미처럼 상처를 입은 부위는 감염되어 부식병으로 발전할 수 있다. 물고기를 잡을 때에는 항상 부드럽고 매듭이 없는 뜰채를 사용한다.

위생과 핸들링

질병 발생 동안 연못과 수족관의 위생은 매우 중요하다. 병어는 많은 수의 감염성 병원체의 근원이 될 수 있으므로, 수족관이나 연못에서 치료를 하지 않는다면 병어를 격리(치료)수조로 옮기는 것이 중요하다. 많은 어종이 그런 환경에서는 동족포식을 하여 질병을 확산시키기 때문에 죽었거나 빈사상태의 어류를 신속히 제거하는 것은 매우 중요하다.

실용적인 위생 예방 조치 중 하나는 질병이 발생한 수족관에서 사용하던 기구를 질병발생이 없는 건강한 어류가 있는 수족관에서는 사용하지 않는 것이다. 흐르는 물에 오염된 기구를 세척하고 건조시키면 많은 병원체를 제거할 수는 있지만 여러 종류의 기구 소독용 소독제가 시판되고 있다.

어류의 피부는 매우 연약해서 쉽게 손상된다. 약간의 상처에도 국소환부가 형성되고 결국 전신감염으로 진행되게 된다. 매듭이 없는 부드러운 뜰채의 사용과 날카로운 기구나 장식물의 사용을 피해서 미연에 손상을 예방한다. 물고기에 상처가 생기는 것을 방지하기 위하여 핸들링 전에 저농도의 마취제를 사용한다. 젖은 손이나 라텍스 장갑을 끼고 축축한 천이나 수건으로 물 밖으로 나온 물고기를 감싼다.

개인위생은 특히 사람에게 감염될 수 있는 소모성 질병(어류의 결핵)을 다룰 때에 중요하다. 일상적인 수족관 관리 후에는 반드시 손을 깨끗이 씻고, 손에 상처가 있다면 의심이 되는 사육수에는 손을 넣지 않도록 한다.

안구돌출(Pop-eye or exophthalmia)

원인

세균 및 기생충 감염, 나쁜 수질, 내적(대사) 이상과 관련된 다양한 요인.

증상

한쪽 또는 양쪽 안구 모두 비정상적인 형태로 두부로부터 돌출된다. 무어(moor)와 '안구돌출형' 금붕어와 같은 일부 어종은 눈이 튀어 나온 형태로 특별히 개량되었다.

질병의 발생

이 질병은 보통 연못 또는 수족관의 한두 마리 개체에 발생하며 심한 전염성을 나타내지는 않는다. 이 질병은 흔히 단시간 지속되다가 사라지기도 한다. 만약 수증(水症;dropsy)이 동반되지 않는다면 치명적이지는 않다. 만약 다수의 물고기가 갑자기 안구돌출 증상을 보인다면 수질 문제 또는 감염성 병원체를 의심해야 한다.

치료와 관리

병어는 격리해서 광범위 항생제로 치료해야 할 필요가 있다. 하지만 이 방법은 이 증상이 세균성 질병과 관련이 있는 경우에만 효과적이다. 대안으로는 이 질병의 전염성이 낮다는 것을 감안해서 병어를 수족관이나 연못에 그대로 두되 최적의 상태와 양질의 먹이를 공급하는 것이 최선의 방법일 수도 있다. 일상적인 상태를 주의 깊게 점검해야 하며 만약 건강한 개체에도 퍼진다면 병어를 격리시키고 병어가 고통스러운 행동을 보인다면 안락사시킨다.

아래 일부 예쁜 금붕어 종은 눈이 튀어 나오도록 개량되었지만 이 잉어의 안구돌출 증상은 정상이 아니다. 심각한 안구돌출 증상이 나타난 경우 안구가 안와에서 튀어나올 수도 있으며 튀어나온 쪽의 상처는 회복될 수 있지만 한쪽 눈으로만 살아가야 한다.

위 한 쪽의 안구만 돌출된 케이스이며, 이 경우 다른 쪽 안구도 동일한 증상을 나타낼 수 있다. 이 질병의 원인은 다양하지만 아직까지 완벽한 치료 방법은 없다.

왼쪽 안구돌출 증상은 안구 속이나 뒤쪽에 체액이 축적되거나 세균이나 안구 흡충의 존재에 의해 나타날 수 있다. 이 오스카는 안구 뒤쪽에 어류 결핵 감염으로 안구돌출 증상을 나타내고 있다. 이 감염은 이미 결핵에 감염되어 있던 금붕어를 오스카에게 먹이로 제공해서 발생하였다.

오른쪽 이 물고기는 양쪽 눈 모두 안구돌출 증상을 나타내고 있다. 만약 많은 개체가 이와 같은 증상을 나타낸다면 간단한 수질 검사용 테스트 키트를 사용하여 특히 pH와 아질산염의 농도를 측정한다.

점액과다분비증(Sliminess of the skin)

원인

담수어류에는 다양한 외부 기생성 원충류(익티오보도/코스티아(*Ichthyobodo/Costia*), 트리코디나(*Trichodina*)와 킬로도넬라(*Chilodonella*)와 단생 흡충류(예: 자이로닥틸루스(*Gyrodactylus*))가 관련 있으며 담수어 백점충(*Ichthyophthrius*) 감염에 의해서도 생길 수 있다. 해수 수족관에는 원생류인 부루클리넬라(*Brooklynella*), 흡충인 베네데니아(*Benedenia*)와 해수어 백점충(*Cryptocaryon*)이 관련될 수 있다. 최근에는 편형동물의 와충강류가 관련이 있는 것으로 알려져 있다.

증상

회백색의 점액이 과다 분비되어 회백색의 점액층이 형성되는데 특히 체색이 흑화된 부위와 안구에 두드러진다. 물고기의 몸체 측면에 발적이 나타나며 아가미 부종과 빠른 움직임도 동반될 수 있다. 심한 증상을 나타내는 개체는 무기력해 보이며 바닥에 가만히 있으며, 경우에 따라 바윗돌에 몸을 비비기도 한다. 2차 세균 감염은 흔해지며, 해양 와충강류의 감염으로 체색이 퇴색된 물고기에 작은 흑점(직경 0.1mm)이 나타날 수도 있다.

오른쪽 이 현미경 사진은 킬로도넬라(*Chilodonella*)를 보여주고 있다. 이 섬모충은 담수어에 점액과다분비증을 일으키는 흔한 기생충이다. 이 원충류의 직경은 약 50마이크론이다.

아래 여기 보이는 것과 같이 물고기의 전체 또는 일부를 덮고 있는 회색층에 긁힌 상처와 빠른 아가미 움직임은 피부의 점액과다분비증의 증상이다.

질병의 발생

이 질병은 흔히 밀식, 나쁜 수질 또는 불충분한 영양과 같은 열악한 조건에서 흔히 발생한다. 어체 간에 쉽게 전염되며 특히 수온이 오르기 시작하는 봄철 연못의 어류에서 잘 발생한다.

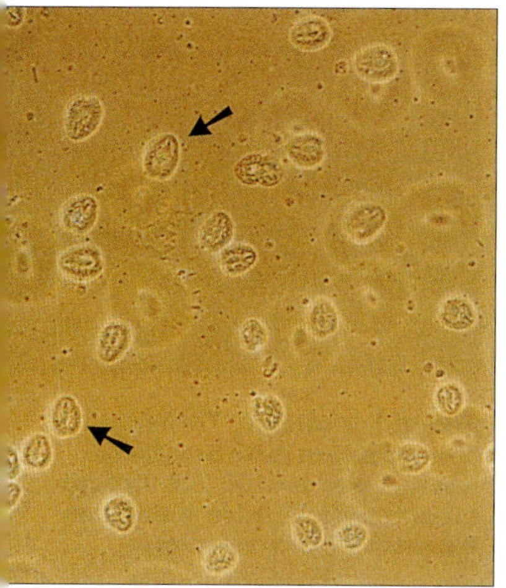

오른쪽 가시가 돋아난 코거북복(boxfish)의 등 부위에 형성된 흰색의 층은 담수의 킬로도넬라와 매우 유사한 해수의 브루클리넬라(*Brooklynella*)의 감염에 의한 것이다.

아래 한 종류의 피부 기생충에 의해 점액과다분비증이 발생하는 예는 매우 드물다. 이 밴조메기(banjo catfish)는 킬로도넬라와 익티오보도에 감염되어 과도한 점액을 분비하고 있다.

치료와 관리

담수어류가 감염되었을 때, 질병의 초기에는 신뢰할 수 있는 백점병용 약으로 치료한다. 만약 5~7일 이내에 효과가 없다면 50%의 물을 환수하고 포르말린 또는 유기인계 살충제(메트리포네이트**) 함유 구충제로 치료한다. 그러나 일부 어종(오르페(orfe), rudd와 피라냐)은 이 약품에 다소 민감하다(7장 참조).

해수어류는 짧은 담수욕에 이어 구리로 치료하면 질병을 치료할 수 있을 것이다. 그러나 만성적인 경우 한 시간 동안의 포르말린 약욕이나 유기인계 살충제를 여러 번 사용한다. 특히 포르말린은 냄새가 매우 독하므로 치료수조에서만 사용하도록 한다. 무척추동물은 구리와 살충제 함유 치료제에 매우 민감하다.

사전에 질병 발생 요인을 제거하고 새로 입식하는 모든 어류를 검사하는 것은 장기적으로 질병을 관리할 수 있는 필수적인 조치사항이다.

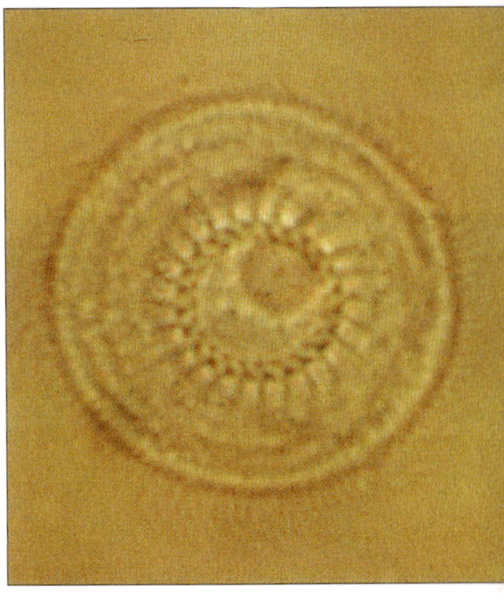

위 이 트리코디나(*Trichodina*)를 현미경으로 100~200배 확대하여 관찰하면 꽤 아름답다. 이 원충의 크기는 다양하며 직경은 약 50마이크론 정도 된다.

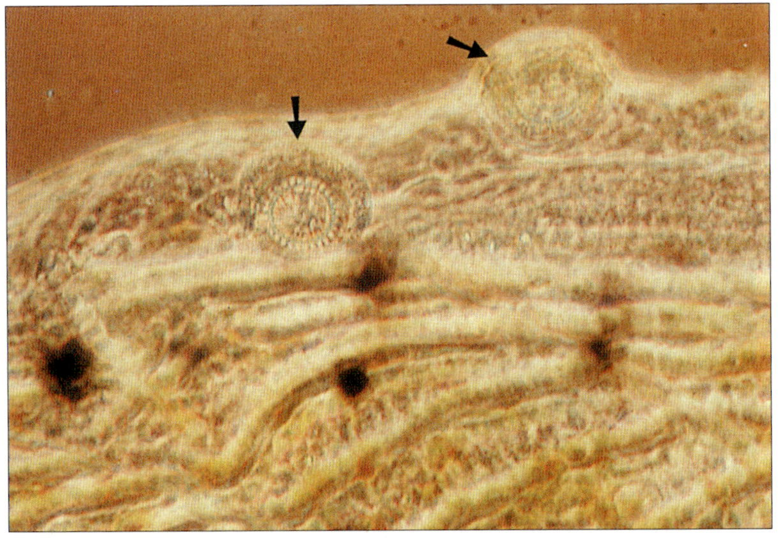

왼쪽 트리코디나(화살표)에 감염된 물고기의 피부 도말 시료를 저배율 현미경으로 관찰한 것이다.

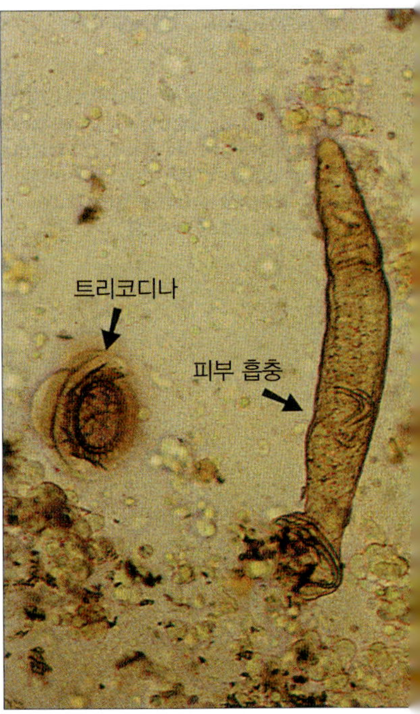

왼쪽 점액과다분비증을 일으키는 많은 종류의 기생충은 아가미에도 문제를 일으킨다. 이 트리코디나는 새변의 가장자리에 붙어 있다.

피부흡충(*Gyrodactylus*)의 생활사

성충은 어류의 피부에 기생한다. 숙주에 붙어 있는 기간은 15~20℃에서 12~15일이다.

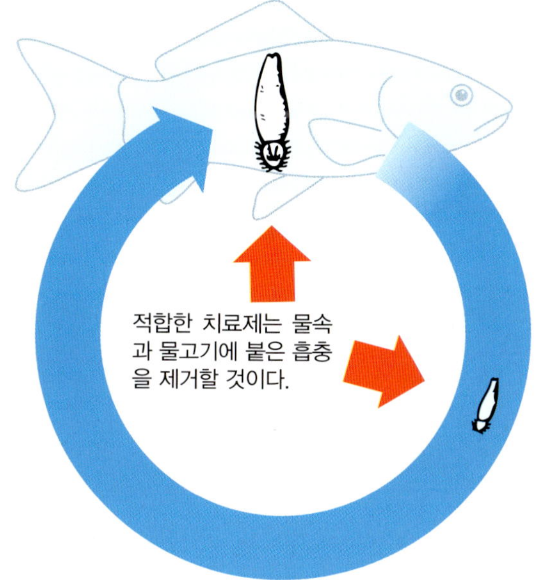

성숙한 자웅동체인 흡충은 한번에 유충 하나를 낳는다.

이 유충은 출생 하루 만에 스스로 새끼를 낳고 그 후 5~10일에 한 번꼴로 낳는다. 이 첫 번째 새끼(3대)는 아주 빨리 태어나는데 이는 조부모(1대) 안에서 부모(2대)가 이미 발달을 시작했기 때문이다. 30일 이내에 한 마리의 자이로닥틸러스(*Gyrodactylus*)에서 2000마리 이상의 새끼가 태어난다.

새로 태어난 흡충은 생존을 위해 48시간 이내에 숙주(어류)를 반드시 찾아야 한다.

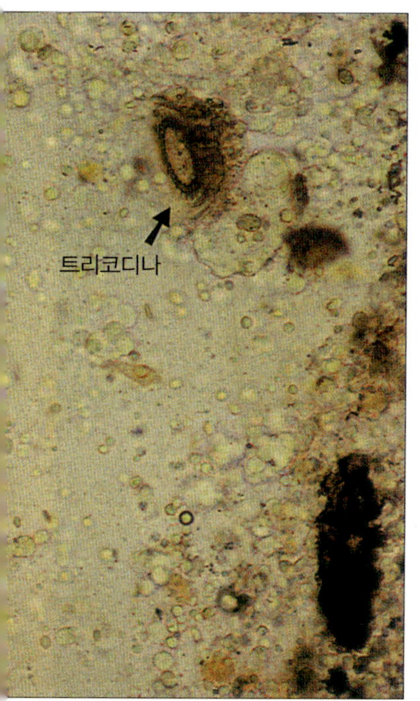

위 체표를 긁은 시료(skin scraping)에서 여러 종류의 흡충(피부 흡충인 자이로닥틸루스와 독특한 형태의 섬모충인 트리코디나)이 관찰된다.

단생흡충이란?

단생흡충은 주로 수산동물의 체외기생충으로 발견되는 편형동물이다. 단생흡충은 흔히 뚜렷한 갈고리 모양의 부착기관을 뒤쪽 끝에 갖고 있으며, 유성생식과 단 하나의 숙주가 필요한 단순한 생활사를 가진다. 종류에 따라 난생 또는 태생이다.

단생흡충은 길이가 보통 수 mm로써 육안으로 관찰되지만 10배율의 확대경으로 관찰하면 좀 더 명확히 볼 수 있다. 체외기생충으로서 흔히 아가미와 피부조직을 섭취하지만 많은 수로 존재하게 되면 해가 된다. 포르말린 또는 유기인계 살충제(둘 다 매우 신중히 사용되어야 한다.)가 단생흡충 치료에 효과가 있다.

단생흡충은 이생흡충류와 함께 분류되기도 하며, 이 그룹을 통틀어 흡충류(trematode)(약 2,400 종이 존재)라 부르기도 한다.

아래 태생성 흡충인 자이로닥틸루스를 고배율로 관찰한 모습이다. 성충 내에서 아직 태어나지 않은 흡충의 갈고리가 관찰된다. 성충의 길이는 0.5~1mm이다.

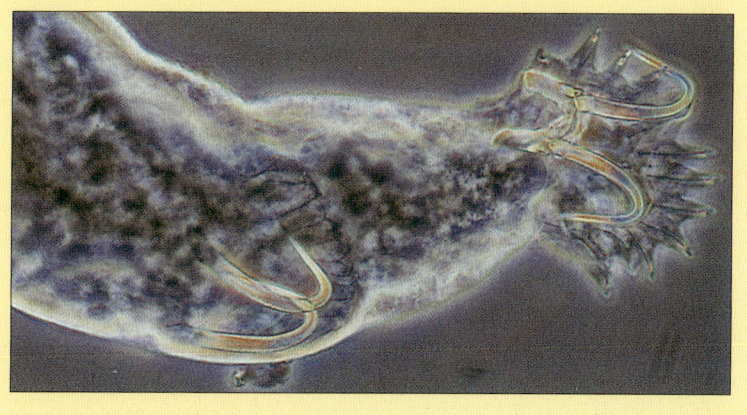

부레장애(Swimbladder disorders)

원인

갑작스런 온도 변화와 같은 다양한 요인이 주원인이지만, 미생물 감염과 같은 다른 요인이 관련될 수도 있다.

증상

부레장애가 있어도 정상적으로 보일 수 있지만 물속에서 자세를 유지하는데 어려움을 겪는다. 예를 들어, 한쪽으로 기우뚱하거나, 측면으로 또는 뒤집힌 채로 물 위에 뜨거나 수족관이나 연못 바닥에 가라앉은 채로 있기도 한다.

만약 물고기가 산발적으로 떠오르다가 정상적으로 유영하는 증상을 보인다면 입올림(air-gulping) 증상으로 부레의 문제는 아닐 수 있다.

질병의 발생

부레장애는 다양한 상황에서 발생하는데 건강한 개체에서 자연적으로 일어난다. 같은 수족관이나 연못의 개체 중 일부는 영향을 받지 않을 수 있다. 이 장애는 다양한 종류의 예쁜 금붕어(예: moor, veiltail 및 oranda)에게 발생하기 쉬운 편이며, 이 어종은 종종 기형의 부레를 가지고 있다.

치료와 관리

아직까지 부레장애의 정확한 원인은 밝혀져 있지 않기 때문에 신뢰할 수 있는 치료법을 추천할 수는 없다. 입올림은 물고기가 물표면의 먹이를 게걸스레 먹고 먹이와 함께 공기를 삼킬 때 나타날 수 있다(용존산소의 부족 때문에 나타날 수도 있다). 간단한 한 가지 해결책은 먹이((플레이크

오른쪽 비정상적인 각도로 헤엄치는 이 예쁜 금붕어(*Ryukin veiltail*)는 확실히 부레장애가 있음을 나타내고 있다. 아이러니하게도 이 예쁜 금붕어가 이 질병에 가장 잘 걸리는 편인데 이는 이 종의 과도하게 변한 체형으로 인해 체내의 부레의 배치가 영향을 받기 때문이다.

아래, 오른쪽 이 예쁜 금붕어는 비정상적으로 비대해진 신장에 의해 부레 챔버 중 하나가 제자리를 벗어났기 때문에 한 쪽 면이 계속 떠 있게 된다.

아래 이 X-레이 사진은 2개의 챔버를 가진 잉어과 어류(금붕어와 비단잉어)의 전형적인 부레 배열을 보여주고 있다.

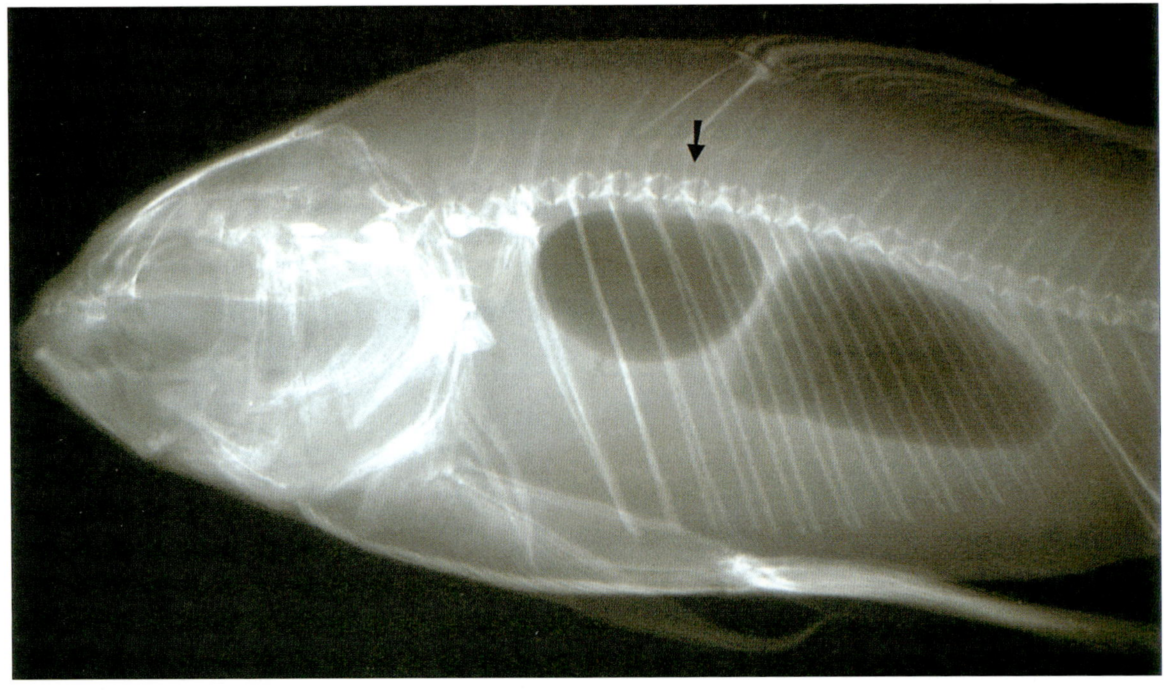

또는 펠릿)를 잡아 물에 잠기게 한 후 놓았을 때 빨리 가라앉도록 해서 물고기가 물속에서 먹을 수 있도록 해주는 것이다.

만약 부력 문제가 입올림에 의한 것이 아니라면 부레에 심각한 문제가 있을 수 있다. 얕은 물(깊이 약 13cm)에서 물고기가 움직이도록 하고, 금붕어와 다른 냉수성 어종의 경우 수온을 천천히 올려 약 5°C가량 증가시키면 호전되는 경우가 있다. 항생제 및/또는 해수염(1g/L, 염분 내성이 있는 어류라고 가정하여)을 사육수에 첨가하면 효과가 있는 경우가 있다. X-레이 사진을 찍어 부레 챔버의 이상을 눈으로 확인할 수도 있다. 만약 부레가 과도하게 팽창되어 있다면 그 과도한 가스를 뽑아내어 상태를 호전시킬 수 있지만 항상 영구적인 것은 아니다. 여러 가지 방법을 시도함에도 불구하고 많은 경우에 부레장애를 호전시키지 못한다. 만약 아주 고통스러워하거나 먹이를 먹지 않으려 하거나 먹을 수 없게 되었다면 안락사를 시키는 것이 좋을 것이다.

종양과 림포시스티스(Lymphocystis)

원인

종양은 화학적 오염과 같은 다양한 환경적 요인과 특정 바이러스성 감염에 의해 발생한다. 어떤 종양은 부모로부터 유전되는 경우도 있다. 림포시스티스(lymphocystis)는 바이러스성 감염이 원인이다.

증상

종양은 비정상적 혹 또는 부종이며 몸체의 모든 부분에 발생할 수 있다. 피부와 지느러미의 종양은 일반적으로 아주 뚜렷이 드러나지만 유사한 종양이 내부 장기에도 생길 수 있으며 간혹 눈에 띌 만한 부종이 형성되어 체형에 변화를 일으키기도 한다.

림포시스티스는 체표와 지느러미에 산딸기 또는 콜리플라워 모양의 종양을 형성한다. 흔히 작은 흰 시스트로 시작해서 수 주 또는 수개월 동안 크기가 점점 증가한다. 표면적으로 림포시스티스와 유사한 상피시스트(epitheliocystis)는 담수어와 해수어의 아가미에 영향을 미친다. 이 상피시스트는 아가미 조직 내에 흰색 또는 반투명한 결절을 일으키며 가끔씩 피부에도 발생을 하는데 그 빈도는 낮으며 크게 해를 입히지는 않는

위 몸체 측면에 종양이 형성된 금붕어. 이렇게 외부에 형성된 종양은 외과적으로 제거될 수 있지만 다시 재발할 가능성도 있다.

위 피부와 지느러미에 난 이 작고 거친 종양은 전형적인 림포시스티스를 나타내고 있다. 이는 어류 유두종(fish pox)의 매끈한 왁스 재질과는 아주 다르다.

아래 아가미 뚜껑 아래에 종양이 형성된 물고기. 이러한 종양의 대부분은 꼭 불편함을 주거나 감염성이지는 않지만 격리시키는 것이 좋다.

위 오른쪽 이 물고기의 항문 부위에 형성된 종양은 통증을 유발할 수 있다. 만약 치료 효과가 없다면 안락사 시키는 편이 낫다.

다. 아가미에 많은 수로 결절이 형성되면 증생(hyperplasia)을 일으키고 호흡과 삼투조절에 문제가 발생한다. 이 질병은 클라미디아와 유사한 미생물에 의한 것으로 생각된다.

질병의 발생

어류의 종양은 감염성이 높지 않으며 많은 경우에 종양의 원인 인자에 관해서는 알려져 있지 않다.

림포시스티스는 피부의 상처를 통해 다른 물고기로 전염될 수 있다. 감염은 잠복해 있을 수 있으며 일정 기간 동안 검출되지 않을 수 있다. 이 질병은 해수어와 기수어에서 흔히 발생하지만 특히 시클리드 및 구라미와 같은 일부 담수어종에서도 문제를 일으킨다. 하지만 이 질병은 잉어과와 메기과 어류에는 발생하지 않는다. 림포시스티스는 치사성은 없지만 미관상 좋지 않은 질병이다.

치료와 관리

의문의 종양이 형성된 물고기는 격리(치료)수조로 옮겨 상태를 관찰하는 것이 좋다. 종양과 림포시스티스에 대한 효과적인 치료방법은 없다. 종양이 심한 경우 전문가의 수술을 통해 제거하는 것도 가능할 것이다. 그러나 수술 후에 또 다시 재발할 가능성이 있다.

아주 심하게 영향을 받은 집단의 경우 안락사를 시켜야 하며, 종양이 형성된 물고기는 구매하지 않도록 한다.

오염, 종양 및 질병

어류의 몸체 표면 또는 안에 형성된 종양은 다양한 원인에 의해 형성된다. 그러나 환경오염은 야생 어류의 종양 발생률을 증가시킬 수도 있다. 예를 들어, 북미의 연구에서 오염된 강에 서식하는 어류의 종양 발생률은 약 5%로 정상적인 강에 사는 어류의 발생률인 1%보다 높았다. 문제의 오염물질에는 중금속, 비소, 오일 및 살충제가 포함된다. 이러한 오염물질은 어류의 종양 발생과 관련이 있다고 알려져 있다.

오염은 감염성 질병의 발생과 유사한 영향을 일으킬 수 있다. 실험적으로 저농도의 구리에 노출된 송어는 특정 세균성 질병에 감수성이 높았으며, 잦은 오염은 뱀장어의 세균성 질병과 연어과 및 유사한 어류의 세균성 및 바이러스성 질병에 대한 저항성을 감소시켰다. 그래서 환경오염은 단기적으로 분명한 결과를 초래할 뿐 아니라 다양하고 장기적인 영향도 일으키는 것으로 보고되고 있다.

궤양병(Ulcer disease)과 세균성출혈성 패혈증(Haemorrhagic septicaemia)

원인

원인 세균으로 에로모나스(*Aeromonas*), 슈도모나스(*Pseudomonas*) 및 비브리오(*Vibrio*)가 포함된다.

증상

몸체의 병소, 궤양 또는 부종, 지느러미 기저부와 항문의 발적, 식욕 부진, 체색 흑화 모두 감염의 증상이다. 감염된 개체를 해부하면 흔히 복강 내에 복수가 차 있고 내부 기관에 출혈이 관찰된다. 궤양은 곰팡이에 의한 2차 감염을 일으킬 수 있다. 그러나 심한 급성 질병이 발생한 어류의 경우 명백한 증상을 보이지 않고 죽을 수도 있다.

질병의 발생

이런 유형의 질병을 일으키는 세균은 수중 환경에서 아주 흔한 세균이거나 건강한 어류에 잠복 감염되어 있는 상태이다. 그러나 이 질병은 입식, 거친 핸들링 또는 밀식과 같은 이유로 열악한 환경에 노출된 어류에 주로 발생한다. 관리가 잘 되지 않는 수족관이나 연못에서는 병원성 세균이 감염된 개체로부터 방출되어 다른 개체를 감염시키기 때문에 큰 문제를 일으킬 수 있다.

아래 왼쪽 잉어의 체표에 생긴 궤양 증상. 손상된 피부는 추가적인 감염에 약하다.

아래 오른쪽 수족관에 항생제를 첨가하여 금붕어의 코 위에 형성된 작은 병소가 더 커지지 못하도록 한다.

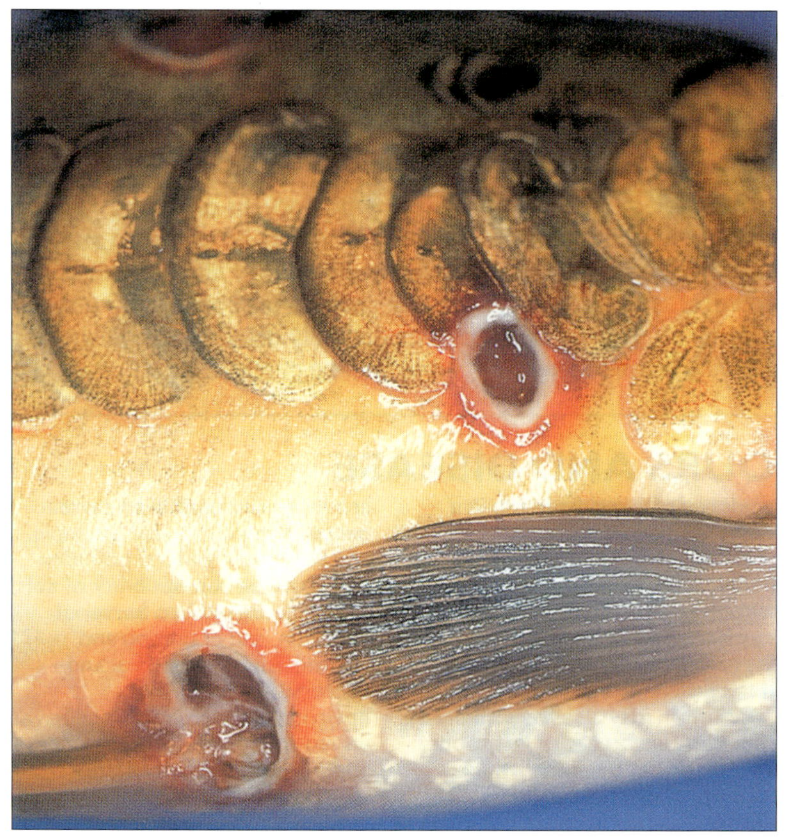

위 이 정도의 궤양이 형성되면 가급적 해당 개체를 격리시켜 항생제 치료를 하는 것이 중요하다.

오른쪽 궤양병은 금붕어에서 흔하지만 열대어(담수 및 해수)와 같은 다른 어종에서도 발생한다.

아래 오른쪽 세균성출혈성패혈증의 내부 증상으로, 내부 장기의 뚜렷한 발적과 혈액이 섞인 체액의 축적을 나타내고 있다.

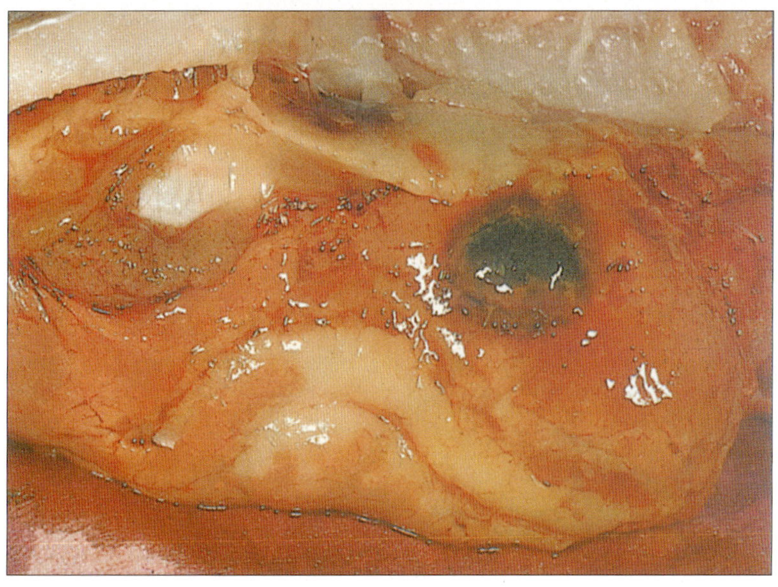

치료와 관리

만약 감염어가 사료를 섭취할 수 있다면 항생제가 섞인 플레이크 또는 펠릿 사료를 공급한다. 외관상 건강한 개체에게도 반드시 항생체 첨가 사료를 먹이도록 한다.

만약 이 질병이 좀 더 진행되어 물고기가 사료를 잘 먹으려 하지 않으면 반드시 감염된 개체를 격리(치료)수조에 옮겨서 감수성이 높은 항생제를 사용하여 치료한다(7장 참조).

큰 개체는 항생제를 주사로 투여할 수 있으며 동시에 소독제로 병소를 소독할 수 있다. 증상이 지속되는 동안에는 계속 격리시키며 삼투 스트레스를 줄여주기 위해서 사육수에 염분 첨가를 고려할 수 있다.

장기적으로 가장 좋은 관리 방법은 질병의 원인체를 정확히 파악하여 제거하는 것이다.

왼쪽 이와 같은 상처에는 수많은 병원성 세균이 집락을 형성할 수 있으며 수족관 또는 연못 내에 있는 다른 개체에 감염될 수 있다. 감염의 초기 증상에 대해 치료를 할 때 외관상 건강한 개체도 함께 치료하도록 한다.

아래 여기 비단잉어에서 보이는 물리적인 상처는 곰팡이나 세균에 의한 2차 감염이 일어날 수 있다. 감염을 예방하기 위하여 병소 부위에 소독제를 바르거나 물에 항생제를 첨가한다.

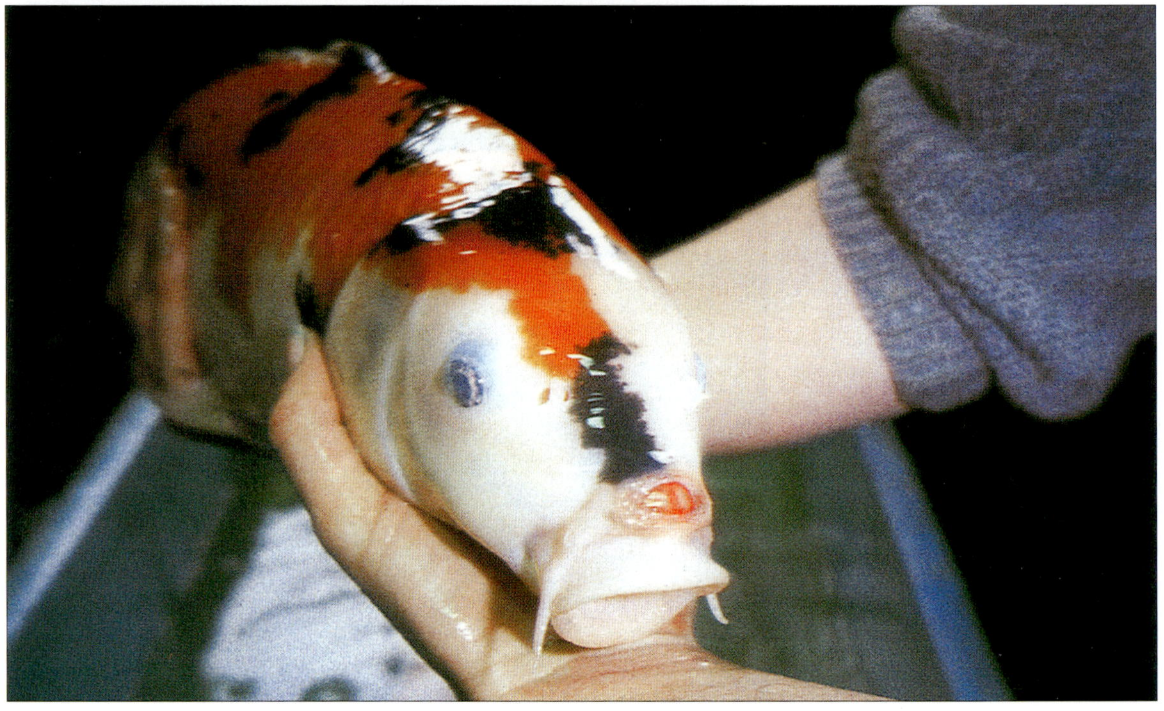

세균이란?

세균은 현미경을 통해서만 볼 수 있는 단세포의 생명체로서 0.5~10마이크론(1,000분의 1mm)의 크기이다. 생명이 있는 곳이라면 어디든지 집단적으로 발생한다. 세균의 형태는 구형('coccus'), 막대기형('bacillus') 또는 나선형('spirillum') 등이 있으며, 단일, 연쇄상 또는 포도상 등으로 배열될 수 있다. 일반 광학현미경의 400~1,000배의 배율로 관찰할 수 있지만, 세균의 집락은 육안으로도 볼 수 있다.

세균은 강하고 단단한 세포벽을 가지고 있다. 세균은 외부로부터 영양분을 흡수해야 하기 때문에 이 세포벽은 투과성이 있다. 세균에는 녹색 광합성 색소인 엽록소가 전혀 포함되어 있지 않지만 많은 세균은 다양한 색소를 지니고 있다. 어떤 세균은 바깥쪽에 점질성의 협막을 가지고 있으며 채찍 모양의 편모를 가지고 있어 액체 속에서 움직일 수 있다. 반면에 많은 세균은 공기나 물에 단순히 떠다닌다.

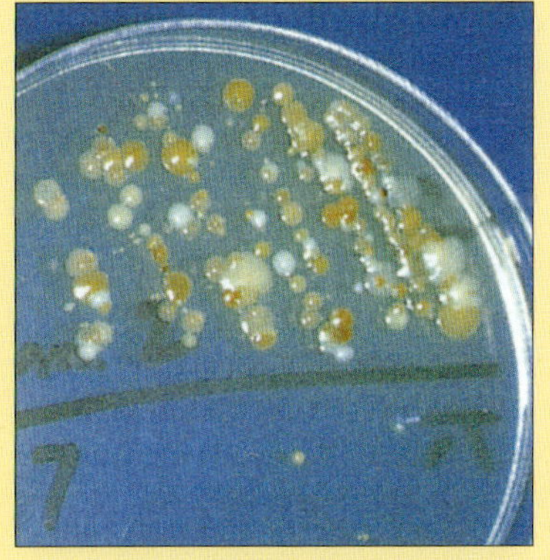

위 세균의 연구를 위해서는 우선 평판의 영양배지에 배양한다. 여기 보이는 둥근 방울 모양은 세균 집락이다.

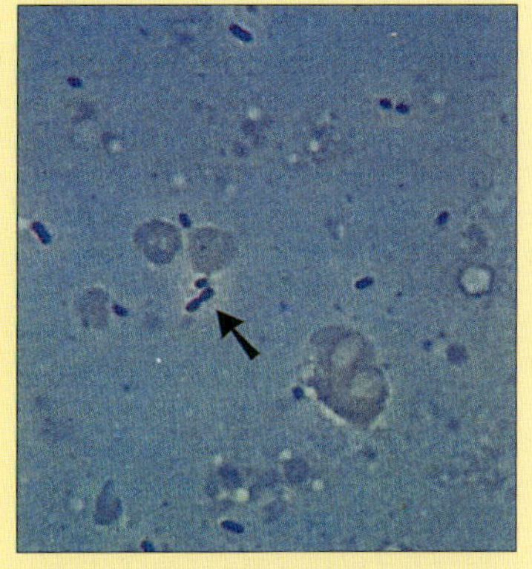

위 이 작은 검은색 점은 하나와 짝으로 된 에로모나스균(궤양병)이며, 길이는 1~2마이크론 정도이다.

세균은 일반적으로 하나가 두 개로 나누어지는 이분법으로 생식하며, 이는 15~30분에 한 번꼴로 일어날 수 있다. 이는 최적의 조건에서 하나의 세균 세포가 24시간 내에 150조 이상으로 늘어날 수 있음을 의미한다. 그러나 이는 영양분이 고갈되거나 독성 생성물이 축적되기 때문에 실제로는 일어나지 않는다.

세균은 매우 많은 수로 존재하며 일반적으로 강하다. 한 줌의 정원 흙 속에도 수백만의 세균이 있으며, 일부 세균은 냉동, 열, 건조에도 생존하며 심지어는 일부 소독제에도 견딘다.

많은 세균은 사람에게 유용하고, 또한 죽은 식물과 동물의 부패에도 관여하며 이 끊임없는 과정으로부터 영양분이 생겨나 재활용될 수 있게 한다. 세균은 오물(오수)처리와 치즈, 요거트 및 맥주 생산에 활용되며 대부분의 동물 장내 세균은 음식물 소화에 도움을 준다. 암모니아와 아질산을 독성이 덜한 질산염으로 전환시키는 질화과정은 세균에 의한 것이다.

그러나 어떤 세균은 질병을 일으킬 수 있으며 사람의 질병으로는 장티푸스, 나병 및 흑사병 등이 있다. 많은 세균성 질병은 항생제로 치료할 수 있으며 백신 접종으로 예방할 수도 있다. 많은 어병세균은 수중 환경에서 흔하지만 물고기가 부적합한 환경에 사육될 때에 질병이 발생한다.

몇 가지 일반적인 세균의 형태(크기 비율을 나타낸 것 아님)

구균
(공모양; 단일형, 포도형 또는 연쇄형)

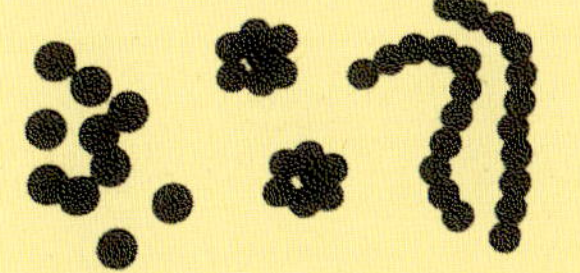

나선균
(나선 모양)

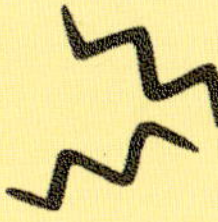

바실루스(막대기 모양)

비브리오
(쉼표 모양)

마이코박테리아
(매우 작은 막대기 모양)

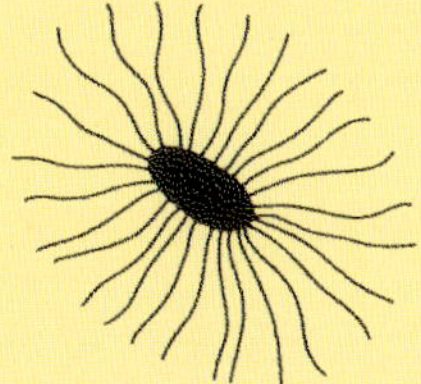

주모균
(편모가 세균 표면 전체에서 자란)

플라보박테리아
(길고 가는 막대기 모양)

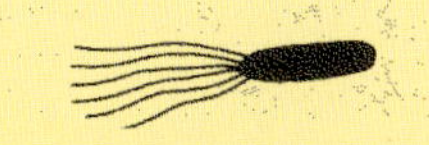

총모균
(편모가 한쪽 끝부분에서만 자란)

벨벳병(Velvet disease)과 산호어류병 (Coral fish disease)

원인

와편모조류(쌍편모조류)로 알려진 기생성 단세포생물. 해수어의 아밀로오디늄(*Amyloodinium*)과 담수어의 피시오디늄(*Piscinoodinium*; 흔히 오디늄(*Oodinium*)으로 불림)이 원인이다.

증상

회황색 물질이 피부와 지느러미를 덮고 있다. 감염어는 돌에 체표를 긁으며 아가미의 움직임이 증가한다. 질병이 좀 더 진행된 경우에는 먹이섭취를 하지 않고 움직임 없이 물속에 있다. 피부가 띠 모양으로 벗겨진 경우도 관찰된다. 이 질병은 다른 질병(예: 백점병)과 혼동될 수 있지만 벨벳병에 걸린 개체는 금색 가루를 흩뿌린 것처럼 보이기 때문에 '금가루병(gold dust disease)'이라 불리기도 한다.

질병의 발생

이 기생충은 편모를 가진 포자의 형태로 개체 간에 이동하며 어류 숙주를 떠나 최소한 24시간 또는 그 이상(아마도 수 일간)을 생존할 수 있다. 새로 입식한 물고기를 통해 가장 흔하게 유입되며 심각한 문제를 일으키기도 한다. 아가미에 심하게 감염된 어류의 경우 질병의 뚜렷한 증상을

오른쪽 벨벳병은 이 인디안글라스피쉬(*Chanda ranga*)에서 보이는 것처럼 금가루가 흩뿌려진 것과 같은 작은 점으로 흔히 나타난다.

아래 라스보라의 벨벳병을 좀 더 자세히 관찰한 이 사진은 백점병과 혼동할 수 있음을 보여준다. 각 점은 하나의 기생충이다.

벨벳병과 산호어류병을 일으키는 기생충인 피시오디늄(*Piscinoodinium*)과 아밀로오디늄(*Amyloodinium*)의 생활사

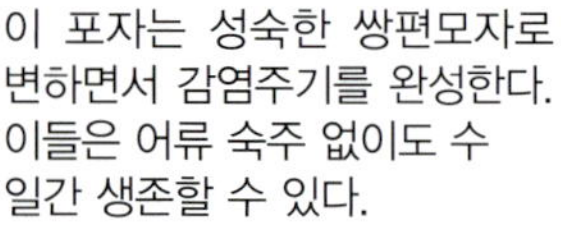

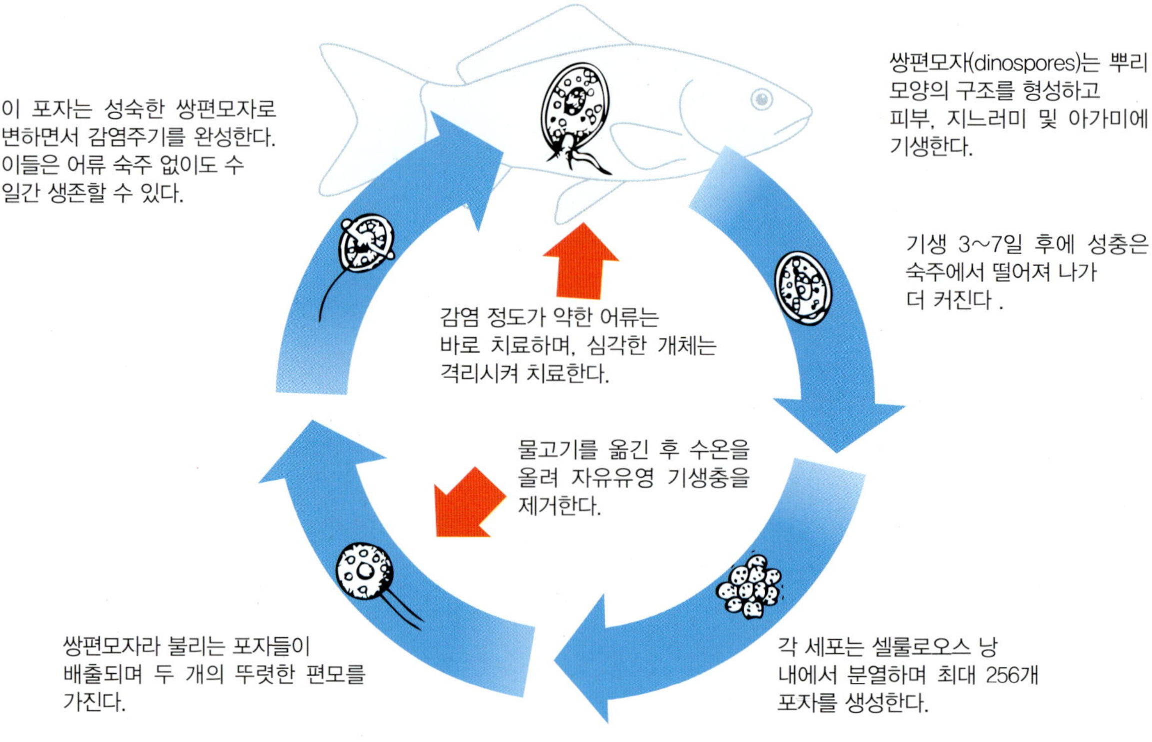

이 포자는 성숙한 쌍편모자로 변하면서 감염주기를 완성한다. 이들은 어류 숙주 없이도 수 일간 생존할 수 있다.

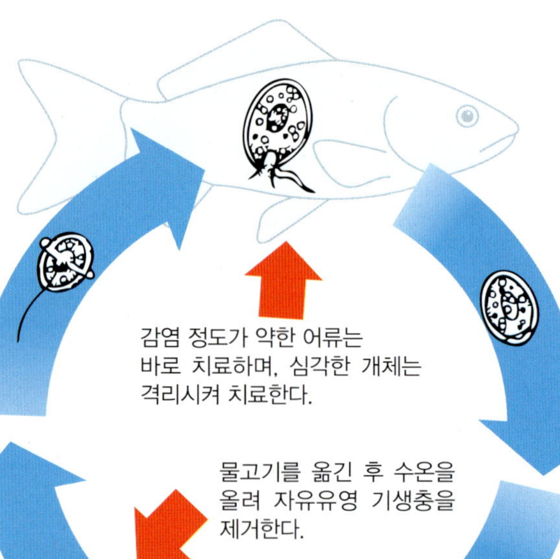

쌍편모자(dinospores)는 뿌리 모양의 구조를 형성하고 피부, 지느러미 및 아가미에 기생한다.

기생 3~7일 후에 성충은 숙주에서 떨어져 나가 더 커진다 .

감염 정도가 약한 어류는 바로 치료하며, 심각한 개체는 격리시켜 치료한다.

물고기를 옮긴 후 수온을 올려 자유유영 기생충을 제거한다.

각 세포는 셀룰로오스 낭 내에서 분열하며 최대 256개 포자를 생성한다.

쌍편모자라 불리는 포자들이 배출되며 두 개의 뚜렷한 편모를 가진다.

보이지 않고 죽을 수도 있다. 이 질병은 특히 송사리과 어류(killifish), 일부 아나반토이드 어류(anabantoids), 금붕어 및 해수 산호 어류에 많이 발생한다. 만약 이 기생충이 어류 장관에 정착하게 되면 치료 효과가 거의 없기 때문에 장기적인 관리가 어려울 수 있다.

치료와 관리

담수어 벨벳병(피시오디늄)의 경우 시판되어 있는 벨벳병 치료제, 백점병 약 또는 광범위 구충제가 치료에 효과가 있다. 만약 감염된 어류가 염분에 내성이 있다면 장시간의 염수욕(30g/25L)을 통해 기생충을 제거할 수 있다. 감염이 심각하다면 수족관을 조금 어둡게 하면 도움이 된다.

해수어의 경우 3~4주 동안의 황산구리** 치료를 권장한다(7장 참조). 모든 개체를 치료수조로 옮긴 후 감염된 수족관의 수온을 30~32℃로 올려 3주간 두면 대부분의 자유유영 기생충을 제거할 수 있다. 고수온 그 자체가 기생충을 죽이는 것이 아니라 생활주기의 속도를 높여 숙주 없이 생존할 수 있는 시간을 줄이는데 목적이 있다.

감염의 진행 속도와 문제의 심각한 정도는 모든 새로운 어종(특히 해수 열대어종)에 대한 격리의 중요성을 나타낸다.

왼쪽 로지바브(*Barbus conchonius*)의 피부와 지느러미에 피시오디늄(*Piscinoodinoum*)이 감염되어 있다.

아래 심하게 감염된 이 물고기(white cloud mountain minnow(*Tanichthys albonubes*; 일명 '백운산'물고기))는 치료효과가 있는 단계는 지났으며 수족관 전체에 감염의 원천이 될 것이다. 이런 상태의 개체는 수족관에서 격리시켜야 하며 안락사 시키는 것이 낫다.

아래 왼쪽 한 개체의 피시오디늄이 뿌리 모양의 구조를 이용해서 아가미에 부착해 있다. 실제 크기는 흔히 0.15mm 미만이다.

와편모조류(쌍편모조류)란?

담수어류의 피시오디늄(*Piscinoodinium*)과 산호어류병의 원인체인 아밀로오디늄(*Amyloodinium*)은 둘 다 와편모조류이다.

일반적으로 와편모조류는 해양 플랑크톤의 한 종류로서 가장 흔하며 일부는 기생성이다. 와편모조류는 전형적으로 운동에 필요한 머리카락 모양의 편모를 가지고 있으며, 일부는 초록색 색소인 엽록소를 지니고 있다. 와편모조류는 조류(algae)와 원생편모충류의 특징을 모두 가지고 있기 때문에 둘 중 하나에 속하지만 주로 조류로 분류된다. 조류와 다른 식물에서와 같이 어떤 와편모조류는 광합성을 하며 일부는 작은 영양분 입자를 흡수하기도 한다.

일반적으로 아밀로오디늄과 피시오디늄은 0.2mm까지 자라며 겨우 육안으로 볼 수 있다.

오른쪽 한 개체의 피시오디늄이 뿌리 모양의 구조를 이용해서 아가미에 부착해 있다. 실제 크기는 흔히 0.15mm 미만이다.

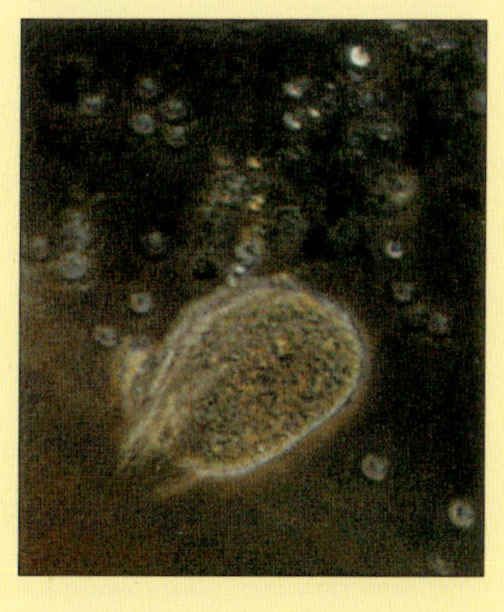

소모성질병(Wasting disease)과 어류결핵

원인

마이코박테리움(*Mycobacterium*) 또는 노카르디아(*Nocardia*)와 같은 항산성세균(acid-fast bacteria)에 의한 감염.

증상

이 질병에 걸린 어류는 보통 여위고 복부가 홀쭉하며 식욕이 감퇴하고 체색이 퇴색한 증상을 나타낸다. 안구돌출, 지느러미 부식, 체표 궤양 및 무기력함과 같은 다른 증상을 나타내기도 한다. 감염어의 내부 장기에는 보통 많은 작은 수의 결절(작은 혹; 핀의 머리 크기)이 형성된다. 익티오포누스(*Ichthyophonus*)라 불리는 곰팡이가 유사한 결절을 발생시킬 수도 있다.

오른쪽 마이코박테리움(*Mycobacterium*)에 의한 만성감염으로 내부 장기로 침투할 수 있다. 이 사진은 건강한 간 조직에 결핵성 결절이 형성된 것을 보여준다.

아래 왼쪽 쇠약함과 피부의 옅은 색의 얕은 병소는 마이코박테리움(*Mycobacterium*)에 의한 감염을 나타낸다. 이런 증상을 보이는 개체는 발견하는 즉시 격리시킨다.

아래 금붕어의 내부 장기에 형성된 결핵성 결절. 세균학적 방법으로 원인 미생물을 배양하는 것은 어려울 수 있다.

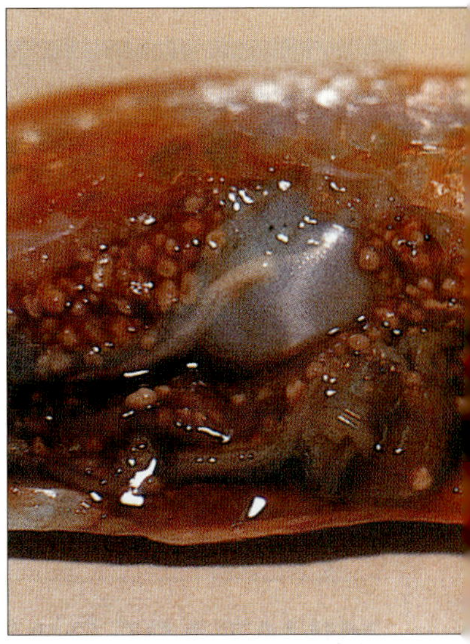

오른쪽 동종포식(cannibalism)에 의해 어류 결핵을 포함한 많은 질병이 개체 간에 전염될 수 있다. 감염을 막기 위해서는 죽었거나 빈사 상태의 물고기를 모두 제거하는 것이 중요하다.

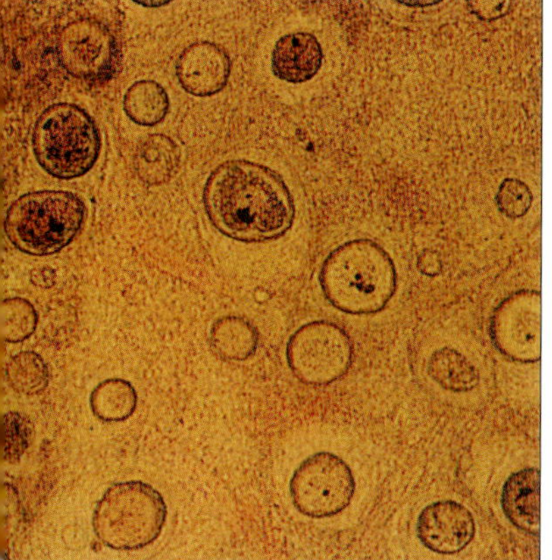

왼쪽 이 태생어(Mexican liverbearer; Goodeidae에 속하는 멕시코 토착어종)는 소모성질병의 증상(무기력, 야윔, 안구 혼탁)을 나타내고 있다. 세균의 분별염색법(항산성염색)을 이용해 마이코박테리움에 의한 감염 여부를 확인할 수 있다.

질병의 발생

이 질병은 감염된 것(개체 또는 사체) 섭취함으로 인해 개체 간의 전염이 일어나며, 부모에서 자손으로의 전염도 가능하다(특히 태생어의 경우). 이처럼 감염된 개체를 먹이로 이용하는 것은 감염의 중요한 원천이 된다. 다른 많은 질병과 마찬가지로 외관상 건강한 개체라도 뚜렷한 증상 없이 감염되어 있을 수 있다. 그러나 감염된 개체는 환경 상태가 좋지 못한 경우에 주로 질병으로 발전하게 된다.

치료와 관리

건강한 개체를 구입하고 적절히 관리하면 질병을 예방할 수 있다. 살아 있거나 죽은 감염 개체를 먹이로 사용하지 않는 것이 중요하다.

다른 질병도 유사한 증상을 나타낼 수 있기 때문에 마이코박테리움 또는 노카르디아에 의한 감염 여부를 부검 없이 확정하는 것은 매우 어렵다. 만약 어떤 개체가 이 병원체에 감염되었다고 의심된다면 격리시켜 더 이상의 전염을 막아야 한다. 안타깝게도 이 질병의 치료법은 없으며 안락사를 시키는 것이 바람직하다.

어류에서 소모성질병을 일으키는 마이코박테리아는 사람에게도 감염을 일으킬 수 있다(전형적으로 손가락 또는 손에 만성 피부 발진을 일으킨다). 그러므로 감염된 개체나 오염된 도구 또는 물에 접촉할 때에는 장갑을 반드시 착용하도록 한다(특히 상처가 있는 경우). 질병이 발생한 후에는 도구 및 장비 등을 철저히 소독한다.

수질 문제(Water quality problems)

원인

부적합하거나 갑작스럽게 변한 수질 상태(특히 pH, 경도, 비중 및 온도), 열악한 위생상태, 높은 아질산/암모니아 농도, 기타 독성물질 및/또는 낮은 용존 산소.

증상

부적합한 수질 상태의 영향은 약간의 행동이상에서부터 대량 폐사에 이르기까지 다양하다. 급성의 경우 어류의 대부분은 갑자기 이상 행동을 보인다. 증상에는 보통 비정상적인 유영 행동, 아가미의 빠른 움직임, 재빠른 움직임 후 멈춤의 반복, 수면으로의 입올림, 안구돌출 및 안구혼탁 등이 포함되며, 이러한 증상 후에 죽을 수도 있다. 조금 부적합한 수질에 만성적으로 노출된 어류는 특유의 체색을 잃으며 식욕 부진이 나타나고 지느러미 부식이나 곰팡이에 감수성이 높아질 수 있다. 이런 상태에서는 번식을 하지 않으며 난이나 치어의 생존 역시 어려울 것이다.

문제의 발생

수질 문제는 많은 질병의 근원이 된다. 나쁜 수질 상태는 아가미와 피부에 손상을 일으키는 암모니아 중독과 같이 어류의 건강에 직접적인 영향을 준다. 어떤 경우에는 어류의 면역시스템을 손상시키는 간접적인 영향으로 감염에 대한 감수성을 증가시킨다.

수질 문제는 특히 새로 세팅되었거나 관리가 잘 되지 않은 수족관에서 흔히 일어난다. 작은 어항이나 수족관은 수량이 적고 생물 여과 장치가 없기 때문에 특히 수질문제가 발생할 가능성이 높다.

치료와 관리

수질 문제는 주기적인 수질 측정과 정기적인 관리로 피할 수 있다. 밀식과 사료의 과다 투여를 피하고 페인트 냄새, 독성의 스프레이, 정원으로부터 흘러나온 물, 담배 냄새 및 기타 독성물질이 사육수로 들어가지않

위 금붕어 지느러미의 충혈은 수온이 너무 낮고 암모니아 농도가 높은 수질 문제를 나타낸다.

왼쪽 독성물질이 함유된 물에 뒤집혀 있는 디스커스로 백점병과 같은 증상과 피부, 비늘 및 지느러미에 빠르게 악화되는 증상을 보인다. 급성적인 수질문제는 연못 및 수족관의 어류에 급작스럽고 극단적인 악영향을 일으킨다.

오른쪽 나쁜 수질에 만성적으로 노출된 어류는 사진의 금붕어처럼 약해질 수 있으며 다양한 감염성 질병에 대한 감수성을 높인다.

도록 하는 것이 중요하다. 모든 새로운 수돗물은 수족관에 사용하기 전에 수돗물 컨디셔너를 이용하여 항상 처리하도록 한다. 어떤 어종을 구입하기 전에 사용하고 있는 수족관 또는 연못의 수질 상태에서 해당 어류의 생존이 적합한지를 확인한다.

당연히 연못과 수족관의 적절한 관리는 이러한 유형의 문제를 예방할 것이다. 그러나 만약 어류가 부적합한 수질 상태에서 나타나는 증상을 보인다면 즉각적으로 50~75%의 물(수돗물 컨디셔너로 처리한 동일한 수온으로 맞춰진 물)을 물갈이시키면 문제를 완화시킬 수 있다. 특히 급성의 경우에는 수온이 맞춰진 격리수조로 옮겨 근본 원인을 조사하는 것이 좋을 것이다.

야생에서의 질병

질병의 발생은 수족관, 연못 및 수산양식장에서는 매우 심각한 문제가 될 수 있다. 사육밀도가 높고 최상의 수질 상태가 아닌 한정된 조건에서는 매우 다양한 잠재적 병원체에 감염될 수 있다. 그러나 이 책의 전반에 걸쳐 언급하고 있듯이 질병의 예방은 사육하는 사람(양식장 관리인과 취미생활자)에게 달려 있다.

흔히 깨닫지 못하는 것은 야생 어류에도 질병이 발생한다는 것이다. 원인은 때때로 자연적인 밀식, 수질 악화 또는 우리가 완전히 이해하지 못하는 어떤 요인에 의한다. 예를 들어, 영국에서는 매년 봄마다 작은 천연 연못 또는 호수에 사는 로치(roach; *Rutilus rutilus*; 잉어과 어류), 아브라미스(*Abramis brama*; 잉어과 어류) 및 기타 담수어가 물이(*Argulus*) 또는 백점충에 의한 질병이나 점액과다분비증(다양한 종류의 기생충이 원인)에 의해 피해를 입는다. 때에 따라서는 한 지역에서 수십 마리 정도가 죽지만 어떤 경우에는 수천 마리가 집단 폐사하기도 한다.

매년 같은 연못 또는 호수에서 발병하지는 않는데 그 이유에 대해서는 완전히 밝혀지지 않았다. 수온의 급작스런 변동 또는 수온 상승, 수질 악화, 밀식, 겨울철이 끝나는 시기의 생리조건 악화, 산란기의 시작 등은 모두 어류의 감염에 대한 감수성을 높인다. 게다가 수온의 상승으로 병원체 수가 급속히 증가할 수도 있다.

수 년 동안 퍼치궤양병(perch ulcer disease)이라 불리는 질병으로 영국의 퍼치 집단에 영향을 미쳤는데, 특히 1976년 여름 영국 레이크지방(Lake District of England)의 윈드미어 호수(Lake Windermere)에 서식하던 100만 마리의 퍼치(*Perca fluviatilis*)가 집단 폐사하였다. 지금 그 질병의 원인체는 에로모나스 살모니사이다(*Aeromonas salmonicida*; 이 세균은 송어의 부스럼병과 금붕어 및 잉어의 궤양병을 일으킴)로 추정하고 있다.

그러므로 질병에 의한 문제는 수족관, 연못 및 수산양식장에만 국한되는 것이 아니라 야생에서도 존재한다. 그러나 연못과 수족관의 감염성 질병의 발생 원인은 흔히 열악한 환경이기 때문에, 야생의 유사한 질병 발생 또한 우리 모두가 유념해야 하는 중요한 환경의 경고로 받아들여야 할 것이다.

백점병('Ich')

원인

담수의 익티오프티리우스 멀티필리스(*Ichthyophthirius multifiliis*)와 해수의 크립토케리욘 이리탄스(*Cryptocaryon irritans*)가 백점병의 원인 병원체이다. 둘 다 섬모충이며 다른 피부 또는 아가미 기생충과 함께 복합 감염되기도 한다.

증상

피부, 지느러미 및 아가미에 작은 흰 반점. 각 반점은 어류의 투명한 피부 상피 아래에 위치한 하나의 기생충이다. 반점의 직경은 1mm까지 자라며 심한 감염의 경우는 다수의 반점이 모여서 불규칙한 모양을 나타내기도 한다. 중감염된 어류는 마치 체표에 소금이나 설탕을 뿌려 놓은 것처럼 보이며, 돌이나 자갈에 몸을 긁고 아가미의 움직임이 증가하는 증상을 보인다. 심하게 감염된 연못의 어류는 흔히 식물 사이의 얕은 곳으로 모인다. 세균에 의한 2차 감염이 흔히 일어난다.

질병의 발생

담수어 백점충(*Ichthyophthirius*)은 냉수성 및 열대성의 거의 모든 담수 어류에 감염할 수 있다. 반면에 해수어에 질병을 일으키는 해수어 백점충(*Cryptocaryon*)은 온수(18℃ 이상)에서만 감염이 일어난다.

이 두 기생충은 분류학적으로 가깝지는 않지만 놀랍게도 독립생활 및 기생생활과 관련하여 매우 유사한 생활사를 가진다. 숙주의 조직을 섭취한 성충은 피부의 상피층을 뚫고 어류 밖으로 떨어져 나온다. 수족관 또는

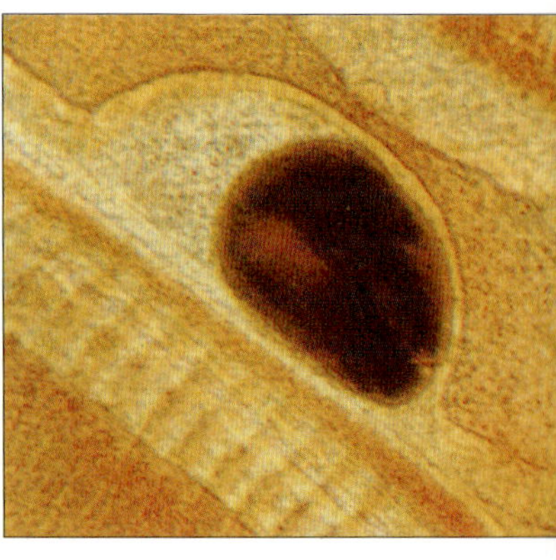

위 아가미에 부착해 있는 백점충. 경감염의 경우 감염어는 별다른 증상을 나타내지 않을 수 있지만 다른 개체로 전염을 일으키는 보균자의 역할은 할 수 있다.

아래 뚜렷한 백점이 보이는 시클리드(*Geophagus hondae*). 백점충은 거의 모든 연못 및 수족관 어류에 감염될 수 있다.

위 백점병의 좀 더 크고 둥근 반점은 벨벳병의 작은 반점과 구분된다.

아래 백점병과 곰팡이에 감염된 어류. 이와 같은 2차 감염을 예방하기 위한 즉각적인 치료가 중요하다.

연못의 바닥에 정착한 후 생식 단계인 구형의 시스트를 형성한다. 각 시스트에서 기생충은 여러 번 분열을 하여 수백 개의 감염 단계의 기생충을 생산한다. 이 기생충들은 시스트를 빠져나가 어류 숙주를 찾으며 자유 유영한다. 만약 수일 내에 숙주를 찾지 못하면 죽게 된다.

한번의 생활사가 완성되는데(예: 한 어류에서 다른 어류로 감염되는데) 소요되는 시간은 온도에 따라 다양하며 수온이 높을수록 짧아진다. 담수어 백점충의 경우 완전한 생활사는 21°C에서 약 3~4일, 10°C에서는 최소 5주가량 걸린다. 이 기생충은 낮은 수온에서 상당한 기간 동안 휴면기를 가질 수도 있다. 해수어 백점충은 좀 더 고수온에 의존적이며 20°C 이하에서는 거의 질병을 일으키지 않는다.

높은 사육 밀도는 이 기생충의 개체 간 전염을 매우 크게 증가시킨다.

치료와 관리

숙주에 부착하고 있는 백점충은 피부의 가장 바깥층 아래에 위치해 있어서 치료를 피할 수 있다. 결론적으로 사육수에 화학약품을 첨가하는 화학요법은 흔히 독립생활 단계의 기생충 구제를 목적으로 한다. 다수의 유효한 담수어 백점병 치료제가 시판되어 있다. 클라운로치(clown loach)와 비늘이 없는 메기류와 같은 담수어류는 치료제에 다소 민감할 수 있다. 수족관이나 연못으로부터 물고기를 들어낸 후 20°C 이상에서 최소 7일간 두게 되면 백점충이 제거된다.

해수 수족관에서는 해수어용 약품을 사용하는데, 한 가지 주의할 점은 이런 치료제의 대부분은 해수 무척추동물에 독성이 있는 구리가 주성분이라는 것이다. 물고기 없이 8주 정도 두게 되면 기생충을 제거할 수 있다(무척추동물은 백점충에 의해 해를 입지 않으므로 이 시기 동안 그대로 둬도 상관없다). 해수어 백점충이 담수어 백점충 보다 훨씬 더 긴 기간이 소요되는 이유는 시스트 단계가 길기 때문이다.

즉각적인 치료는 백점병의 효과적인 관리를 위해 매우 중요하다. 이 질병은 새로운 개체와 함께 유입될 수 있기 때문에 적절한 시간 동안의 격리와 유효한 치료를 권장한다. 또한 백점병은 식물과 먹이 생물을 통해서도 유입될 수 있다. 미래에는 백점병에 대한 백신도 가능할지도 모른다.

왼쪽 황적퉁돔(*Lutjanus sebae*)의 지느러미와 머리를 덮고 있는 해수어 백점충(*Cryptocaryon irritans*)에 의한 흰색 반점. 이 기생충은 물고기에 기생하고 있는 동안은 화학요법에 면역이 있다.

담수어 백점충(*Ichthyophthirius multifiliis*)과 해수어 백점충(*Cryptocaryon irritans*)의 생활사

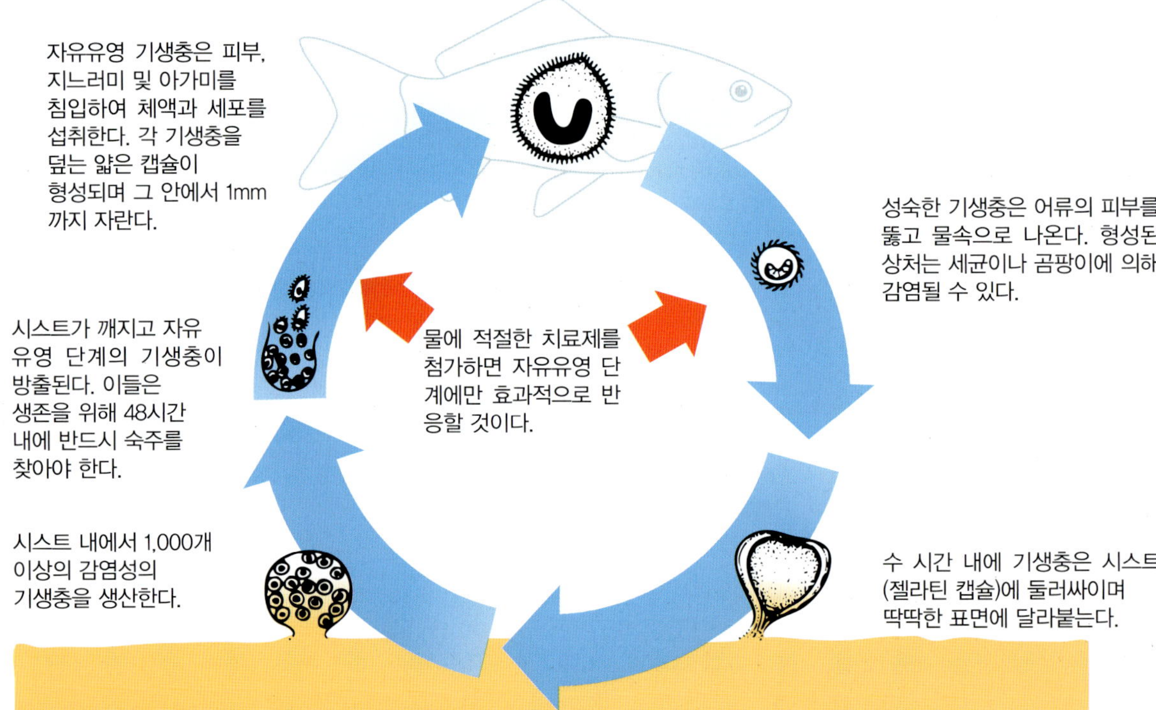

구피병(Guppy disease)

이 병명에서 알 수 있듯이 구피병은 대부분 구피(*Poecilia reticulata*)와 관련된다. 이 질병은 아주 작은 섬모충인 테트라하이메나(*Tetrahymena*)에 의한 것이다. 다른 피부 기생충의 감염이 동반될 수 있다.

육안 증상은 백점병(피부와 근육에 지름 1mm까지 자라는 작은 흰반점이 생김)과 매우 유사하다. 이 반점들은 흔히 피부 외막의 탈락, 비늘의 돌출 및 이상 유영 행동을 동반한다. 어떤 경우에는 기생충이 근육 깊숙한 곳이나 심지어는 혈류에도 침입한다.

테트라하이메나는 흔히 새로 입식되었거나 불충분한 영양 공급, 과도한 유기물 찌꺼기 또는 부적절한 수질 조건과 같은 열악한 상태에 있는 어류에 문제를 일으킨다.

아래 구피병, 점액과다분비증 및 지느러미부식병의 합병증에 의한 해어진 꼬리의 모습.

구피는 꽤 강한 어종이지만 부적합한 환경에 노출되면 질병에 대한 감수성이 높아지게 된다. 구피는 따뜻하고 중간 정도의 경도, 알칼리성의 물에서 잘 자라지만 비교적 수온이 낮고 경도가 낮은 연수의 산성의 물에서는 질병 발생 가능성이 높아진다.

감염이 일어난 수족관에 시판된 백점병 치료제를 투여하면 효과적일 수 있지만, 감염이 많이 진행된 경우에는 치료가 어려우며 여러 번의 반복 치료가 필요하다.

원충류(Protozoan)란?

원충류는 완전한 단일 세포로 구성된 작은 동물이다. 대부분 크기는 10~100μm로 광학현미경으로 100~200배 확대해야 볼 수 있다. 일부 원충류는 백점충(*Ichthyophthirius*)과 같이 어류에 부착하고 있을 때에는 육안으로 볼 수 있을 만큼 크다. 원충류는 습기나 물이 있는 환경에서 흔히 존재하지만 어떤 원충류는 포자 또는 시스트를 형성해서 건조한 환경에서도 생존할 수 있다. 지금까지 알려진 3만여 종의 원충류 중 일부는 기생성이지만 대부분은 독립생활을 한다. 이런 기생충은 하나의 숙주와 연관된 단순한 생활사를 가지거나 중간 숙주 및 매개체와 관련된 좀 더 복잡한 생활사를 가진다.

일반적으로 원충류는 하나의 핵(때로는 여러 개의 핵), 물의 양을 조절하기 위한 수축성의 공포 및 물속 환경에서 먹이 섭취와 움직임을 위한 섬모 또는 편모를 가지고 있다. 원충류는 보통 이분법에 의해 생식을 하지만 일부는 유성생식을 한다. 일부 원충류는 엽록소와 같은 광합성 색소를 가지고 있어 식물과 구분하는 것이 어려울 수도 있다. 대부분의 원충류는 용액 상태의 영양분이나 세균과 같은 영양분 입자를 필요로 한다.

원충류는 다음과 같이 4가지의 매우 독특한 그룹이 있다.

- **편모충류(Flagellates)**

편모충류는 운동을 위해 하나 또는 그 이상의 편모를 가지고 있다. 유글레나(*Euglena*)는 이 그룹에 속하는 잘 알려진 독립생활 편모충이며, 트리파노소마(*Trypanosoma*)는 사람에게 수면병을 일으키고 어류와 다른 동물에게도 유사한 증상을 초래하는 혈액 기생충이다.

아래 하나의 담수어 백점충에 뚜렷이 관찰되는 말굽 모양의 대핵.

- **섬모충류(Ciliates)**

섬모충류의 체표면을 뒤덮고 있는 많은 수의 짧은 섬모는 움직임과 먹이 섭취에 사용된다. 짚신벌레(*Paramecium*)와 다른 적충류(滴蟲)(*infusorian*)가 독립생활 섬모충이다. 담수어 백점충(*Ichthyophthirius*)은 어류에 백점병을 일으키는 기생충이다.

- **아메바류(Amoebas)**

이 단순한 원충류는 젤리처럼 몸을 확대하는 방법으로 표면을 이동한다. 대부분의 아메바는 독립생활을 하고 담수에서 발견되며 그 중 일부 종은 사람과 동물에 질병을 일으킨다.

- **포자충류(Sporozoan)**

다양한 무척추동물 및 척추동물의 기생충이며 매우 복잡한 생활사를 가지는 것도 있다. 결절성 질병을 초래하는 미포자충과 점액포자충이 이 그룹에 속한다.

특히 어류에서는 기생충이 내부 장기에 감염되었을 때 치료하는 것이 더 어려울 수 있지만, 다양한 약물과 화학제제가 원충성 질병 치료제로 시판되어 있다.

체강의 기생충

원인

촌충류(cestodes; tapeworms) 및 선충류(nematodes; roundworms)와 같은 다양한 연충류(helminth parasites).

증상

감염 정도가 낮은 경우에는 특이한 증상과 해가 거의 없다. 중감염되면 복부팽만, 이상 유영, 내부 장기의 손상 및 체벽의 손상으로 탈장 증상이 나타난다. 촌충류는 흰색의 긴 리본 모양의 기생충으로 수 cm까지 자란다. 체절구조가 보일 수도 있다. 선충류는 작은 실 또는 솜뭉치 모양과 유사하며 흔히 황갈색을 띤다. 이 두 기생충류는 체강에 기생하거나 흰색 또는 아이보리색의 시스트 내에서 산다.

질병의 발생

이 기생충들은 새로 입식한 어류 또는 야생 어류에서 흔히 발견된다. 이 기생충들의 생활사는 매우 복잡하기 때문에(2~3개의 숙주) 수족관이나 연못에 심각한 문제를 일으키지는 않는다.

치료와 관리

다행스럽게도 이 기생충에 의한 피해는 드물다. 왜냐하면 유효한 치료 방법이 없기 때문이다. 연충류에 감염되었을 것으로 의심되는 증상을 보이는 개체는 구입하지 않아야 하며 검물벼룩(cyclops) 및 물벼룩과 같은 먹이생물은 물고기가 있는 물에서 유래했다면 사용하지 않는 것이 좋다. 벼룩류는 이 연충류의 중간숙주 역할을 하기 때문이다.

위 체강에 많은 수의 연충이 기생함으로써 복부팽만 증상이 나타나며 정상적인 유영이 힘듦으로 포식되기 쉽다.

아래 매우 심한 경우에는 사진에서 보는 바와 같이 많은 수의 촌충(*Ligula intestinalis*)이 숙주의 내부 장기 사이에 자리잡고 있다.

어류의 체강에 기생하는 *Ligula*와 *Schistocephalus*와 같은 촌충의 전형적인 생활사

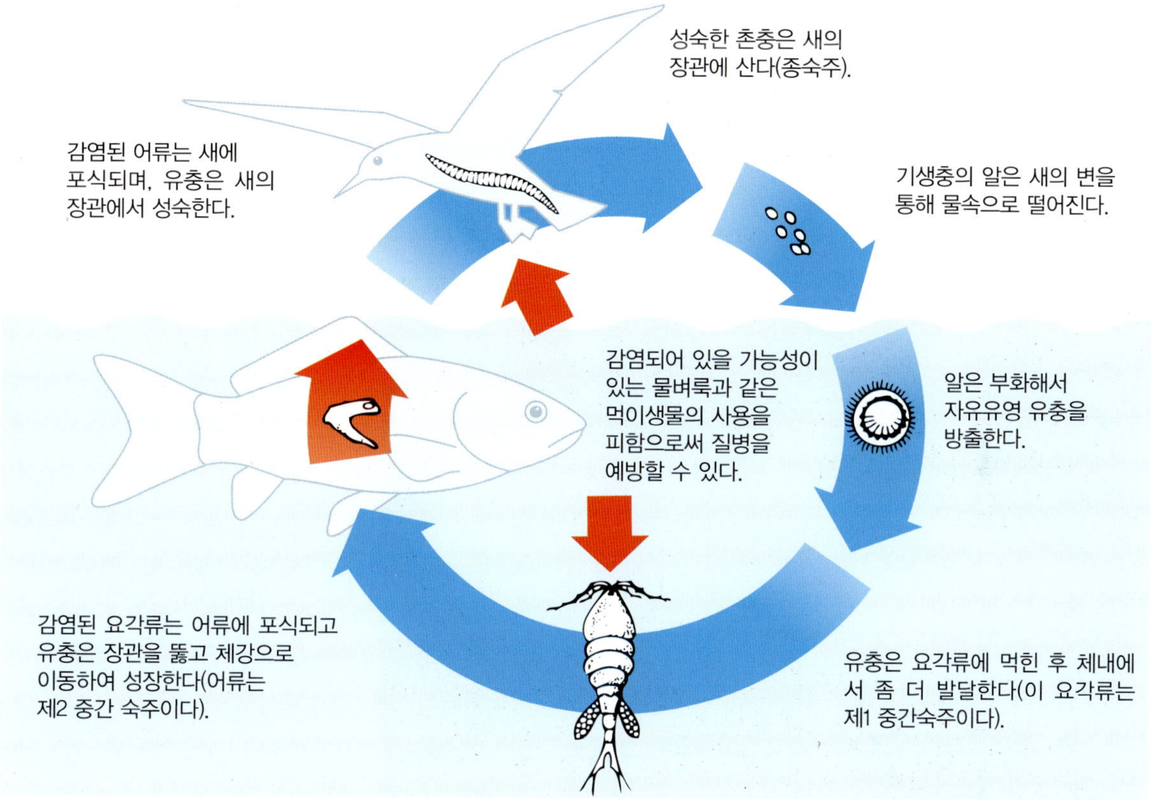

성숙한 촌충은 새의 장관에 산다(종숙주).

감염된 어류는 새에 포식되며, 유충은 새의 장관에서 성숙한다.

기생충의 알은 새의 변을 통해 물속으로 떨어진다.

감염되어 있을 가능성이 있는 물벼룩과 같은 먹이생물의 사용을 피함으로써 질병을 예방할 수 있다.

알은 부화해서 자유유영 유충을 방출한다.

감염된 요각류는 어류에 포식되고 유충은 장관을 뚫고 체강으로 이동하여 성장한다(어류는 제2 중간 숙주이다).

유충은 요각류에 먹힌 후 체내에서 좀 더 발달한다(이 요각류는 제1 중간숙주이다).

촌충류(Cestode)란?

촌충류는 약 1,500종이 포함되며 모두 기생충이다. 일반적으로 성숙한 촌충은 어류를 포함한 척추동물의 소화관에 기생한다. 하나 또는 그 이상의 중간숙주를 거치는 복잡한 생활사를 가진다. 이러한 중간숙주에는 요각류와 새우류와 같은 무척추동물과 어류와 같은 척추동물이 포함된다. 그래서 어류는 장관에 성충과 체강의 내부 장기 사이에 유충을 둘 다 가지고 있을 수 있다.

성충은 10m 이상 자랄 수 있지만 어류에서는 수 cm에서 40cm까지 자라는 것이 일반적이다. 촌충은 입이나 장관이 없지만 피부를 통해 영양분을 흡수한다. 성충은 연속된 체절로 이루어져 있으며, 이 체절의 앞쪽 끝부분은 흡반, 갈고리 또는 근육질의 움푹 파인 모양을 지닌 부착기관이다. 각 체절은 완전한 생식기관으로 구성되어 있고, 많은 수의 기생충 알은 종숙주의 배설물과 함께 성숙한 체절 안에 든 채로 밖으로 방출된다.

연충류용 구충제는 개와 고양이의 촌충을 제거하는데 흔히 사용된다. 이 약품은 어류용도 있지만 장관에 기생할 때에만 효과가 있다(체강에 기생하는 경우 효과 없음).

아래 큰가시고기(stickleback)의 체강에서 분리된 촌충(*Schistocephalus solidus*)의 유생단계(2~4cm).

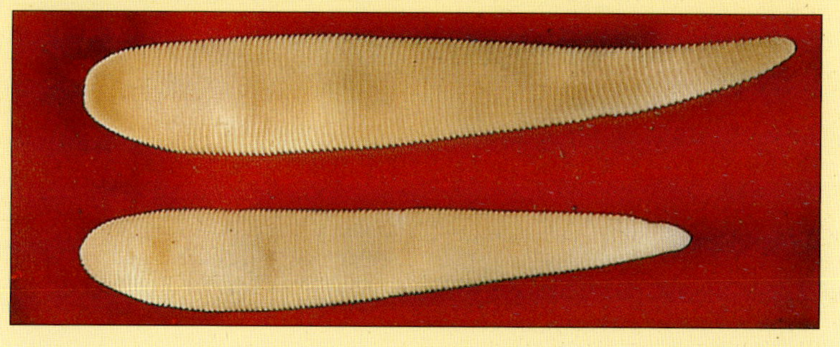

장내기생충

원인

촌충류, 선충류 및 구두충(acanthocephalans)과 같은 다양한 연충류. 이 생흡충류도 여기에 속하나 어류에 병원성이 있는 것은 드물다.

증상

감염된 개체가 야위었거나 심하게 팽만한 모습 또는 항문으로 기생충이 돌출되어 있는 매우 심각한 감염을 제외하면 일반적으로 증상이 뚜렷하게 나타나지 않는다. 이 기생충들은 야생 어류나 새로 입식하는 어류에

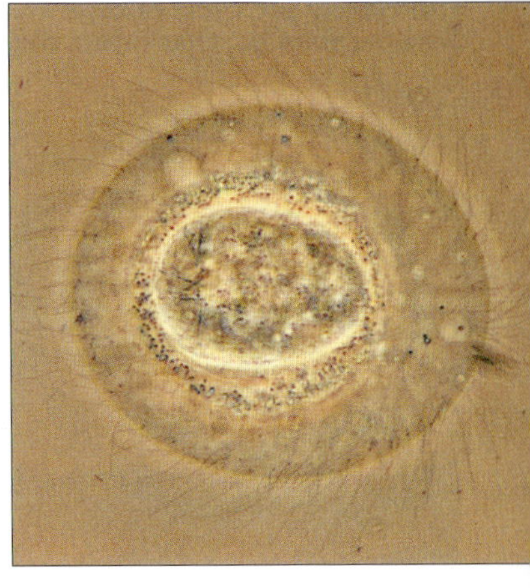

위 부화된 촌충(*Bothriocephalus acheilognathi*)의 유생 단계. 발달을 위해서는 요각류와 같은 중간숙주에 먹혀야 한다.

왼쪽 촌충(*Bothriocephalus acheilognathi*)의 앞부분으로 숙주의 장관벽에 부착하기 위해 변형되어 있는 모습이다.

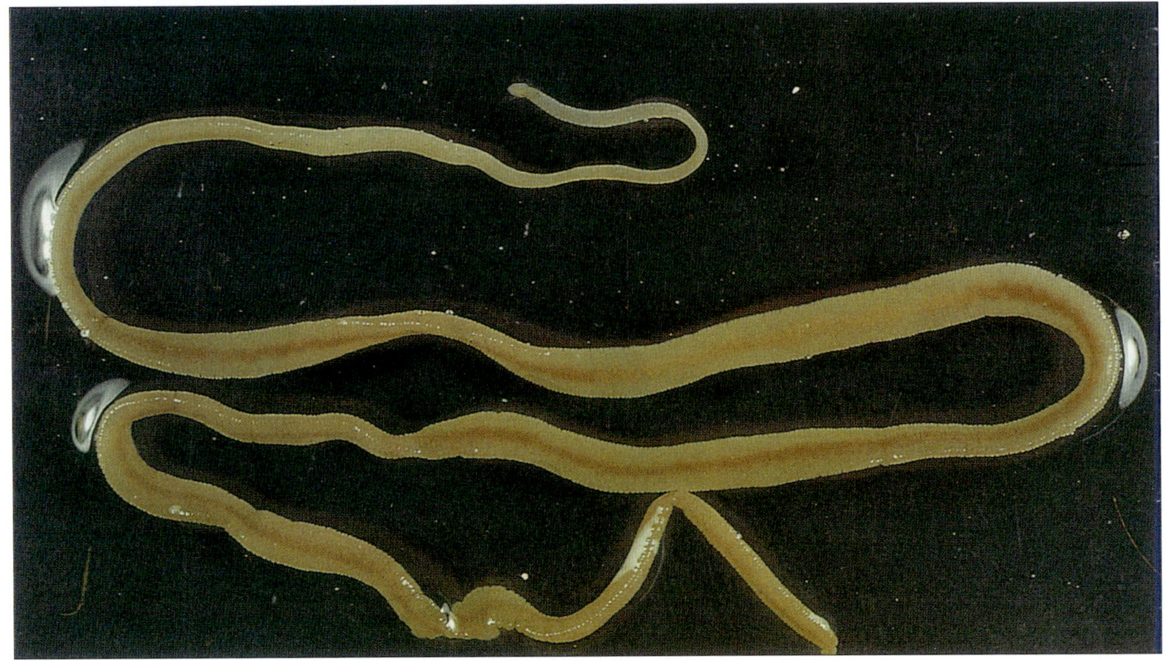

아래 잉어에서 분리된 성숙한 촌충(*Bothriocephalus acheilognathi*). 이 기생충은 어류-요각류-어류의 생활사를 가지며 수산양식장에 피해를 준다.

흔하다. 촌충은 흰색의 납작한 끈 모양이며 가끔씩 체절로 나눠져 있다. 선충류는 작은 솜 또는 실 조각과 같은 벌레의 모습을 하고 있다. 적갈색을 띠며 길이가 수 cm이지만 일부는 매우 작다. 구두충은 흔히 노르스름한 백색을 띠며 1~2cm의 길이를 가진다. 구두충은 편평하거나 원통형 모양이며 머리 끝부분에 신축성 있는 돌기 모양의 기관을 가지고 있어 숙주의 장내에 단단히 부착한다.

아래 이 *Bunodera luciopercae*와 같은 성숙한 이생 흡충은 어류의 장관에 기생하지만 병원성은 거의 없다. 부착을 위한 2개의 흡반이 있다(화살표). 이 흡충의 실제 길이는 보통 2~5mm이다.

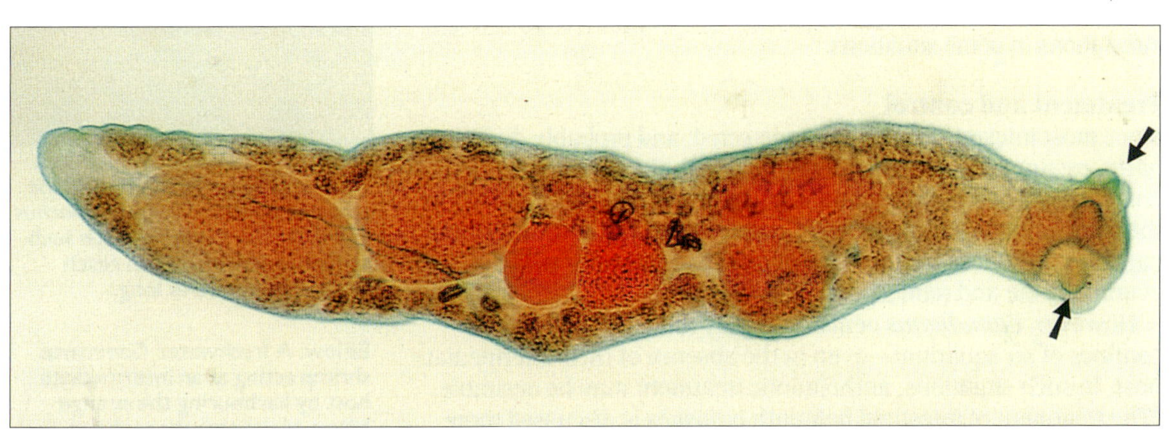

어류 장관에 감염된 이생 흡충인 *Bunodera*의 생활사

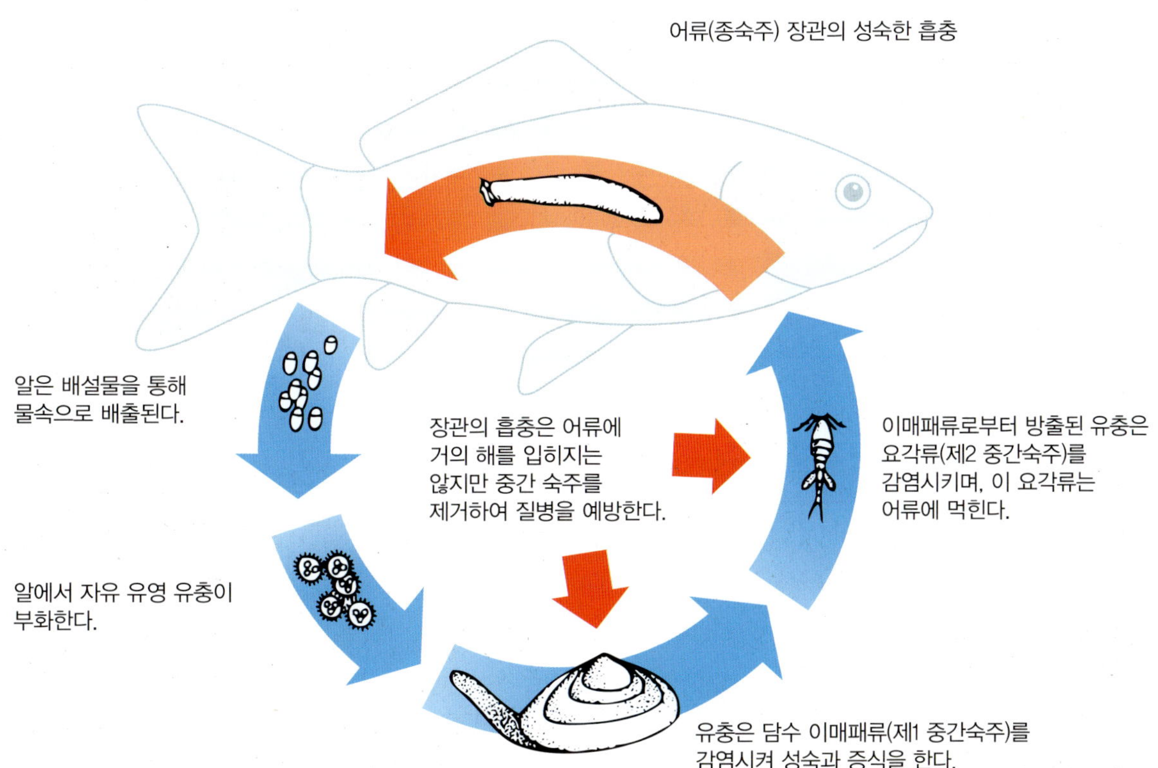

질병의 발생

관상어를 취미로 키우는 대부분의 사람들 경우 이런 유형의 질병을 알아차리지 못할 것이다. 이 기생충들은 흔히 매우 복잡한 생활사(2개 이상의 중간숙주)를 가진다. 따라서 수족관이나 연못에서는 큰 피해가 발생하지는 않는다.

하나의 예외는 선충류인 카말라누스(*Camallanus*)이다. 이 종은 많은 열대 태생종에서 흔한 기생충이며 작은 물고기에 많은 수로 존재하면 문제가 된다. 카말라누스는 일반적으로 어류 개체간의 유충을 전염시키는 중간숙주인 요각류(물이)가 필요하지만 이 기생충은 중간숙주 없이 개체간의 직접적인 감염도 가능하다(최소 수 세대 동안). 이 때문에 때에 따라서 심한 감염도 발생하게 된다.

치료와 관리

대부분의 감염은 검출되지 않고 피해도 거의 없기 때문에 치료는 필요하지 않다. 연못 또는 수족관의 단순한 환경에서는 기생충의 생활사를 완성하는데 필요한 숙주가 없다. 새로 입식한 어류나 야생 어류의 장관에 존재하는 연충류는 결국 죽게 되며 재감염은 일어나지 않는다.

그러나 카말라누스는 수족관의 제한된 공간에서도 증식할 수 있다(중간숙주가 존재하지 않는 경우에도). 이 경우에는 구충제 치료가 바람직하다.

위 어류의 장관에 많은 수의 구두충(*Pomphorhynchus laevis*)이 감염되어 있다. 각각의 구두충은 수 cm까지 자랄 수 있다.

아래 오렌지색의 유충(*Pomphorhychus laevis*)을 몸속에 가지고 있는 담수 새우(*Gammarus*)를 보여주고 있으며 이는 중간숙주 역할을 한다.

_Pomphorhynchus laevis_와 같은 구두충의 생활사

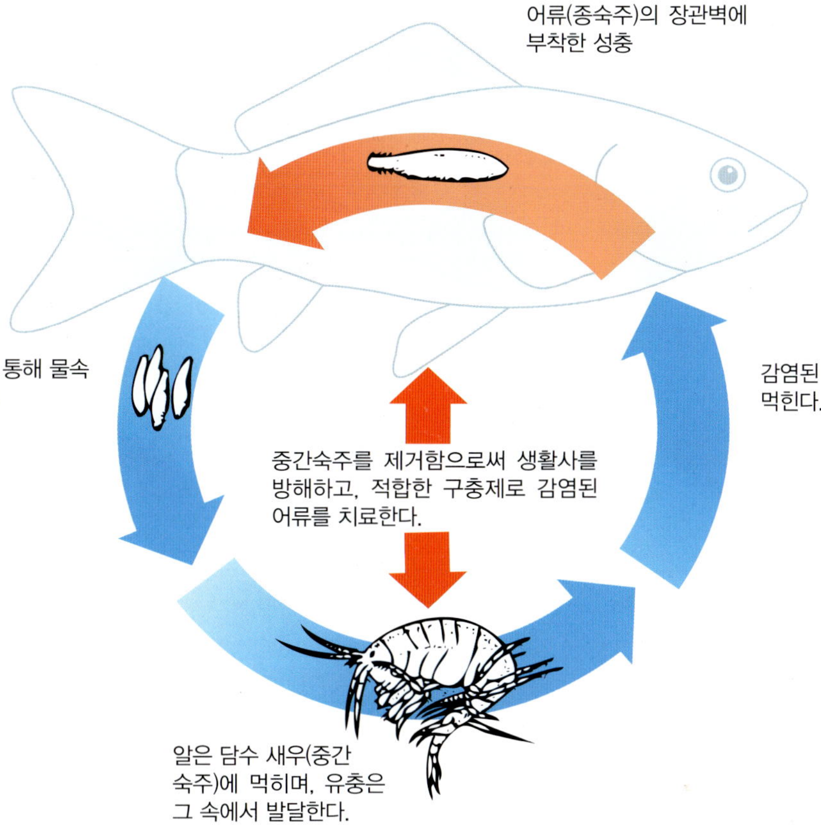

어류(종숙주)의 장관벽에 부착한 성충

감염된 새우는 어류에 먹힌다.

알은 담수 새우(중간 숙주)에 먹히며, 유충은 그 속에서 발달한다.

알은 배설물을 통해 물속으로 방출된다.

중간숙주를 제거함으로써 생활사를 방해하고, 적합한 구충제로 감염된 어류를 치료한다.

구두충이란?

구두충(acanthocephalan)은 400여 종의 기생충을 포함하는 그룹이다. 성충은 숙주의 장관 벽의 부착에 이용되는 신축성이 있는 긴 뾰족한 기관을 가지고 있어 어류와 같은 척추동물의 장관에 기생한다. 구두충은 장관이나 입이 없지만 체벽을 통해 영양분을 바로 흡수한다. 이 기생충 길이는 약 2~3cm이지만 일부 종은 훨씬 더 길게 자랄 수 있다.

암수 기생충은 성숙하여 교미하며, 암컷은 많은 수의 알을 낳아 숙주의 배설물과 함께 밖으로 방출된다. 이 기생충의 생활사에는 적어도 하나 이상의 중간숙주가 관여하며, 알을 섭취하여 감염되는 새우류와 같은 무척추동물이 일반적이다.

이 기생충의 복잡하고 간접적인 생활사 때문에 구두충은 수족관 어류에게는 거의 피해를 입히지 않는다. 하지만 다른 기생충과 마찬가지로 야생 어류는 이 기생충에 감염되어 있을 수 있다. 어쨌든 이 기생충은 수개월 후에는 죽어 없어진다.

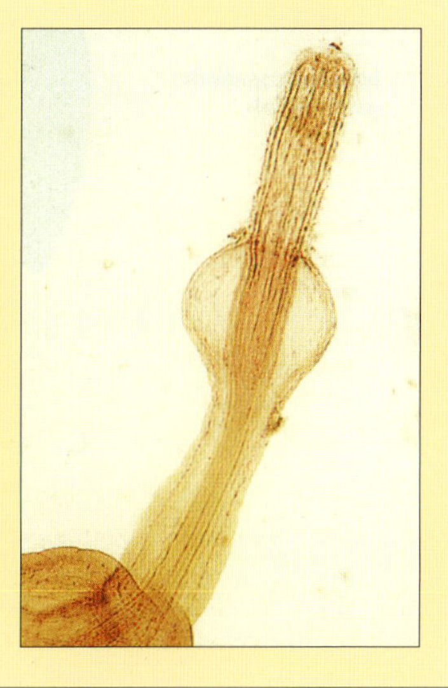

오른쪽 어류 구두충(_Pomphorhynchus laevis_)의 긴 가시모양의 기관으로 장관벽이나 다른 중요한 기관을 뚫을 수 있다.

어류 장관에 감염한 선충(*Camallanus*)의 가능한 감염주기

오른쪽 이 뒤집힌 물고기의 항문 밖으로 돌출되어 있는 적갈색의 기생충은 선충인 카말라누스(*Camallanus*)로 최대 2cm까지 자란다.

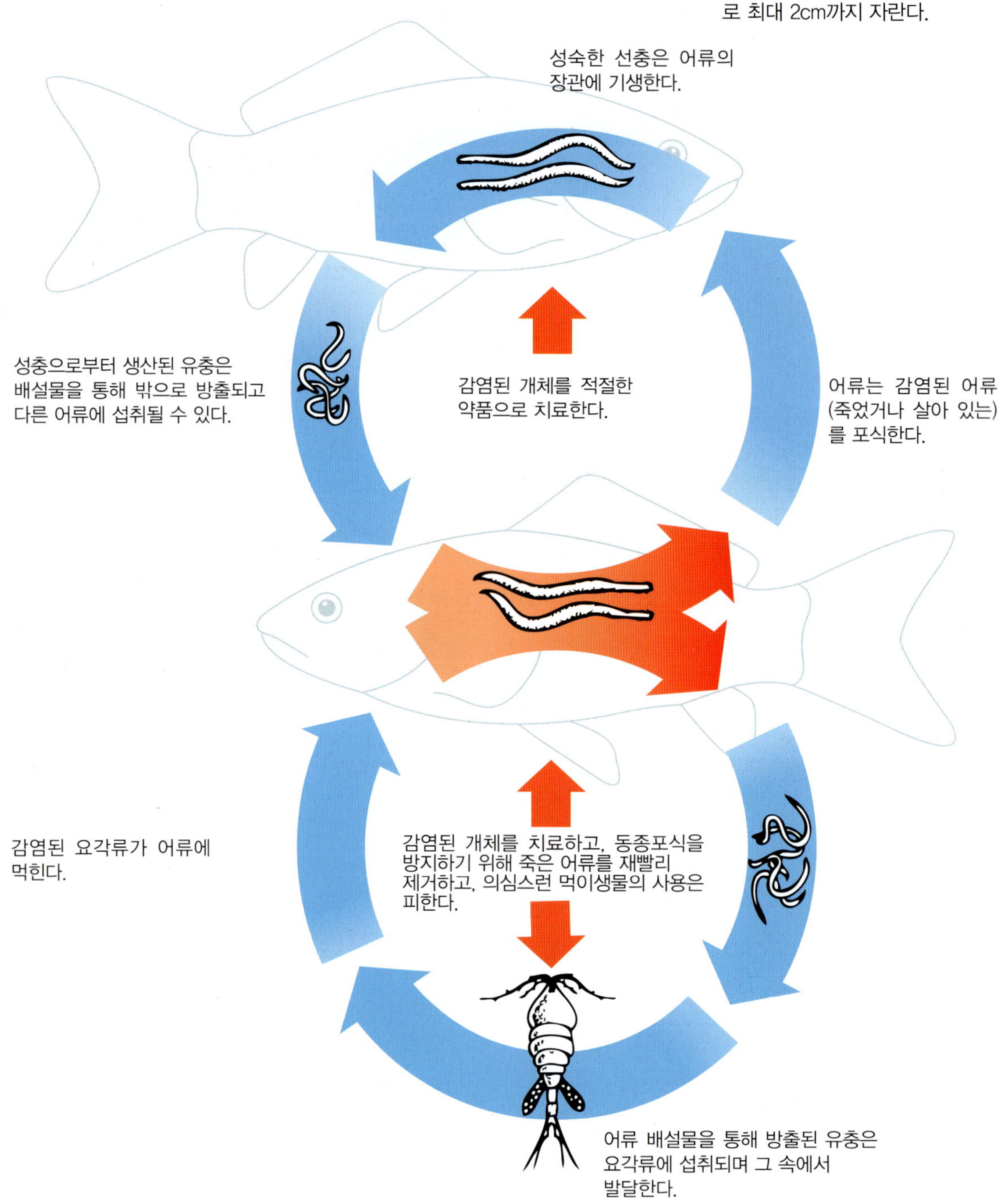

선충류(Nematode)란?

선충류는 독립생활과 기생생활을 하는 10,000여 종의 그룹으로 구성되어 있다. 많은 선충류는 수 mm에서 1~2cm까지 성장하지만 어떤 종은 1m까지 자란다.

선충류는 일반적으로 암수가 구분되며 생활사는 매우 단순한 것에서부터 아주 복잡한 것까지 다양하다. 일부 선충류는 농작물, 가축, 개, 고양이 및 심지어 사람에게 매우 중요한 병원체이다. 일반적으로 적합한 구충제를 사용하면 치료가 가능하며, 가능하면 중간숙주의 제거 및/또는 감염 단계를 제거하기 위해 일반적인 위생 향상으로 생활사를 차단하여 치료할 수 있다.

선충은 잘 발달된 장관이 있으며 일부 기생충은 강한 구기와 근육질의 목구멍을 가지고 있다. 많은 수의 선충이 존재할 때(수족관 환경에서는 드문 일이지만) 조직과 혈액을 섭취하여 숙주를 꽤 약화시킨다. 선충류는 다른 동물 숙주와 마찬가지로 어류의 장관, 체강 및 부레와 같은 여러 위치에서 발견된다.

아래 숙주의 장관에 상당한 손상을 입히는 작은 턱을 가진 카말라누스(*Camallanus*)의 두부 끝 부분.

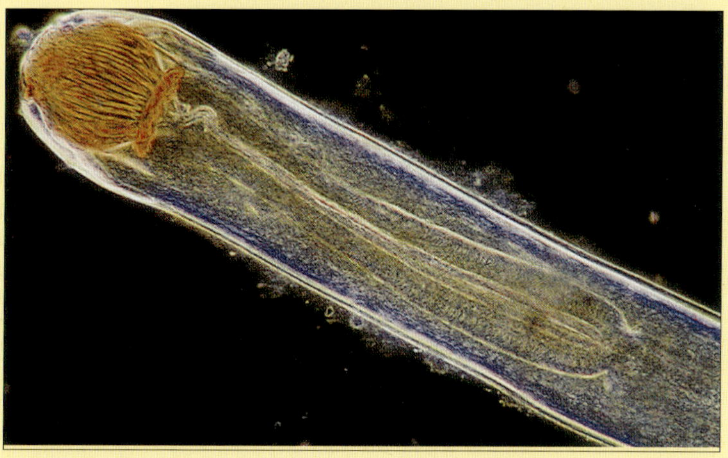

황색유충병(Yellow grub), 흑점병 (Black spot)과 안구흡충병(Eye fluke)

원인

이생흡충류(*Clinostomum*, *Posthodiplostomum*, *Diplostomum*)의 유생 단계.

증상

황색유충병과 흑점병의 경우 체표와 지느러미에 각각의 색상을 띤 시스트가 생긴다. 이 시스트는 약 2mm가지 자라며 작은 유충이 들어 있다. 이와 유사한 시스트는 내부 장기에도 생길 수 있다('소모성질병'과 혼동될 수 있으므로 주의한다.). 시스트의 수가 적은 경우에는 거의 해가 되지 않지만 많은 수로 존재하면 외관상 좋지 않을 뿐만 아니라 작은 개체에게는 위험할 수 있다.

안구흡충은 안구의 수정체, 유리체 또는 망막에 박혀 있으며 많은

아래 이 쥐돔(surgeonfish)에서 보이는 것과 같이 해수어류 피부의 아주 작은 흑점은 작은 와충강류의 편형동물(피부흡충과 매우 가깝다)과 함께 감염될 가능성이 높다. 추가 증상은 흔히 지느러미를 잽싸게 움직이고 돌에 몸을 긁는 것이다. 이 경우 메트리포네이트**와 같은 유기인계 살충제를 사용하여 치료할 수 있다. (7장 참조)

아래 어류 안구의 수정체로부터 나온 안구흡충(*Diplostomum spathaceum*). 이 유충의 실제 크기는 약 0.5~1mm이다.

아래 안구흡충은 안구혼탁과 심지어 수정체를 파열시킬 수 있지만 생활사가 매우 복잡하기 때문에 수족관이나 연못의 어류에 피해를 입히는 경우는 드물다.

위 담수어류인 황어(*Leuciscus leuciscus*)에 나타나는 흑점병의 전형적인 증상. 적은 수로 감염되어 있는 경우에는 거의 해가 되지 않으며 일반적으로 시간이 지나면 사라진다.

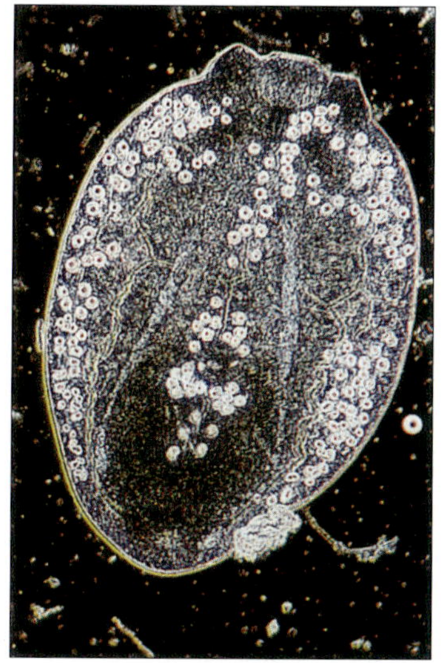

수가 존재하면 상당한 손상을 줄 수 있다. 손상의 정도는 안구혼탁에서부터 수정체의 파열로 실명에 이르기까지 다양하다. 그러나 적은 수로 감염되어 있는 경우에는 감염을 알아차리지 못할 수도 있다.

오른쪽 피부와 지느러미에 흑점충이 심하게 감염된 로치. 반짝이는 시스트 각각에는 한 마리의 유충이 들어 있다. 이 흑점의 검은색은 감염에 대한 숙주반응으로 나타나는 것이다.

질병의 발생

이 질병은 새로 입식한 어류에 가장 흔한 질병이며 간혹 연못어류에서 발생하기도 한다. 이 기생충은 어류를 포식하는 새 또는 포유류의 장관에서 성숙한다. 장관 속의 알은 물속으로 방출되며 수생 달팽이에 감염되며, 어류는 달팽이에서 나온 감염성이 있는 유충에 감염된다.

대부분의 연못과 수족관 환경에서는 이 기생충의 복잡한 생활사가 완성되는 것이 불가능하므로 이에 의한 피해는 아주 드물다. 어류에 감염한 유충은 오랫동안 살 수 있지만 숙주의 면역반응에 의해 결국은 죽게 된다.

치료와 관리

치료는 거의 필요 없더라도 완치가 어렵다. 이 기생충에 감염된 물고기의 구입을 피하며 정원의 연못에 새가 찾아와 물고기를 잡아먹지 못하도록 조치를 취한다.

황색유충병(yellow grub), 흑점병(black spot) 및 안구흡충병을 일으키는 이생 흡충류의 일반화시킨 생활사

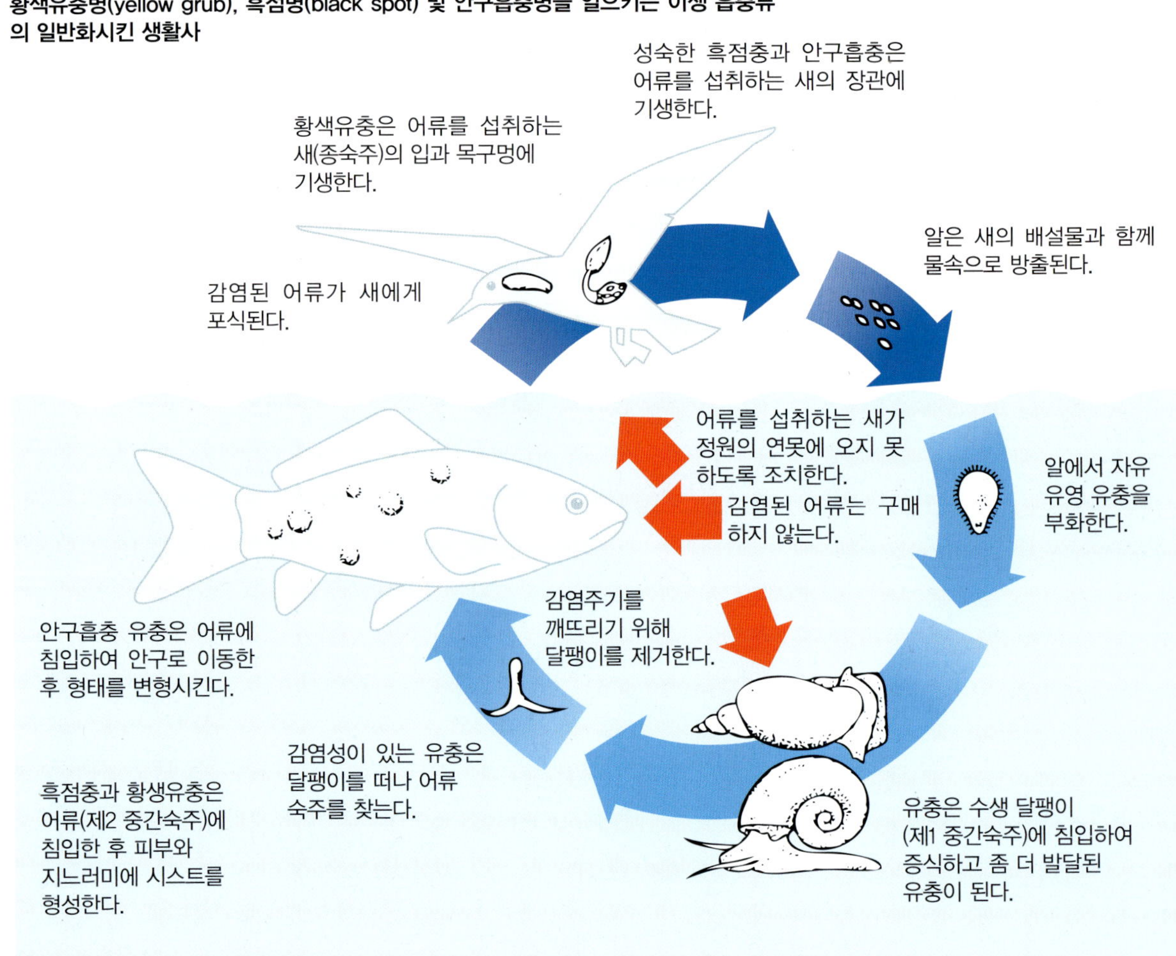

이생흡충류(Digenetic fluke)란?

이생흡충류는 어류를 포함한 척추동물, 이매패류, 요각류를 포함하는 무척추동물이 관여된 복잡한 생활사를 가진 기생성 편형동물이다. 성충은 자웅동체이며 종숙주의 장관에서 성숙한다. 유성생식은 많은 수의 알을 낳으며 배설물을 통해 밖으로 빠져나온다. 이 기생충은 종숙주에 감염되기 전에 하나 또는 그 이상의 중간숙주가 관여한다. 생활사의 각 단계는 중간숙주(들)에서 발달하는 시기를 반드시 거쳐야 하며, 그렇지 못하면 생활사는 완성될 수 없다.

성충은 어류의 장관, 혈액 및 부레에 기생하며 유충(흔히 피낭유충(metacercaria)이라 불림)은 안구, 지느러미, 피부 등에 기생한다. 각 단계의 기생충은 수 mm에서 1cm까지 자라기 때문에 육안으로 관찰이 가능하다. 10~100배율의 현미경으로 입 주변과 복부의 흡반을 관찰할 수 있으며 둘 다 숙주에 부착하는데 사용된다. 이 기생충류는 입과 장관이 있지만 피부를 통해 영양분을 흡수한다.

잘 알려진 이생흡충류의 예로는 양의 간흡충(*Fasciola hepatica*)과 사람의 주혈흡충(Schistosoma)이 있다. 어류의 이생흡충류(예: *Clinostomum*, *Posthodiplostomum*, *Diplostomum*)는 복잡한 생활사 때문에 수족관이나 연못에서는 큰 피해를 입히지 않는다.

아래 어류 피부의 흑점에서 분리된 기생충 유충. 실제 크기는 1mm. 이 기생충은 어류를 섭취하는 새의 장관에서 성숙한다.

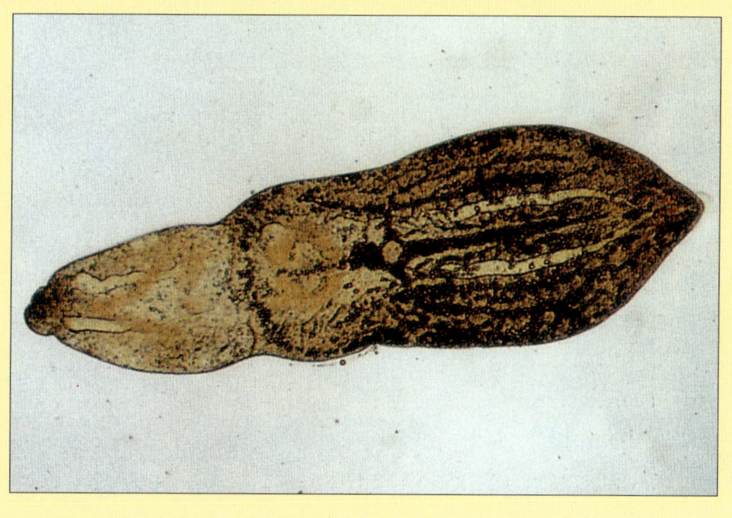

제7장

치료 가이드

알림
여기 7장에 소개되어 있는 여러 화학약품(치료제)(** 표시)은 우리나라에서는 승인되어 있지 않으므로 주의해야 한다.

어류에 피해를 주는 질병의 종류가 아주 많듯이 치료를 위해 사용할 수 있는 화학물질이나 약품의 종류도 많다. 이 책에서는 화학물질과 약품의 수를 최소한으로 사용하면서도 질병을 성공적으로 치료할 수 있는 효과적인 방법을 소개하고자 한다.

몇몇 시판된 치료제는 쉽게 이용 가능한 화학물질이지만, 일반적으로 저장액은 저렴하지 않을 뿐더러 대용량으로만 구매 가능한 경우가 많다. 그래서 대부분의 사람들은 적은 용량의 저장액(stock solution)을 만들거나 그런 제품을 구입하는 것이 어려웠던 경험이 있을 것이다. 과학적인 연구 · 개발에 의해 효과가 입증된 허가받은 치료제는 안전할 뿐만 아니라 질병을 확실히 치료할 수 있다. 개인이 만든 치료제를 사용할 때에 만약 잘못된 계산방법으로 저장액을 만들었다면 과잉 투여할 가능성이 매우 높다. 반면에 시판 치료제의 경우, 사용 설명서의 지시를 따른다면 과잉 투여할 가능성은 거의 없다.

물론 신속하고 효과적인 치료를 위해서는 정확한 진단이 필요하다. 진단 후에 수족관이나 연못에 정확한 양의 치료제를 투여하는 것은 매우 중요하다. 약물을 과잉 투여하면 물고기를 죽일 수 있으며 반대로 농도가 부족하면 치료 효과는 거의 없이 다른 문제를 야기할 수 있다.

농도 계산하기

치료제의 혼합을 위해 수량을 측정하기 위해서는 눈금이 있는 양동이나 이미 용량을 알고 있는 작은 용기를 사용한다. 동일한 방법으로 치료용 수조에도 눈금을 매겨 놓으면 유용하다.

1회용 주사기 또는 5mL짜리 약품용 스푼(약국에서 구입 가능)이나 메스실린더를 이용해서 적은 양의 용액을 측정한다. 점안기 또한 약국에서 구매 가능하다. 대부분 좋은 품질의 치료제는 눈금이 뚜렷이 표시된 용기를 사용하기 때문에 비교적 쉽게 농도를 정확히 맞출 수 있다.

수조에 치료제를 섞기 전에 수조의 물을 작은 용기에 담아 필요한

왼쪽 탕가니카(Tanganyika) 호수 유래 시클리드(*Lamprologus brichardi*)는 염기성 경수(hard water)에서 번성한다. 수질변화에 매우 민감하여 조심스럽게 관리하여야 한다.

양을 혼합하거나 녹인 후 수조에서 골고루 섞이도록 한다. 치료제를 연못에 넣을 때는 하나 또는 두 개의 물뿌리개에 섞거나 녹여서 연못 표면에 골고루 뿌려준다(정원용 제초제나 다른 화학약품을 사용한 적이 없는 물뿌리개를 사용하도록 한다). 짙은 색상의 플라스틱 용기 또는 호스에서 독성의 합성수지가 유리되어 나올 수 있기 때문에 이런 제품은 사용하지 않는 것이 좋다. 또한 치료나 약품 보관용으로 아연으로 도금된 금속 용기를 사용하지 않도록 한다.

치료수조

경우에 따라 분리된 치료수조에서 병어를 치료하는 것이 바람직하다(필수적일 수도 있음). 치료수조는 격리수조와 유사하게 구성하는 것이 좋으므로(4장의 72–73 페이지 참조), 쉽게 격리수조를 하나 더 만들어 치료수조로 사용해도 된다.

치료하는 동안에는 밀식을 피하고 충분한 산소를 공급해야 한다. 또한 치료수조용 기구들(뜰채, 스크래퍼, 사이폰, 호스, 양동이 등)을 따로 구비해야 하고 치료 후 수조와 사용한 기구를 소독하는 것이 매우 중요하다. 표백제는 유용한 소독제이지만 부식성 물질이고 어류와 식물에 독성이 있기 때문에 사용 시에 주의해야 한다.

저장액의 사용

필요 농도(mg/L)
0.01
0.1
1.0
10.0

이 표는 처리할 물 10L에 필요한 농도를 맞추기 위한 저장액의 양(mL)을 표시하였다.

- 0.1퍼센트 저장액 = 1g 화학약품/물 1L
- 1.0퍼센트 저장액 = 10g 화학약품/물 1L
- 10퍼센트 저장액 = 100g 화학약품/물 1L

따라서 더 진한 저장액은 최종 기대 농도가 진하거나 사용할 물의 부피가 클 때 알맞다. 그러나 더 진한 저장액을 사용할 때 과잉투여하기가 더 쉽다.

용량 계산

수조의 수량 계산법:

가로 × 세로 × 높이 (단위 cm) ÷ 1000 = 수량(L)

리터를 US 갤런으로 환산하려면 0.26을 곱한다. 자갈이나 큰 돌 등 장식물이 있는 경우 약 10~20%를 차감한다.

사각이나 직사각형의 수량 계산법:

가로 × 세로 × 평균수심 (단위 m) × 1000 = 수량(L)

원형 연못의 수량 계산법:

연못의 반지름 × 연못의 반지름 × 3.14 × 평균 수심(단위 m) = 수량(L)

불규칙한 모양의 연못은 정확한 수량을 측정하기 어렵다. 하지만 요즘 대부분의 가정에서는 수량계가 있어 다양한 형태의 연못을 채우기 위해 필요한 수량을 계산하는 것이 용이해졌다. 다른 방법으로는 처음 연못에 물을 채울 때 걸리는 시간을 잰 뒤, 10L의 물통에 물을 채우는 시간으로 수량을 유추하거나 정원용품점에서 유량 측정계를 구비하여 사용하면 된다.

저장액		
0.1%	1.0%	10.0%
0.1mL	0.01mL	0.001mL
1.0mL	0.1mL	0.01mL
10.0mL	1.0mL	0.1mL
100.0mL	10.0mL	1.0mL

치료에 대한 일반적인 정보

고가 및/또는 예민한 어종을 치료할 때에는 대상이 되는 무리 전체를 치료하기 전에 한두 마리를 시도해 보는 것이 좋다. 치어나 만성질병이 발생한 어류라도 어떤 어종은 치료제에 민감할 수 있기 때문이다.

특히 pH나 경도와 같은 수질의 요소는 특정 화학물질의 독성에 영향을 줄 수 있다. 그러나 대부분의 시판용 치료제는 이러한 요소를 감안하여 제조되었기 때문에 개인이 만든 치료제보다 좀 더 선호된다.

치료하는 동안 특히 첫 30~60분 사이에 고통의 징후가 있는지 관찰해야 한다. 만약 이상을 나타내면 즉시 수온이 동일하고 산소가 공급되는 깨끗한 물로 옮긴다.

활성탄을 이용한 여과, 과도한 양의 유기물질, 단백질 흡착(스키머)과 오존 수처리로 인해 많은 치료제의 효과는 감소된다. 어떤 치료제는 여과기에 존재하는 유익한 세균총에 부정적인 영향을 주므로 생물 여과에 크게 의존하는 밀식된 수족관에서는 사용해서는 안 된다. 일부 치료제는 식물에 독성이 있을 수 있으며, 해수 무척추동물은 흔히 사용하는 많은 종류의 치료제에 매우 민감하다. 불확실한 효능의 치료제를 사용하기 전에는 항상 이러한 점을 조심해야 한다.

어류는 치료 후 1주일 이내에 회복되는 조짐을 보여야 한다. 만약 필요하다면 부분 물갈이를 하고 좀 더 치료한다. 대부분의 시판 치료제는 반복 및/또는 장기 투여에 관한 정확한 용량 · 용법을 제공한다.

만약 처음 사용한 치료제의 효과가 없다면 다른 화학물질이나 약품을 사용해야 할 필요가 있다. 그러나 서로 다른 화학물질을 혼합하거나 다수의 화학물질을 연속으로 사용하는 것은 피해야 한다. 치료제를 바꿔야 하는 경우, 사육수의 50~75%를 물갈이하고 12~24시간 동안 활성탄으로 여과하면 최초 사용한 치료제의 활성 성분을 대부분 제거하는데 충분하다.

기생충과 질병 치료

지느러미부식, 곰팡이, 백점병, 벨벳병 등에 유효한 다양한 시판 치료제는 여러 가지 광범위 항생제 및 구충제와 함께 관상어 판매점에서 구할 수 있다. 정확한 용법 용량으로 사용한다면 매우 효과적이며 개인이 만든 것보다 신뢰할 수 있는 회사 제품을 사용하는 것이 안전하다. 항상 과학적 연구와 입증된 결과가 있는 제품을 선택하고 해당 사용설명서를 따른다.

이 장에서 나와 있는 치료법은 여러 소제목으로 구분하여 설명하고 있다. 각각의 치료법에는 농도와 부작용에 관한 자세한 설명을 함께 서술하였다. 권장 농도에 관한 정보와 요약 및 표 등을 통해 효율적으로 나타내었다.

합리적 예방

모든 화학약품이나 치료제는 사람이나 모든 수생 동물에 독성이 있을 수 있다. 예방을 위해 장갑을 착용하고(특히 가루나 저장액을 다룰 때) 눈이나 피부에 닿거나 입에 들어가지 않도록 주의한다. 어린이나 반려동물이 접근할 수 없는 곳에 보관한다. 질병이나 치료에 관한 의문이 있다면 전문가의 도움을 받는다.

조류(Algae) 제거

수족관이나 연못의 조류를 퇴치하기 위해 다양한 화학 살조제가 사용되지만 이러한 화학요법에만 의존해서는 안 된다. 조류 문제가 발생하였을 때 이를 조절하기 위해서는 어떠한 관리방법이 있는지를 조사해야 한다(4장과 6장 참조). 화학 살조제는 최후의 수단으로 사용하는 것이 가장 좋다.

화학요법이 필요할 때에는 허가받은 제품을 사용하는 것이 편하다.

물이끼류(실모양의 조류)의 경우, 무해한 세균과 효소로 만들어진 천연제품이 물이끼류의 제거에 사용되어왔다. 효소는 물이끼류의 급속한 성장을 유도하는 반면에 세균은 영양분을 빼앗는다. 이때 급속히 성장하는 조류 세포는 좀 더 많은 영양분을 필요로 하지만 세균에 의해 이미 소진되었으므로 결국 죽고 만다.

보릿대를 이용하여 물이끼류를 제거하는 방법도 흔히 사용된다. 특히 보릿대를 엮어 만든 연못용 패드를 용품점으로부터 구입할 수 있다.

고율 기계식 여과기 및/또는 자외선(UV) 살균장치를 이용하여 연못의 '녹조' 현상을 성공적으로 제어하기도 한다. 이 기계식 여과장치는 작은 조류 세포를 제거할 수 있어야 하며 쉽게 막히지 않아야 하고 조류의 증식속도보다 더 빨리 사육수를 그 기계에 통과시켜야 한다. 자외선 살균장치에 관해서는 이 장의 후반부를 참고한다.

주의점

- 몇몇 화학 살조제는 사용 설명서에 따라 정확히 사용하지 않을 경우 어류에 해가 된다.
- 조류 제어를 위해 투여된 농도에 수생 식물은 해를 입을 수 있다. 보릿대나 세균 · 효소와 같은 천연제품은 해를 입히지 않는 것으로 여겨진다. 만약 의심이 된다면 제조사에 문의한다.
- 살조제에 의해 많은 양의 조류가 갑작스럽게 죽게 되면 수질이 악화될 수 있다. 가능하면 살조제 처리 전에 다량의 조류를 물리적으로 제거한다.

세균과 곰팡이 치료

다양한 화학물질과 약품이 어류의 세균성 및 진균(곰팡이)성 질병 치료용으로 사용될 수 있지만 국가별로 사용 가능한 종류는 다르다. 다행히도 관상어 판매점에서 어류/난곰팡이, 지느러미부식, 솜털병과 같이 흔한 질병의 치료제를 구입할 수 있지만, 일부 치료제는 구입하기 위해서 수산질병관리사나 수의사의 처방전이 필요하다. 관상어 판매점에서는 시판된 제품들의 성분에 대해 설명해 줄 것이다.

메틸렌블루(Methylene blue)**

1~2% 희석액을 사용한다. 이 약품을 이용한 병어의 치료는 다소 시대

오른쪽 물곰팡이를 방지하기 위해 메틸렌블루가 처리된 물속에 있는 에인절피시 알.

소독제와 체표 환부

궤양병이나 닻벌레 등에 고통받거나 물리적 손상이 있는 어류는 환부를 국부소독제로 치료할 수 있다.

비단잉어의 궤양 치료를 위한 여러 국부소독제가 시판되어 있다. 이 소독제들은 궤양이나 상처에 직접 적용할 수 있다. 그 외 최근 사용되는 소독제로는 꿀벌에서 유래한 프로폴리스(propolis)와 같은 천연 제품들이 있다. 페놀 기반 소독제는 어류에 독성이 있으므로 사용하지 않아야 한다.

육상동물에 사용하는 **요오드 기반 소독제**는 어류의 국소 병소 치료에 사용될 수 있다. 이 소독제는 스프레이나 액체 형태로 시판되며 보통 희석하지 않고 사용한다. 환부에 소독제를 사용한 후 바

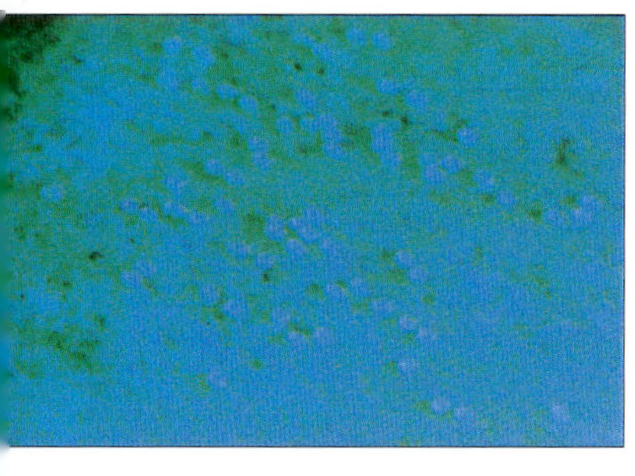

셀린(Vaseline®)이나 오라헤시브(Orahesive®)와 같은 방수 상처도포제를 사용할 수 있다. 상처 치료 중에는 어류를 마취시키는 것이 바람직하다. 어류를 아주 조심스럽게 다루고 젖은 부드러운 천으로 감싼 후 물 밖으로 꺼내며 처리시간을 최소화한다.

때로는 핸들링 동안에 어류의 국부 치료 때문에 상처 및 궤양에 자라는 새살에 손상을 줄 수 있다. 버콘 아쿠아틱(Virkon S Aquatic) 알약을 연못에 첨가하여 세균총의 수를 줄임으로써 병어의 핸들링 없이 치료하는 방법도 있다.

아래 물고기를 마취시키고 면봉으로 환부 주변을 부드럽게 닦으며 자라는 새살이 손상되지 않도록 한다. 프로폴리스 소독제를 모든 환부 영역이 덮이도록 뿌려준다. 소독제가 마른 후에 물속에 넣도록 한다.

에 뒤쳐진 방법이다. 약 2mg/L(1% 희석액 2mL을 10L에 넣는다)는 알에 피는 곰팡이와 외부 곰팡이를 제거하는데 사용된다. 수조 내에 며칠간 침지시켜 치료한다.

주의점

- 메틸렌 블루는 유기물에 쉽게 불활성화된다.
- 식물에 피해를 줄 수 있다.
- 여과기의 여과세균에 피해를 줄 수 있으며 암모니아와 아질산의 증가를 초래할 수 있다.
- 수조의 실리콘 접착부 등을 포함한 장비를 염색시킬 수 있다.

페녹시에탄올(Phenoxyethanol)(2-페녹시에탄올)**

이 지용성 용액은 지느러미부식병과 솜털병과 같은 질병을 치료하는데 이용된다. 보통 리터당 0.1~0.5mL의 농도로 침지 방법을 사용한다. 이 약품을 물에 탄 후 최소 7일 간 그대로 둔다.(페녹시에탄올은 어류 마취제로도 사용한다).

주의점

- 페녹시에탄올은 활성탄에서 다른 화학물질을 침출할 수도 있다.

항생제 및 유사 약품

많은 국가에서 이러한 의약품의 사용은 통제되므로 사용 전에 전문가의 조언을 구하는 것이 필요하다. 그러나 미국에서는 몇몇 항생제를 상점에서 바로 구입할 수 있다. 항생제 및 유사 약품을 투여하는 방법은 세 가지로 주사법, 경구 투여법(사료와 혼합)과 침지법(물에 혼합)이 있다. 주사법과 경구법은 궤양병과 같이 전신성 세균성 질병을 치료하는데 흔히 사용되지만, 지느러미부식병과 솜털병과 같은 외부 감염 치료에는 침지법이 더 효과적일 수 있다. 대부분의 경우 일반인들이 사용할 수 있는 유일한 방법은 침지법이다.

흔히 사용하는 수산용 항생제인 옥시테트라사이클린염산염(oxytetracyline hydrochloride)의 사용법에 관해서는 아래에 자세히 설명되어 있으며, 그 외 다른 약품에 대해서는 이 장의 곳곳에 언급되어 있다. 수산질병관리사/수의사는 질병에 따라 아마도 한두 가지의 대체 약품을 제시할 것이다.

우선 항생제 및 유사 약품의 세 가지 투여방법에 관해서 좀 더 자세히 살펴보자.

주사법: 이 방법은 전문가에 의해 실행되어야 하며, 비교적 크고 쉽게 다룰 수 있는 어종에만 적용될 수 있다. 다른 용도의 항생제를 어류에 주사하는 것은 위험하므로 주사용으로 제조된 것만 사용해야 한다. 어체중 kg당 10~20mg의 옥시테트라사이클린염산염의 비율로 주사(복강 주사)하는 것이 효과적이다. 그러나 비록 근육의 수축에 의해 주사

항생제는 질병의 원인이 되는 세균의 증식을 억제하거나 죽이는데 사용된다. 최초의 항생제인 페니실린은 포도상 구균인 *Staphylococcus aureus*의 생장을 억제하는 푸른곰팡이로부터 1928년에 분리되었다. 그러나 1940년대에 들어서 대량으로 생산되면서부터 사람과 동물에 많은 혜택을 주기 시작하였다.

페니실린의 발견은 항생제 분리를 위한 다른 곰팡이의 연구로 이어졌다. 이후 제약 산업계의 관련 기술이 발전하였으며 세균성 질병 치료를 위한 가치 있는 항생제의 생산을 이끌어 냈다.

자연 생태계의 곰팡이는 지속적으로 진화하여 세균의 생장을 저해하는 새로운 항생제를 생산하고 있으며, 세균 역시 이러한 곰팡이의 존재 하에서도 생존하기 위한 내성 메커니즘을 계속 발달시키고 있다. 이와 유사하게도 인체 및 동물의 유해 세균은 짧은 시간 동안에 많은 항생제에 대한 내성을 가진다. 사실 다재내성균은 점점 증가하며 불안을 가중시키고 있다.

세균은 플라스미드(plasmid)라는 DNA를 서로 주고받을 수 있는 독특한 능력이 있다. 이것은 무성생식을 통한 유전자의 전달 방식과는 완전히 다르다. 플라스미드는 적은 양의 항생제 노출로 인해 내성을 획득하고 진화하는데 이용되는 하나의 '도구'이다. 어류에 흡수되고 남은 항생제는 유익한 세균(예: 질화세균)의 항생제 내성을 일으킬 수 있으며, 이러한 내성인자는 후에 플라스미드를 통해 병원성 세균에 전파될 수 있다. 항생제의 사용을 통제하는 것은 세균성 질병 제어에 있어 중요하다. 그러므로 적절한 항생제의 선택, 정확한 농도와 투여 횟수에 대한 지침은 항생제를 이용한 어병 치료에 있어 매우 중요하다.

어류에 항생제를 투여하는 일반적인 방법은 침지법, 주사법과 경구 투여법 등이 있다. 모든 방법은 장단점을 지니고 있다.

침지법

약물이 혼합되어 있는 물속의 해수어류나 담수어류는 치료 가능한 약물의 양을 흡수하기 때문에 비교적 실행하기 쉬운 치료방법이다. 약물 혼합액에 어류를 특정 시간(며칠 동안까지) 동안 침지시킬 수 있다. 그러나 침지법은 앞서 서술한대로 항생제 내성을 유발할 수 있으며 배출수에 항생제 잔류 물질이 있어 논란이 될 수 있다.

주사법

많은 수족관 어류는 작아서 항생제를 주사로 투여하는 것이 부적절하거나 위험할 수 있다. 조심스럽게 투여하기 위해서는 어류를 마취시켜야 하며, 전문가에 의해서 이러한 과정이 수행되어야 한다. 보통 특정한 기간 동안 일정한 간격으로 주사하여 완전한 항생제 치료가 이뤄지며, 이러한 과정으로 수행되는 것이 중요하다. 항생제 치료를 완전히 끝내지 않으면 세균의 항생제 내성을 유발할 수 있다. 물고기를 잡아 마취시키고 치료하는 것은 그 개체에는 스트레스가 되며 간혹 투여한 항생제의 혜택보다 더 커서 주사 효과가 감소될 수 있다.

경구 투여법(먹이와 함께)

이 방법은 항생제가 첨가된 먹이를 어류에게 특정 기간 동안 투여하는 것이다. 이 방법은 아주 쉽고 스트레스가 가장 적은 것처럼 보이나 단점도 있다. 사료의 표면에 항생제를 코팅해야 하는데 플레이크나 펠릿에 잘 붙이기 위해서는 식물성 오일을 첨가해야 한다.

물고기가 질병에 걸렸을 때에는 일반적으로 식욕이 감퇴한다. 그러므로 개체군 중에서 병어는 잘 먹으려 하지 않을 수 있지만 치료가 필요 없는 건강한 개체는 많은 양의 항생제를 복용할 수 있다. 항생제 혼합 사료나 오일 성분으로 코팅된 사료의 '맛' 때문에 물고기가 잘 먹지 않는 문제도 있을 수 있다. 생산 공정에서 항생제가 첨가된 사료는 북미에 시판되어 있다.

아래 이 그린크로미스(green chromis)와 같은 해수어류는 침지법을 이용한 항생제 치료에 효과가 있다.

액에 밖으로 빠져나올 수는 있지만 근육 주사도 가능하며 더 안전하다.

주사 후 치료/격리수조에 며칠 간 두며, 만약 호전되지 않는다면 추가적인 상담을 받도록 한다. 모든 질병 증상이 사라지면 수족관이나 연못에 다시 넣는다.

사용 가능한 항생제의 종류는 나라마다 다르기 때문에 여기에 설명된 어류용 치료제가 모든 국가에 반드시 시판되어 있다는 의미는 아니다. 항생제 사용을 위해서는 수산질병관리사/수의사의 처방전을 필요로 하는 추세로 가고 있는데, 이는 전문가의 통제 하에서만 항생제 사용이 가능한 방향으로 가고 있다는 것을 의미한다. 즉, 많은 국가에서는 약품을 처방하기 전에 전문가에 의한 질병 검사를 반드시 하도록 법적으로 규정하고 있다. 항생제 내성 세균의 출현 가능성을 줄이기 위해서는 명시된 용량과 기간을 지켜 항생제 치료를 완전히 끝내는 것이 중요하다.

경구 투여법(사료에 약품 혼합): 이 방법은 작은 수조의 경우에는 어렵다. 미국에서는 항생제가 첨가된 플레이크나 펠릿이 시판되어 있으나 영국에는 없다. 질병에 걸린 어류는 사료 섭취를 하지 않기 때문에 이 방법의 사용이 제한될 수 있다. 비단잉어나 큰 금붕어와 같은 큰 어류는 약간의 식용유와 항생제의 혼합액(slurry)으로 만든 약품 첨가 사료를 먹을 수 있다. 어체 중 kg당 60~75mg의 옥시테트라사이클린염산염을 혼합한 사료를 7~14일간 투여하면 일부 세균성 질병에 효과적이다. 이러한 방법으로 다른 유사한 약품을 사용해왔다. 여기에는 푸라졸리돈/나이트로퓨라존**(50~75mg/어체중(kg, 7~10일간 투여), Tribrissen(트리메토프림과 설파디아진의 혼합물)과 같은 설파제(potentiated sulphonamide)(30~60mg/어체중 kg, 5~7일간 투여), 옥소린산(10mg/어체중 kg, 10일간 투여) 등이 포함된다.

침지법(사육수에 약품 혼합): 지느러미부식병과 솜털병과 같은 고질병 치료를 위해 항생제나 유사 약품을 침지법으로 투여할 수 있다. 이 방법은 전신성 세균성 감염의 치료에 좀 더 효과적으로 사용되었다. 옥시테트라사이클린염산염(수용성 가루 형태)의 경우 20mg/L의 농도로 치료수조에서 5일간 침지하는 것이 일반적이다. 우선 적은 양의 물로 녹인 후 수조에 넣는다. 병어를 최소 5일간 치료수조에 둔다. 만약 물고기가 많이 힘들어 한다면 수조의 물을 약간 갈아 준다. 5일 후에도 별반 차도가 없다면 동일한 농도로 반복하거나 전문가와 상담한다. 안타깝게도 경수에서는 항생제가 잘 녹지 않거나 어류의 흡수를 방해할 수 있는 단점이 있다. 이러한 경우에는 고농도(위에 제시된 농도의 5배까지)의 항생제 처리가 필요할 수 있다.

다른 항생제도 위와 유사한 방법으로 사용된다. 여기에는 클로르테트라사이클린(10~20mg/L)과 푸라졸리돈/나이트로퓨라존(20mg/L)이 포함되며, 특히 후자는 네온테트라병 치료제로 흔히 사용된다.

항균성 화합물(anti-bacterial compounds)

항균성 화합물(항균제)은 세균에 활성을 나타내는 모든 화합물을 일컫는 일반적인 용어이다. 포르말린처럼 비교적 간단한 화합물은 항세균성 활성을 가진다. 항생제와 같이 복잡한 화합물도 일반적인 항균제이다. 항균제는 질병의 치료를 위해 수족관에서 사용되거나 장비 소독에도 쓰인다. 이런 화합물은 특히 여과기에 있는 유익한 세균에 해를 가하기 때문에 사용 시 주의하는 것이 중요하다.

항생제

"항생제"라는 용어는 종종 잘못 사용된다. 엄격히 말해 항생제는 어떤 미생물이 생장하면서 생산하는 항미생물성 물질로 다른 미생물의 생장을 억제하거나 죽이는 것을 의미한다. 현재 이것은 화학적으로 관련된 물질인 유도체까지 포함하는 의미의 용어로 확대되어 사용되고 있다. 어떤 항생제는 미생물에 활성을 갖지 않지만 다른 용도의 쓰임새가 있다.

아래 만약 물고기가 식욕을 잃지 않았다면 먹이를 통해 항생제를 투여할 수 있다.

니푸르피리놀(Nifurpirinol(Furanace))**은 수족관 어류의 매우 다양한 질병 치료에 매우 효과적인 화학물질이다. 그러나 국가에 따라 구입 가능 여부가 다르다. 보통 3~5일간 0.1~0.2mg/L의 농도로 사용한다. 이보다 고농도(2mg/L까지)로 사용하는 경우에는 약 5~10분 정도의 매우 짧은 침지로 치료한다.

주의점

● 항생제는 생물여과기에 존재하는 유익한 세균층에 악영향을 미칠 수 있다. 그러므로 만약 그 약품이 안전한지 모른다면 메인 수족관이나 연못에 바로 투약하지 말고 치료수조를 이용한다.

● 너무 낮은 농도로 약품을 사용하거나 불충분한 시간 동안 침지를 하거나 아니면 부적합한 약품으로 질병을 치료하면 내성 병원체의 출현을 초래할 수도 있다. 그렇기 때문에 이러한 약품을 사용하기 전에는 전문가와 상담을 해야 하며, 항상 권장 농도와 시간을 잘 지켜 사용해야 한다.

체외기생충 치료

역사적으로 수산양식에서 사용하기 시작한 거의 대부분의 화학약품은 어류의 체외기생충 치료제이다. 이 중 일부는 독성과 환경 문제 때문에 더 이상 사용되지 않지만 대부분은 아직도 중요한 구충제로 사용되고 있다. 일반적으로 시판된 구충제는 흔한 기생충성 질병의 치료에 효과적이다. 어류는 기생충에 감염되어 있더라도 임상증상이 없을 수 있듯이 감염 수준도 다양할 수 있다는 것을 알아야 한다. 이전에 보지 못한 새로운 기생충에 감염된 경우에는 전문가와 상담한다.

포르말린

포르말린은 포름알데히드 가스가 물에 용해된 용액이다. 어류용 치료제는 포름알데히드 37% 강도의 용액을 기반으로 한다. 이것은 피부 · 아가미흡충, 피부 감염병(점액과다분비증) 및 해수어 백점병 등 다양한 외부 병원체의 치료에 사용될 수 있다. 담수어류의 경우 0.015~0.025mL/L의 농도로 수족관에 첨가하여 흡충과 피부감염병을 치료할 수 있다(매우 낮은 농도이므로 치료 후 물갈이를 할 필요 없음). 해수 무척추 동물과 해수 수족관에 설치된 생물여과기의 세균에게 독성이 있기 때문에 해수어 치료 시에는 치료수조를 이용해야 한다. 0.15~0.25mL/L 농도의 포르말린에 30~60분 동안의 침지법으로 피부감염병, 해수어 백점병, 피부 · 아가미흡충을 치료할 수 있다. 치료 후 며칠 뒤에 다시 동일한 치료가 필요할 수 있고 구리나 유사한 구충제와 함께 치료하는 것이 좋다.

주의점

● 포르말린은 유독성 화학약품이기 때문에 눈이나 입, 피부에 닿지 않

일부 치료제의 질화작용에 대한 영향

항균제	농도
구리**	0.3~0.5mg/L
클로르테트라사이클린	10mg/L
포르말린(37% 포름알데히드용액)	0.015~0.02 mL/L(영구적 침지) 0.125~0.25mL (최대 60분)
말라카이트그린**	0.1~0.5mg/L
메틸렌블루**	1~8mg/L
니푸르피리놀 (nifurpirinol)**	0.1~1.0mg/L
옥시테트라사이클린 (oxytetracycline)	50mg/L

알림 이 표는 최근의 여러 연구를 요약하였다. 뚜렷한 영향이나 결과가 없는 것이 최종적인 결론이 아닐 수 있음을 밝힌다.

오른쪽 단생흡충류(피부흡충)에 중감염된 어류의 경우 재빨리 치료하지 않으면 심각한 해를 끼칠 수 있다.

내용
해수에서의 질소순환에 영향을 주는 것으로 알려져 있음; 담수에서는 뚜렷한 영향 없음
담수에서의 질소순환에 영향을 주는 것으로 알려져 있음; 해수에서의 영향에 대한 자료는 거의 없음
담수에서의 질소순환에 다양한 영향을 줌; 해수에서의 질화작용에 영향을 줄 수 있음
담수에서 질소순환에 영향을 줄 수 있음; 해수에서의 영향에 대한 자료는 거의 없음
담수와 해수에서 질소순환에 심각하고 장기적인 문제를 일으킬 수 있음.
담수에서의 뚜렷한 영향은 없음; 해수에서의 질화작용에 영향을 줄 수 있음.
담수에서의 질소순환에 영향을 주는 것으로 알려져 있음; 해수에서의 영향에 대한 자료는 거의 없음

도록 주의해야 한다. 통풍이 잘되는 공간에서 사용해야 하며 약품에서 나오는 증기를 들이마시면 안 된다.

●해수 쥐돔류(surgeonfishes) 같은 어종과 대부분의 치어는 특히 고농도의 포르말린에 좋지 않은 반응을 보일 수 있다. 치료 동안에는 항상 잘 관찰해야 하며 이상을 보일 시에는 에어레이션이 잘 되는 깨끗한 물로 옮긴다.

●포르말린은 물에서 산소를 제거하며 아가미에 손상을 준다. 그래서 포르말린 약욕 시에는 산소 공급을 잘 해야 하며 아가미가 감염된 어류의 경우 특별히 주의해야 한다.

●일부 식물과 해수 무척추동물은 포르말린에 매우 민감하다.

●보관 시에 매우 독성이 강한 하얀색 침전물이 생길 수 있다. 이 침전물이 있는 포르말린을 사용하지 않는다. 침전물이 생기지 않도록 빛이 차단된 곳에 보관한다.

●포르말린은 연수에서 독성이 좀 더 강하다. 연수에서 사육 중인 담수어류를 치료할 때에는 세심한 주의를 기울여야 한다.

말라카이트그린**

이 녹색의 염색약은 다양한 체외기생충과 병원체(곰팡이, 세균, 피부 및 아가미 흡충)에 활성을 가지지만 담수의 외부 원충성 질병 치료에 가장 효과적이다. 흔히 0.1~0.2mg/L의 농도로 며칠 동안 약욕하는 방법을 사용한다. 보통 7~10일 동안 2~3번 정도 위의 농도로 치료한다. 약품을 투여하는 사이에 수족관이나 연못의 물갈이는 필요없다. 좀 더 위생적인 조건인 격리(치료)수조의 경우 약품 투여 사이에 약 25%의 물을 갈아주는 것을 권장한다. 경우에 따라서는, 7~10일의 기간 동안 1~2mg/L의 농도로 1시간의 약욕을 여러 번 하는 것이 더 효과적일 수 있다. 특히 분말 형태의 말라카이트그린은 인체에 유해할 수 있기 때문에 점점 치료제로 잘 사용되지 않고 있다.

주의점

●비늘이 없는 메기류와 일부 카라신류의 물고기는 말라카이트그린을 잘 견디지 못한다.

●말라카이트그린은 유기물질에 의해 쉽게 불활성화된다.

●흡입의 위험 때문에 분말 형태를 사용하는 것은 좋지 않다. 눈이나 피부, 입에 접촉하지 않도록 주의해서 저장액을 사용하도록 한다.

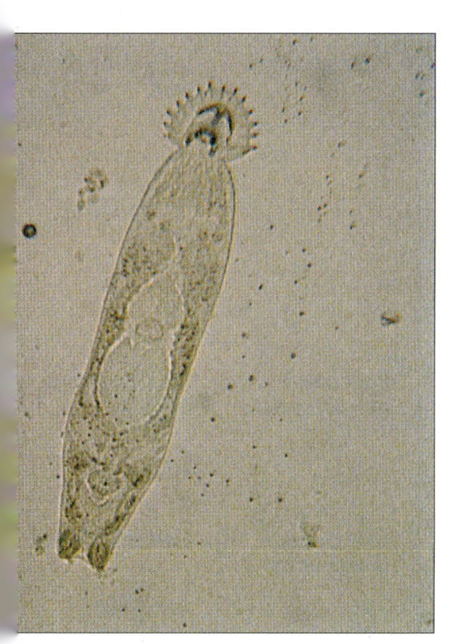

말라카이트그린과 포르말린 혼합 용액** 사용

이 두 화학약품을 혼합하여 사용하는 것은 유용한 치료법이다. 이 혼합 용액은 1리터의 포르말린 용액에 3.7mg의 말라카이트그린을 녹여서 만든다. 물 10리터당 0.25mL의 혼합 용액을 사용하면 말라카이트그린과 포르말린의 최종 농도는 각각 0.1mg/L와 25mg/L가 된다. 이 혼합액은 담수의 피부 감염병(점액과다분비증) 치료에 특히 효과적이다. 수족관이나 연못에 7~14일의 기간 동안 2~3번 정도 투약 한다.이때 투약 사이에 물갈이를 해줄 필요는 없다. 그러나 격리(치료)수조의 경우 투약한 후에 25~50%의 물을 갈아준다.

포르말린과 말라카이트그린은 혼합이나 단일 형태의 성분으로 많은 어병 치료용 화합물이다.

주의점

● 전술된 포르말린과 말라카이트그린에 관한 각각의 내용을 참조한다.

구리(동)**

구리는 산호어류병, 백점병 및 피부 감염병(점액과다분비증)과 같은 질병과 이와 유사한 담수어류의 질병 치료를 위한 비교적 일반적인 성분이다. 시판된 제품을 쉽게 구입할 수 있으며, 3mg의 구연산(citric acid) 용액(/물 1리터)에 4.5mg의 황산구리를 녹여 저장액을 만들 수 있다. 물 10리터 당 이 용액 1.3mL의 비율로 혼합하면 구리의 최종 농도가 0.15mg/L가 된다. 치료에 0.3mg/L의 농도까지 사용할 수 있다. 그러나 구리는 유기물과 산호, 석회석, 조가비 등과 같은 석회물질에 쉽게 흡수되기 때문에 테스트 키트를 이용해서 실제 필요한 농도를 계산하는 것이 바람직하다. 구리를 이용한 대부분의 치료법은 치료 효과에 따라 최대 4주 동안 지속해야하기 때문에 주기적으로(매일 또는 이틀마다) 구리를 첨가할 필요가 있고 주기적으로 구리의 양을 확인해서 위험하지는 않되 효과적인 수준으로 유지하도록 해야 한다.

주의점

● 어떤 어종은 구리에 매우 민감하다. 예로, 상어류는 정상적인 치료 농도에도 과민할 수 있다. 어떤 어종이든지 0.4mg/L의 농도를 초과해서는 안 된다.

● 무척추동물, 일부 조류와 식물, 여과기의 유익한 세균 역시 민감하므로 무척추동물이 들어 있는 수족관에서는 구리를 사용하지 않으며 생물여과기에 많이 의존하는 경우에는 주의해야 한다.

● 구리는 유기물질과 석회물질에 쉽게 흡수되기 때문에 이러한 물질이 많이 들어 있는 수족관에서는 보다 높은 농도의 구리를 사용하도록 한다. 테스트 키트로 효과 농도를 모니터링한다.

● 구리는 이를 흡수한 석회석으로부터 다시 침출될 수 있으며, 이는 치료 동안에 살지 않았던 무척추동물에 해를 입힐 수 있다. 활성탄을 사용하는 여과기는 이 문제 해결에 도움이 될 수 있다.

● 시판된 수돗물 컨디셔너(tap water conditioner; 수돗물 중의 중금속 및 클로라민 중화와 염소 제거 역할)는 구리의 활성을 줄일 수 있다.

● 구리는 경수보다는 연수에서 독성이 훨씬 더 강할 수 있으므로 이런 경우에는 특별한 주의가 필요하다.

체외기생충에 대한 효과적인 치료제

화학성분	농도
구리	0.15~0.3mg/L
포르말린 (37~40%)	15~25mg/L
	200mg/L
담수욕	pH와 수온을 확인하고 필요시 조절
말라카이트그린**	0.1~0.2mg/L
	1~2mg/L
말라카이트그린과 포르말린 혼합용액**	0.1mg/L 25mg/L
메트리포네이트**	0.25~0.4mg/L
	최대 1.0mg/L
과망간산칼륨**	10~20mg/L
	10mg/L
시판 치료제	용법 · 용량대로
소금	표 참조

시간/빈도	치료
최대 4주 동안 침지 지속; 테스트 키트로 모니터링	피부와 아가미 원충류, 흡충류 등; 담수/해수
며칠간 침지 지속	피부와 아가미흡충; 점액과다분비증; 담수
30~60분 침지; 필요시 반복	피부와 아가미흡충; 점액과다분비증; 해수어 백점병; 담수/해수
2~10분 동안 잠깐 침지; 필요시 반복	산호어류병; 백점병 점액과다분비증; 해수
며칠간의 지속적인 침지; 필요시 반복	곰팡이; 백점병; 점액과다분비증; 벨벳병; 담수
1시간 침지; 필요시 반복	곰팡이; 백점병; 점액과다분비증; 벨벳병; 담수
며칠간의 지속적인 침지; 필요시 반복	점액과다분비증; 외부 원충류와 흡충류; 담수
7~10일 동안 침지; 필요시 반복	피부와 아가미흡충; 기생성 갑각류; 거머리; 담수/해수
7~10일 동안 침지; 필요시 반복; 특별히 주의를 요함	거머리와 해수어류 흑점병
30분간의 침지; 필요시 반복	물이에 활성
10분간 침지	일반적인 식물 소독제
용법 · 용량대로	아주 흔한 감염

담수욕

특히 피부감염병, 산호어류병과 해수어 백점병과 같이 다양한 해수어 체외기생충을 치료하는 데 쓰일 수 있다. 이 치료법은 이 자체가 꼭 효과적이라기보다는 종종 구리와 같은 다른 치료제와 함께 사용된다. 담수욕을 위해서 작은 수조 또는 양동이에 물을 담아 끓인 뜨거운 물을 약간 부어 필요로 하는 수온으로 올린다. 수돗물로부터 염소를 제거해야 할 필요가 있을 때 시판된 수돗물 컨디셔너를 사용한다. 시판된 완충용액이나 약간의 베이킹소다를 사용해서 담수의 pH를 해수 pH의 0.2~0.3 범위 내에 들도록 맞춘다. 부드러운 재질의 큰 뜰채 안에 가두어 둔 채로 2~10분간 담수에 담가 둔다. 산호어류병과 백점병의 경우 2~3분 정도 담수욕이 필요하지만 피부흡충의 경우 5~10분이 필요하다. 이상 증상이 발견되는 경우 해수로 곧바로 옮길 수 있도록 한다. 이 치료법은 7~10일 동안에 2~3회 정도의 반복이 필요할 수도 있다.

주의점

● 일부 해수 어류는 담수욕에 매우 민감할 수 있다.

염수욕(NaCl)

소금은 담수 수족관과 연못에 중요한 용도로 사용되지만 만병통치약은 아니다. 소금은 때때로 담수어류를 위한 일상적인 '강장제'로 추천되기도 하지만 특정 질병을 치료하거나 병원체를 제거해야 할 때에만 첨가되어야 한다. 비교적 저농도(최대 0.3%)에서는 물리적 손상 및/또는 고농도의 아질산염과 관련된 스트레스를 줄이는 데 도움이 될 수 있다. 3~5일 동안 0.3~0.5% 농도의 염수에 노출시키면 히드라를 제어할 수 있고 궤양병에 걸린 냉수성 어종을 1%의 염수에 지속적으로 노출시키면 치료에 효과적이다. 2~3%의 농도에 15~30분간 노출시키면 거머리를 제거할 수 있거나 붙어 있는 힘이 약해져서 겸자(forceps)로 쉽게 떼어낼 수 있다. 이런 염수욕을 위해서는 적은 양의 수족관이나 연못의 사육수에 소금을 녹인 후 골고루 섞는다. 필요한 경우에는 담수로 부분적인 물갈이를 통해 사육수의 소금을 점차적으로 제거한다.

주의점

● 천일염 또는 수족관용 해수염을 사용한다. 그러나 첨가제가 들어 있는 조리용 소금은 사용하지 않는다.

● '연수'(softwater) 어종과 메기류 같은 어종은 다른 어종에 비해 소금에 민감하다.

● 0.5~1%의 농도에서 지속적으로 염수욕을 하려는 경우 삼투 쇼크를 방지하기 위해 1~2일간에 걸쳐 소금의 양을 점점 늘린다. 1% 이상에서는 짧은 시간의 침지라 하더라도 스트레스를 줄 수 있다. 염수욕 동안에 이상 증상을 보이는 어류는 깨끗한 물로 곧바로 옮기도록 한다.

● 식물은 0.5% 이상의 농도에서 오랜 시간 노출 되는 경우 좋지 않을 수 있다.

과망간산칼륨**

이 자주색의 결정 화합물은 어병 치료의 사용에는 제한적이다. 그러나 유기인계 살충제에 민감한 어류의 물이 치료제로 사용된다. 물이에 감염된 물고기는 일반적으로 10~20mg/L의 과망간산칼륨(= 10L의 물에 1%의 용액 10~20mL 첨가)에서 30분간 침지시킨다. 10mg/L의 농도의 과망간산칼륨(10분간 침지)은 수생식물용 소독제로도 사용될 수 있다(4장 참조).

주의점

● 어류가 들어 있는 수족관에 과망간산칼륨 결정을 바로 넣으면 안 된다. 저장액을 사용하여 필요한 양을 골고루 섞는다.

● 저장액은 밝은 빛에 의해 분해될 수 있기 때문에 항상 어두운 곳에 보관한다.

● 과망간산칼륨은 유기물질에 쉽게 불활성화된다.

● 어떤 어종은 특히 염기성 조건의 물에서 과망간산칼륨에 민감할 수 있다.

유기인계 살충제[1)]

유기인계 살충제는 인간에게 해로울 뿐만 아니라 수생 무척추생물에 독성이 매우 강하다. 때문에 이 화학물질은 자연과 수서생태계에 해로운 영향을 미친다. 따라서 유기인계 살충제는 일부 국가에서는 사용이 금지되어 있지만 남아프리카공화국이나 북미의 일부 국가에서는 여전히 관상어에 사용 가능하다. 일반적으로 시판된 수산생물용 약품은 유기인산 화합물 성분을 함유하고 있지 않다.

전통적으로 유기인계 살충제는 다세포 기생충(흡충이나 갑각성 기생충)을 박멸하는데 사용되어 왔다. 이 화합물은 신경독소이기 때문에 신경시스템을 가지고 있는 모든 동물에 효과적이다. 유기인계 살충제는 원충류나 조류와 같은 단세포 기생충에는 효과가 없다.

유기인계 화합물로 물이의 치료가 가능한 국가에서는 사용 시에 용법 · 용량을 잘 지키고 배출수에 의한 잠재적인 환경 영향을 인지하는 것이 중요하다. 민감한 어종(오르페(orfe), rudd, 메기, 수술한 해수 무척추동물)은 적절한 여과기가 설치되어 있는 격리/치료수조로 옮겨야 한다. 유기인계 살충제의 분해는 7~10일 정도 소요된다.

구충제(Anthelminthics)

편형동물을 제거하기 위해 고안된 프라지콴텔(praziquantel)이나 플루벤다졸(flubendazole)** 성분을 함유한 구충제는 흡충병 치료에 매우 효과적이다. 이 약품은 사람과 환경에 덜 해롭다. 그러나 이 구충제는 원충류나 물이, 에르가실루스(*Ergasilus*)와 같은 갑각성 기생충에는 효과가 없다. 이 화합물의 명칭은 구충제이지만 거머리에는 효과가 없으며 다른 제어 방법을 고려해야 한다.

1) 우리나라에서는 유기인계 화합물이 첨가된 수산생물용 치료제나 소독제로 승인된 것이 없다.

담수 수족관/연못에서의 염수욕

권장 농도(%)	g/L
0.01%	0.1g
0.1%	1g
0.3%	3g
0.3~0.5%	3~5g
1%	10g
2~3%	20~30g

3%의 농도는 대략 해수의 염분농도와 동일하다.

사용
담수에서 질산염의 독성을 줄이기 위해 사용. 대부분의 담수 어류는 이 저 농도에서는 내성이 있음. 질산염 농도가 안전한 수준으로 감소할 때까지 장기간 침지.
물리적 손상을 입은 어류의 치료에 도움. 지속적인 침지 가능. 몰리와 같이 기수에서 잘 자라는 어종의 수족관에 사용(지속적인 침지).
물리적 손상을 입은 어류의 치료에 도움. 지속적인 침지 가능.
히드라를 관리하기 위해 사용. 5~7일 동안 지속적인 침지로 사용.
궤양병에 걸린 냉수어류의 치료 보조 수단으로 사용. 점차적으로 농도를 늘려 적응시킨 후 지속적인 침지로 사용.
연못 어류의 거머리 제거를 위해 사용. 15~30분간 침지.

멕틴솔(Mectinsol)**

에마멕틴(emamectin)**을 함유하고 있는 이 제품은 수산양식장의 갑각성 기생충의 치료를 위해 최근 시판되었으며 유기인계 살충제의 사용이 금지된 곳에서 이용 가능하다. 예민한 어종(예: 오르페(orfe) 또는 rudd(둘 다 잉어과 어류))은 이 약물을 사용하는 동안에 적절한 곳으로 옮겨 놓아야 한다. 멕틴솔은 1회의 투약이 필요하며 48시간 내에 분해된다. 멕틴솔은 시판된 제품이므로 제조사의 용법 · 용량을 따라야 한다.

자외선 조사와 오존

이 기술은 물속의 작은 자유유영 기생충을 포함한 병원성 미생물의 수를 줄이고 중앙 여과 시스템을 통하여 다른 수족관으로 이동 가능성을 줄이는 데 사용될 수 있다. 그러나 이 방법의 효과는 기생충의 크기와 연관이 있다. 그래서 피시오디늄(*Piscinoodinium*)이나 아밀로오디늄(*Amyloodinium*)과 담수어 백점충(*Ichthyophthirius*) 및 해수어 백점충(*Cryptocaryon*)의 감염 단계의 유충은 제거될 수 있지만 흡충과 같은 큰 기생충은 쉽게 제거되지 않는다.

체내기생충 치료

어류는 놀라울 정도로 다양한 체내기생충들의 숙주가 되지만 우리는 이러한 기생충의 내부 침입을 잘 알아차리지 못한다. 대부분의 체내기생충은 수족관이나 연못의 체외기생충에 의한 피해처럼 큰 문제를 일으키지는 않으므로 화학 치료제는 거의 없으며 필요하지도 않다. 그러나 헥사미타(*Hexamita*), 어류 심장사상충(*Sanguinicola*), 장촌충과 장회충과 같은 체내기생충은 종종 치료가 필요하다. 여기서 우리는 관련된 몇 가지 치료제에 대해서 살펴보려 한다.

아래 물이(*Argulus* sp.) 한 쌍. 수컷(오른쪽)은 암컷보다 작다. 물이와 다른 갑각류 치료를 위해 유기인계 살충제를 대체할 만한 안전한 치료제의 연구가 진행 중에 있다.

메트로니다졸(Metronidazole)**

메트로니다졸은 여러 동물의 다양한 기생충 치료제로 사용되어 왔다. 지금까지는 주로 어류에서는 헥사미타에 의한 두부천공병(hole-in-the-head)의 치료에 사용되었다. 이전에 디메트리다졸(dimetridazole)** 또한 동일한 질병을 치료하는데 사용되었지만 독성 시험 후에는 세계적으로 거의 판매되지 않는다. 미국의 일부 지역에서 여전히 이 약품을 구입할 수도 있지만 미승인 약품이다.

메트로니다졸은 격리수조에서 헥사미타 치료에 사용될 수 있다. 일반적으로 며칠 동안 7mg/L의 농도에 의한 침지 치료는 충분하지만 이틀에 한 번꼴로 3번까지 투약(매번 치료 전에 25% 물갈이 필요)을 반복해야 할 수도 있다.

일부 시판된 헥사미타 치료제에는 메트로니다졸이 함유되어 있을 수 있으며, 이 약품을 구입하고 필요한 농도를 계산하는 데에는 전문가의 도움이 필요할 것이다.

주의점

● 이 헥사미타 치료제는 다양한 어류에 대량으로 사용된 적은 없기 때문에 이런 경우에는 특별한 주의가 요구된다.

토트라주릴(Toltrazuril)**

이 약물은 닭의 소화관 기생충인 콕시디아(coccidia)를 치료하는데 널리 사용되어 왔지만 최근에 어류의 원충성 질병(특히 네온테트라에 질병을 일으키는 플레이스토포라(*Pleistophora*)와 같은 미포자충)을 치료하는데 효과가 있는 것으로 밝혀졌다. 이 약물은 또한 담수어 백점충을 제거할 수 있다. 비록 실험 단계가 진행 중이지만 차후에 토트라주릴은 관상어용 치료제로 시판될 수 있을 것이다. 현재 이 약물이 시판되어 있는지에 관해서는 전문가와 상담이 필요하다.

구충제(Anthelminthics)

구충제들은 특히 촌충과 회충, 그리고 어류 심장사상충(*Sanguinicola*)과 같은 체내기생충 치료제로 시판되어 있다. 이중 일부는 개와 고양이용 구충제일 수 있지만 어류에게 가장 효과적인 구충제를 선택하여 치료 전에 항상 전문가와 상담해야 한다.

일부 구충제는 주사제로 시판되어 있지만 대부분은 사료와 함께 투약 한다(사료와 혼합하는 방법은 옥시테트라사이클린염산염의 부분에 설명되어 있다). 아래에 서술한 농도는 주로 5일분의 먹이(주로 펠릿)와 혼합하여 5일간 연속으로 투여한다. 확실한 치료를 위해서는 10~14일 후에 동일한 방식의 투약을 반복해야 한다.

어류의 체내기생충의 침입을 치료하기 위해 사용되었던 구충제는 메벤다졸(mebendazole), 레바미솔(levamisole), 프라지콴텔(Praziquantel), 피페라진시트레이트(Piperazine citrate)가 있다.

메벤다졸**: 북미에서 이 약물은 일부 기생충에 내성을 나타내지만 피부 · 아가미흡충을 치료하는 경우에만 국한적으로 사용되었다. 일반적으로 유럽에서는 어류 치료용으로는 시판되어 있지 않다.

레바미솔**: 레바미솔은 카말라누스(*Camallanus*)와 같은 회충을 치료하는데 사용되었고 뱀장어 선충병(anguillicosis)의 치료에 유효했다는 보고가 있다. 부레벽 안에서 발견되는 뱀장어 선충(*Anguillicoloides crassus*)의 유생 단계는 이 치료제에 내성이 있는 것으로 보인다. 1~2mg/L의 농도로 24동안 침지 시키는 것이 좋다.

프라지콴텔: 다양한 어류의 체내기생충과 최근에는 피부흡충 · 아가미흡충을 치료하는 데 사용될 수 있다. 예전에는 먹이와 혼합하여 경구투약이 권고되었지만 사료를 잘 섭취하지 않는 문제 때문에 이 방법은 어렵다. 감염어를 2~10mg/L의 농도로 최대 4시간까지 침지시키는 방법이 좋다. 일부 프라지콴텔 제품은 용해도가 떨어진다.

피페라진시트레이트**: 이 약물을 이용한 치료는 다소 옛날 방법이지만 카말라누스가 침입한 태생어류를 치료하는데 사용되어 왔다. 10g의 플

체내기생충에 대한 효과적인 치료제

화학성분	농도
디메트리다졸	5g/L
	40g/L
푸라졸리돈	50~75g/kg fish
	20g/L
레바미솔	최대 200g/kg 어체중
메벤다졸	25~50g/kg fish
메트로니다졸	7g/L
니클로사미드	50~100g/kg fish
피페라진시트레이트	25mg per 10g 플레이크
프라지콴텔	5~100g/kg fish
톨트라주릴	20g/L

방법	치료
지속적인 침지; 필요시 반복	헥사미타 (두부천공병)
48시간 동안 침지	헥사미타 (두부천공병)
경구 투여; 7~10일 동안 매일	헥사미타 (특히 송어 양식장)
최대 5일까지 지속적인 침지; 필요시 반복	네온테트라병과 연관된 증상
다양한 방법 가능; 전문가 의견 참고	내부 선충
경구 투여; 수 일 이상; 필요시 반복	장내 촌충
지속적인 침지; 필요시 반복	헥사미타 (두부천공병)
경구 투여; 수 일 이상; 필요시 반복	장내 기생충, 특히 촌충
5~10일 이상 경구 투여; 필요시 반복	장내 선충
수 일 동안의 경구 투여 또는 근육 주사; 필요시 반복	내부 기생충, 특히 촌충
격일 간격으로 1시간 침지 3회	네온테트라병 치료 시에 효과 가능성 있음

레이크 사료(flaked food)에 25mg의 피페라진시트레이트를 혼합하여 5~10일 동안 먹인다. 이 구충제는 다른 형태의 사료와 혼합할 수 있으며, 플레이크의 경우 혼합하기 전에 주로 약간 젖게 한다. 10~14일 후에 약물 50~100mg/어체중 kg의 농도로 치료를 반복할 필요도 있다.

알림

여기서 다루고 있는 여러 약물은 많은 국가에서는 공식적으로 허가되었거나 승인된 제품이 아니다. 이는 북미에서도 마찬가지다. 이 책에 나와 있는 여러 정보에 정확성을 기하려고 노력하고 있지만 일부 어종이나 개체는 권장된 용법 · 용량에 의한 치료 후에도 부작용을 겪을지도 모른다.

달팽이 제거

달팽이는 수족관이나 연못에서 번식할 수 있으며 경우에 따라서 특정 기생충의 매개체 역할을 하지만 관상어의 건강에 큰 영향을 미치는 위험 인자로 간주되지는 않는다. 다양한 화학약품들이 수족관이나 연못의 달팽이를 제거하는데 사용될 수 있지만 어류와 식물에 독성이 없어야만 한다. 여러 가지의 효과적이고 안전한 달팽이 제거제가 시판되어 있다. 하지만 사용설명서를 철저히 따라야 하며 오직 마지막 수단으로 사용해야 한다.

주의점

●달팽이 제거제 사용 후에 많은 수의 죽은 달팽로 인해 갑작스러운 수질 문제가 발생할 수 있다. 매우 주의해서 사용해야 하며 죽은 달팽이를 신속히 제거해야 한다. 태생인 말레이달팽이(*Melanoides*)와 같은 것은 자갈에 숨어 아주 많을 수 있으므로 주의한다.

소독제

질병관리의 향상을 위해서는 수족관이나 연못, 기구 그리고 심지어는 물을 소독해야 할 필요가 있다. 기구와 수족관/연못의 경우 간단히 호스로 깨끗한 물을 뿌려 찌꺼기를 제거하고 건조시키는 것은 병원체를 제거하는데 있어 매우 좋은 방법이다. 특히 이 방법은 자주 사용하지 않는 기구와 좀 더 빈번히 사용하는 뜰채와 사이폰, 양동이를 보관할 때에도 좋은 방법이다. 좀 더 확실한 소독을 위해서는 쉽게 구입할 수 있는 다양한 종류의 소독제를 사용할 수 있다.

버콘아쿠아틱(Virkon Aquatic(Virkon S Aqua))

버콘아쿠아틱은 수산업에서 주로 사용되는 소독제이며 많은 어류 병원체에 유효한 것으로 증명되었다. 이 소독제는 환경에 큰 영향을 미치지 않으며 수족관과 연못에서 사용하는 기구의 소독에 유용하다. 버콘

아쿠아틱은 1% 용액(즉, 5g 알약/물 500mL)으로 기구를 소독할 수 있다. 소독 후 기구를 헹군다.

표백제

표백제는 쉽게 구할 수 있지만 오래된 소독 방법이다. 묽게 될 때까지 차가운 수돗물로 희석해도 여전히 독특한 염소 냄새가 나지만 다양한 어병 미생물에 효과적이다. 먼저 깨끗한 물로 기구를 세척해서 많은 양의 찌꺼기를 제거한 후 약 30분 정도 희석된 표백제 용액에 담가 소독한다. 사용하기 전이나 물고기에 직접 사용하기 전에는 깨끗한 물로 잘 세척한다. 표백제 희석액에 담근 걸레로 수조나 다른 표면을 닦은 후 약 30분 후에 물로 깨끗이 씻는다. 표백제는 염소 냄새가 나지 않으면 더 이상 활성은 없다.

요오드포(Idophors)

요오드포(15~20mL/찬물의 비율로 희석)도 다양한 어류 병원체에 활성이 있지만 표백제보다 사용이 한결 수월하다. 이것은 개인위생을 위해 피부 소독에도 사용될 수 있다. "표백제" 부분에 기술된 것과 동일한 방법으로 기구와 수조 등을 소독하는데 사용하면 된다. 요오드포는 색깔 변화로 활성 상태를 알 수 있으며 관상어 판매점 등에서 구입이 가능하며 사용설명서가 제공된다.

주의점

● 요오드포는 유기물질에 의해 쉽게 활성을 잃는다.

소독제의 주의 소독제는 피부, 눈, 입에 닿을 경우 불쾌함을 준다. 이것은 금속을 부식시킬 뿐만 아니라 나일론으로 구성된 그물에 손상을 준다. 표백제와 요오드 모두 유기물질에 의해 쉽게 불활성화되며 어류나 무척추동물에 매우 강한 독성을 띤다.

오존과 자외선 조사

오존 및/또는 자외선(UV)조사는 어류가 수용되어 있는 물속의 병원체를 제거하는 데 사용된다. 그래서 어류 개체나 수족관 간의 질병 전염 가능성을 줄일 수 있다. 아래에 기술되어 있듯이 오존과 UV 조사는 다른 많은 이로운 점이 있다. 그러나 이 방법은 어류에 이미 부착한 병원체에는 영향이 없고 오직 물속의 병원체만 불활성화시키기 때문에 질병 치료법을 대체할 수 있는 것으로 여겨서는 안 된다.

오존

오존(O_3)은 강력한 산화 성질을 가진 산소(O_2)의 불안정한 한 형태이다. 그래서 오존은 미생물(특히 세균과 바이러스)의 수를 줄일 뿐만 아니라 정상 여과시스템에 의해 제거되기 힘든 유기물질을 감소시킬 수 있다. 예를 들어, 오존의 사용으로 오래된 물이 황색으로 변하는 것을 막을 수 있고 해수 수족관의 단백질 스키머의 효율을 향상시킬 수 있다.

수족관용 오존발생기는 관상어용품점 같은 전문점에서 구입이 가능하다. 일반적으로 오존발생기는 전기로 오존을 발생시키며(전기 방전

위 다음과 같은 연약한 산호 폴립은 수족관에서 사용되는 질병 치료제에 가장 민감한 수생생물 중의 하나이다(사실 연산호는 수족관에서 오랜 시간 키우기 어렵다). 해양 무척추동물은 어류보다 화학약품에 약하기 때문에 해수 어류만 단독으로 사육하거나 무척추동물과 적은 수의 비교적 강한 어종을 함께 사육하는 것이 일반적으로 좋다. 자외선 조사와 오존을 정확하고 조심스럽게 사용하면 질병 예방에 효과적이며 해수 수족관에도 적용할 수 있다.

을 통해 공기를 통과하는 방식으로), 발생시키는 오존의 양에 따라 발생기의 크기도 다양하다. 오존은 에어스톤을 통해 물속으로 나간다. 물고기, 무척추동물 및 식물에 대한 오존의 잠재적인 독성 영향 때문에 수조 밖의 여과시스템으로 분리되어 있는 작은 수조 또는 챔버로 물이 펌핑되어 오존 처리되거나 공기 대신에 오존이 스키머로 들어간다. 오존에 처리된 물은 활성탄을 통과하거나 강한 에어레이션에 의해 오존이 제거된다.

물속의 오존 농도를 측정하는 것은 어렵다. 대략적으로 처리된 물 10리터당 0.25~1mg/h의 비율로 오존이 존재할 때 효과가 있다. 그러나 수조 내의 생물에게 독성이 없는 유효 오존 농도는 오존의 공급 방식, 녹아 있거나 입자 형태의 유기물 등 다양한 요인에 따라 달라진다. 과밀사육에 의해 많은 양의 유기물이 있는 수족관은 한두 마리의 물고기가 들어 있는 새로 설치한 수족관보다 좀 더 많은 양의 오존이 필요할 것이다.

적은 양이라 하더라도 수산 동물과 식물을 계속적으로 오존에 노출시키는 것은 독성으로 작용할 수 있다. 그러나 어류는 비교적 단기간 동안에 높은 농도의 오존에 견딜 수 있다. 결과적으로 어떤 문제를 해결하기 위해서는 매일 지속적으로 사용하는 것보다는 수 시간 정도 사용하는 것이 가장 좋은 방법이 될 수 있다. 만약 물고기가 이상을 보이거나 아가미 문제로 힘들어하거나 특히 오존의 특유한 표백제 냄새가 나타나면 오존 처리를 멈추고 전문가의 조언을 구한다.

주의점

● 오존은 사람에게 해로울 수 있다. 오존은 0.02~0.05mg/L의 농도에서 그 특유의 냄새가 나타나며, 그 이상의 농도에서 장기간 노출되면 위험할 수 있다. 결과적으로 오존 발생기는 항상 환기가 잘 되는 곳에서 사용하며 발생기를 끈 후 오존 냄새가 나는지 확인한다.

● 매우 낮은 오존 농도에서도 어류, 식물, 무척추동물 및 여과기의 유익한 세균에게 독성이 있을 수 있다.

● 고무관을 이용해서 오존을 사용하지 않는다. 고무관이 찢어질 수 있고 어떤 경우에는 해수에서 독성 부산물을 형성할 수 있다.

● 오존은 일부 질병 치료제의 효과를 떨어뜨릴 수 있다.

● 오존 발생기의 최적의 효과를 위해서는 건조가 잘 된 공기를 이용해야 한다.

자외선 살균

자외선은 물속에서 다양한 어병 미생물을 제어하기 위한 또 다른 유용한 기술이다. 자외선(ultraviolet; UV)은 가시광선과 X-레이 사이의 파장대에 있다. 일반적으로 자외선은 미생물의 세포 구성성분을 공격해 죽인다.

작은 자외선 살균기는 환수율에 따른 수량에 따라 다양하며 시중에서 구입할 수 있다. 대게 시간당 2~4번 정도의 비율로 수족관이나 연못의 물이 통과할 수 있는 장치를 설치하며, 이 장치는 일차적으로 바이러스, 세균, 곰팡이와 원충류에 활성이 있다. 흡충류나 갑각류와 같이 대형 병원체는 상당히 높은 농도의 자외선 조사가 필요하기 때문에 이러한 생물을 제거하기 위해서는 잘 사용되지 않는다.

정원의 연못에 생긴 녹조 제거를 위해 고회전율의 자외선 살균기를 이용하여 일부 효과를 보았다. 일반 자외선 살균기와는 구조가 다른 이 장치는 처리되는 물의 회전율이 더 높아서 병원성 미생물에는 그렇게 효과적이지 못할 수 있다.

주의점

- 자외선은 사람의 눈에 위험하므로 살균기로부터 나오는 광선을 바로 보지 않도록 한다.
- 자외선의 효과는 물의 색깔이나 혼탁도에 좌우된다. 물을 활성탄이나 스키머를 이용하여 기계적으로 여과하면 자외선의 효과는 향상된다.
- 자외선이 나오는 튜브는 수명이 제한적이므로 6~12개월에 한 번씩 교환한다.

수돗물 컨디셔너와 수질정화기의 사용

다양한 수돗물 컨디셔너는 시중에서 구매할 수 있다. 이것은 다음과 같은 다양하고 유익한 기능을 한다.

- 염소, 클로라민 및 중금속의 제거
- 담수에서 pH의 심한 변동 방지
- 예민하거나 손상된 어류 조직의 보호

이러한 이점은 최근에 입식되었거나 손상된 어류를 다룰 때 매우 중요할 수 있다. 일부 컨디셔너의 경우 특정 질병의 치료 효과를 상승시키기 위해 개발되었다. 그러나 구리 성분으로 구성된 일부 질병 치료제는 수돗물 컨디셔너가 있는 경우에 그 효과가 감소할 수 있다. 의심스러울 때에는 제조사에 문의한다. 필요시에는 대부분의 수돗물 컨디셔너의 활성 성분을 활성탄에 여과 및/또는 수돗물 컨디셔너에 처리되지 않은 물로 부분 물갈이하여 제거할 수 있다.

만약 수돗물 컨디셔너가 질병 치료의 효과를 떨어뜨릴 것 같으면 다음의 방법 중 하나 이상을 이용하여 '적합한 상태'로 만들 수 있다.

- 활성탄을 이용한 여과
- 12시간 동안의 강한 에어레이션
- 티오황산나트륨(sodium thiosulphate)의 사용(보통 10% 용액/10L 1~2방울이면 충분하다.)

이 방법은 수돗물 컨디셔너의 모든 이점을 살리지는 못하지만 각각의

잉어허피스바이러스 (Koi Herpesvirus, KHV)

잉어허피스바이러스는 전세계적으로 비단잉어나 잉어에서 폐사를 일으키는 심각한 질병이다. 2006년 세계동물보건기구(OIE)에서는 잉어허피스바이러스를 신고 의무질병으로 지정하였다. 이 바이러스에 관해서는 여전히 이해가 부족하며 다른 어종이 매개체의 역할을 하는지에 관해서도 알려져 있지 않다. KHV는 감염된 잉어 사이에서 변과 점액을 통해 전염되며 숙주 밖에서는 최소 4시간 이상 생존하는 것으로 알려져 있다. KHV는 18~25℃의 범위에서 활성을 띤다. 감염성이 매우 강하며 이전에 노출된 적이 없는 잉어나 비단잉어 개체군에 급속도로 퍼져 질병과 폐사를 일으킨다. KHV에 감염된 비단잉어의 몸체는 불규칙하고 하얀 융기 환부가 형성되며 종종 안구는 안쪽으로 가라앉고 아가미 뚜껑의 움직임을 통해 호흡이 가빠지는 증상을 관찰할 수 있다. KHV에

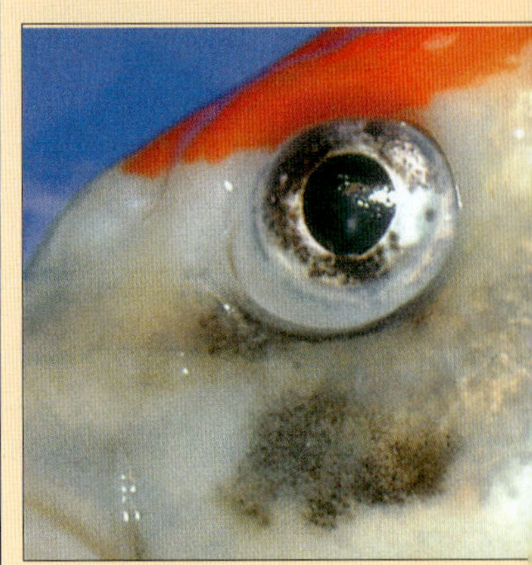

아래 외부 케이스를 제거한 자외선 살균기로서 튜브와 방수관을 보여주고 있다(자외선 관을 직접 보지 않도록 한다).

감염된 비단잉어의 아가미는 부식되고 괴사가 관찰된다.

KHV의 감염을 확정 진단하기 위해서는 효소면역분석법(Enzyme Linked Immunosorbent Assay, ELISA)이나 중합효소연쇄반응(Polymerase Chain Reaction, PCR)을 위해 조직이나 혈액 시료를 실험실로 제출한다.

이 질병은 치료법이 없기 때문에 새로 입식하는 어류를 우선 수온 18~25℃의 격리수조에 2~3주간 순치하면, 감염 개체의 경우 KHV의 증상을 나타낼 수 있어 질병 예방이 가능하다. 격리는 새로운 어류를 입식하는 경우에 좋은 방법이지만 이후의 질병 예방을 보장한다는 의미는 아니다.

아래 아가미에 감염된 잉어허피스바이러스. 이 바이러스는 어류의 세포 내에서 바이러스의 입자를 생산한다. 바이러스성 감염은 흔히 세포를 죽이며, 죽은 조직은 세균에 의해 2차 감염되어 아래에 보이는 것과 같이 아가미의 괴사를 일으킨다.

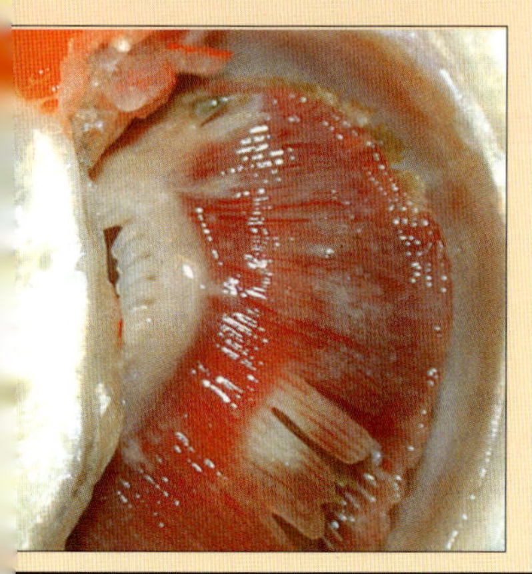

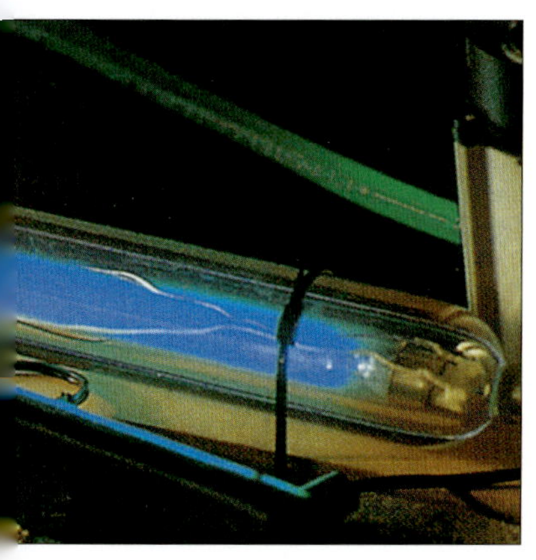

방법은 염소를 제거하며 어떤 다른 처리 없이 어류에게 안전한 물을 제공한다.

그러나 일반적인 환경에서는 사용 전에 모든 물을 시판된 수돗물 컨디셔너 제품으로 처리하도록 한다.

수질 정화기

많은 이들은 수돗물의 염소와 다른 해로운 물질이나 부산물을 제거하기 위해 수질 정화기의 사용을 선호한다. 수질 정화기는 주 배수관과 수족관이나 연못 사이의 여러 개의 정화통에 설치된다. 각각의 정화통은 독립된 기능을 수행한다. 첫 번째 정화통은 물의 입자를 걸러내며 그 다음 것은 염소, 농약 및 금속성 잔여물질을 제거한다.

백신접종(질병 예방조치)

특히 식품용 양식 수산 동물에 질병을 일으키는 병원체에 대한 연구가 활발히 진행 중에 있다. 세계 인류의 단백질 공급과 어업 생산량의 감소로 향후 좀 더 효율적인 수산 양식 방법은 점점 더 중요해지고 있다.

다른 여러 척추동물과 마찬가지로 어류 또한 많은 병원체에 대한 면역을 발달시킬 수 있기 때문에 경제적으로 중요한 세균성 및 바이러스성 질병을 예방하기 위한 효과적인 백신과 대량 접종 방법의 개발은 최근 연구의 큰 흐름이다. 사실, 연어와 송어의 특정 세균성 질병을 예방하기 위한 몇 가지 백신은 이미 시판되어 있다. 여기에는 부스럼병(furunculosis; 에로모나스살모니사이다(*Aeromonas salmonicida*)가 원인 병원체), 비브리오병(vibriosis), 구적병(entric redmouth disease; 예르시니아루커라이(*Yersinia ruckeri*)가 원인 병원체)에 대한 백신이 포함된다. 관상어와 관련해서는 다양한 에로모나스 세균과 비정형 에로모나스살모니사이다에 의한 궤양병을 예방하기 위해 비단잉어와 금붕어에 백신을 접종하는 것은 미래에 실현 가능할 것이다. 현재 진행 중인 잉어봄바이러스병(Spring Viraemia of Carp virus)에 대한 백신이 개발되면 감염성이 강한 이 심각한 질병의 예방에 사용될 수 있을 것이다. 특히 백점충(담수어 백점충, *Ichthyophthirius*와 해수어 백점충, *Cryptocaryon*)과 같이 특정 기생충성 질병에 대한 백신 개발도 연구 중에 있다.

어류에 백신을 접종하는 가장 효과적인 방법은 주사에 의한 것이다. 그러나 이 방법은 대부분의 관상어가 너무 작기 때문에 적절하지 않다. 대체 방법으로는 물속에 침지시키거나 경구 투여를 통해 백신을 접종하는 것이다. 미래에는 특정 감염성 질병의 예방을 위해 백신접종된 관상어류의 구입이 가능할 것이다.

영문 찾아보기

F

G

H

I

K

L

M

N

O

W

Y

Z

한글 찾아보기

ㅇ

ㅈ